智能制造工业软件应用系列教材

数字化产品设计开发

（下　册）

胡耀华　梁乃明　总主编
秦斐燕　程泽阳　编　著

机械工业出版社

本书以 NX MCD（Mechatronics Concept Designer）软件（以下简称 MCD）为基础，由浅入深地全面介绍了西门子产品解决方案的核心——高效机电一体化解决方案，具体内容包括：机电一体化系统设计概述、MCD 需求管理、机电基础、运动系统设计、MCD 仿真过程控制、MCD 设计协同、MCD 与 TIA 软件的联合调试等。

本书列举了大量实例（其中的素材模型可登录机械工业出版社教育服务网自行下载），可操作性强，可作为智能制造和机械工程及其自动化专业的教材，也可作为产品设计师学习 MCD 机电一体化设计的自学教程和参考书。

图书在版编目（CIP）数据

数字化产品设计开发. 下册/胡耀华，梁乃明总主编；秦斐燕，程泽阳编著. —北京：机械工业出版社，2022.3
智能制造工业软件应用系列教材
ISBN 978-7-111-70320-4

Ⅰ.①数… Ⅱ.①胡… ②梁… ③秦… ④程… Ⅲ.①工业产品-产品设计-计算机辅助设计-应用软件-高等学校-教材 Ⅳ.①TB472-39

中国版本图书馆 CIP 数据核字（2022）第 039978 号

机械工业出版社（北京市百万庄大街 22 号　邮政编码 100037）
策划编辑：赵亚敏　　　　责任编辑：赵亚敏　付建蓉　刘琴琴
责任校对：樊钟英　李　婷　封面设计：王　旭
责任印制：常天培
北京机工印刷厂印刷
2022 年 5 月第 1 版第 1 次印刷
184mm×260mm・15.5 印张・378 千字
标准书号：ISBN 978-7-111-70320-4
定价：55.00 元

电话服务　　　　　　　　网络服务
客服电话：010-88361066　　机　工　官　网：www.cmpbook.com
　　　　　010-88379833　　机　工　官　博：weibo.com/cmp1952
　　　　　010-68326294　　金　书　网：www.golden-book.com
封底无防伪标均为盗版　　　机工教育服务网：www.cmpedu.com

前 言

当前，新一轮科技革命和产业变革蓄势待发，我国也处在经济提质增量的关键时期。如何抓住新科技革命和产业变革的"机会窗口"，利用智能制造、新一代信息技术和新能源等源头创新技术，降低产品从设计到生产，再到售后环节的人耗和能耗，提升生产资料和生产要素的配置水平，提高产品质量与生产效率，是我国迈向工业强国必须思考的问题。德国工业 4.0 提供了一个模板，其中，Siemens PLM Software 公司的 NX MCD 软件提供了高效机电一体化设计方案。

本书基于 NX MCD 软件（后续简称 MCD）的使用，阐述了机电一体化设计的关键理论。MCD 针对用户的虚拟产品设计、工艺设计和加工过程的需求，提供了针对由机械部件、电气部件和软件所组成的数字化概念设计与仿真验证的解决方案。其最新版本构建在西门子的全息 PLM 技术框架之上，使之可以提供可视程度更高的信息和分析，从而改善协同和决策过程，提高整个产品开发过程中的生产效率，将生产效率提升到新的水平。MCD 是世界上先进的机电一体化设计与仿真模块，可将用于准备和解算分析模型的时间缩短 70%，支持基于 NX 系列软件产品制造商所需的各种工具。因此，MCD 被广泛用于航空航天、自动化、机械、汽车、家用电器等制造行业，是目前应用广泛的机电一体化协同设计软件之一。

本书第 1 章主要对 MCD 做全面的概括性介绍，包括 MCD 软件的基本功能、安装与启动、工作界面以及运行环境设置，为后续 MCD 的使用奠定了基础。第 2 章主要介绍需求管理，包括需求、功能、逻辑及相依性四个部分，主要对 MCD 软件与 Teamcenter 软件的集成设置与联合调试方法进行介绍。第 3~5 章结合具体实例，分别从 MCD 机电基础、运动系统设计、MCD 仿真过程控制，按照机械、电气、自动化及综合设计几个方面由浅入深地对系统行为和过程分析进行介绍。第 6 章为 MCD 与其他软件的协同数据分享，如 NX CAD 软件、ECAD 软件、电机设计软件、凸轮设计等。第 7 章为 MCD 软件与 TIA 的联合调试，主要包括 MCD 与虚拟仿真软件 PLCSIM Advanced 和真实 PLC 的联合调试方法介绍，其中虚拟 PLC 调试为真实 PLC 联合调试提供先验测试，是基于前六章内容，对 MCD 综合应用的一个实例。

本书中列举了大量应用实例，其中的素材模型可登录机械工业出版社教育服务网自行下载。

本书是智能制造工业软件应用系列教材中的一本，本系列教材是在东莞理工学院马宏伟校长和西门子中国区赫尔曼总裁的关怀下，结合西门子 PLM 软件公司多年在产品数字化开发过程中的经验和技术积累编写而成的。本系列教材由东莞理工学院胡耀华和西门子公司梁乃明任总主编，本书由东莞理工学院秦斐燕和西门子PLM软件公司程泽阳共同编著。另外，感谢东莞理工学院智能制造专业2016级和2017级学生在课堂和课后对本教材的反馈意见。虽然作者在本书的编写过程中力求描述准确，但由于水平有限，书中难免有不妥之处，恳请广大读者批评指正。

最后，希望本书能为读者的学习和工作带来帮助。

编　者

目 录

前言
第1章 机电一体化系统设计概述 …… 001
1.1 机电一体化系统设计 …………… 001
1.2 NX MCD 简介 …………………… 001
1.3 NX MCD 的基本功能 …………… 002
1.4 NX MCD 的安装与启动 ………… 003
1.5 NX MCD 的工作界面 …………… 005
1.6 NX MCD 环境变量设置 ………… 010
本章小结 …………………………………… 014
思考与练习题 ……………………………… 014

第2章 MCD 需求管理 ………………… 015
2.1 系统工程简介 …………………… 015
2.2 系统工程模型的工作流程 ……… 016
本章小结 …………………………………… 026
思考与练习题 ……………………………… 026

第3章 机电基础 ………………………… 027
3.1 基本机电对象 …………………… 027
3.2 其他碰撞相关 …………………… 046
本章小结 …………………………………… 051
思考与练习题 ……………………………… 051

第4章 运动系统设计 …………………… 052
4.1 运动副 …………………………… 052
4.2 执行器 …………………………… 071
4.3 传感器 …………………………… 082
4.4 耦合副 …………………………… 099

4.5 约束 ……………………………… 114
4.6 定制行为 ………………………… 126
本章小结 …………………………………… 142
思考与练习题 ……………………………… 142

第5章 MCD 仿真过程控制 …………… 143
5.1 仿真序列 ………………………… 143
5.2 运行时 NC ……………………… 149
5.3 信号配置 ………………………… 150
本章小结 …………………………………… 168
思考与练习题 ……………………………… 168

第6章 MCD 设计协同 ………………… 170
6.1 部件操作 ………………………… 170
6.2 ECAD ……………………………… 178
6.3 电动机 …………………………… 187
6.4 电子凸轮 ………………………… 198
本章小结 …………………………………… 203
思考与练习题 ……………………………… 203

第7章 MCD 与 TIA 软件的联合
   调试 ……………………………… 204
7.1 MCD 模型设计 …………………… 204
7.2 控制程序设计 …………………… 205
7.3 MCD 与虚拟 PLC 联合调试 …… 210
本章小结 …………………………………… 238
思考与练习题 ……………………………… 238

参考文献 …………………………………… 239

第 1 章

机电一体化系统设计概述

本章概述了机电一体化系统设计的内容以及所采用的技术。首先，介绍了机电一体化的定义、机电一体化系统的关键组成以及机电一体化在实际中的应用；接着，对机电一体化设计仿真软件 NX MCD 进行了介绍，主要包括基本功能、安装与启动、工作界面、环境变量的设置等，为 NX MCD 的使用打好基础。

1.1 机电一体化系统设计

机电一体化又称机械电子学，英文称为 Mechatronics，是由计算机技术、信息技术、机械技术、电子技术、控制技术等相融合构成的一门独立的交叉学科。机电一体化系统是在机械的主功能、动力功能、信息功能及控制功能上引进微电子技术，并将机械装置与电子装置用相关软件有机结合而构成系统的总称。

机电一体化系统由机械系统、信息处理系统、动力系统、传感检测系统、执行元件系统 5 部分组成。由此可以看出，该领域面临的关键技术包括：检测传感技术、信息处理技术、伺服驱动技术、自动控制技术、精密机械技术及系统总体技术等。

机电一体化系统广泛应用在家电、工业产品、航空航天等领域，使原有的产品朝着电子化、智能化、小型化方向发展。同时，机电一体化设计也由原始的机械、电气和自动化工程师按照机械、电气、自动化的顺序设计改变为并行的数字化系统设计。

1.2 NX MCD 简介

NX MCD（Mechatronics Concept Designer，MCD）是西门子工业软件中用于交互式设计和模拟机电一体化系统复杂运动的软件，也是一种将机器创建过程转换成高效的机电一体化设计方法的解决方案。当前版本的 NX MCD 软件支持基本机器概念的早期设计阶段，包括机械、电气、流体及自动化四个方面。

机电概念设计为产品不同阶段的设计工程师，如系统工程师、机械工程师、电气工程师、自动化工程师，提供了一个协同开发的环境，可以并行展开工作。在 MCD 系统中创建机电一体化功能模型，同时与需求建立对应关系。在 MCD 中建立各功能单元模型，分解到不同的工具软件系统中进行机械设计、电气设计、运动控制设计等。当详细设计对概念设计进行修正时,可以反馈信息到功能模型并修正。

NX MCD 软件具有以下特点:

1) MCD 采用集成的系统工程方法,提供通用的语言,使机电一体化系统中的原理可以同时运用。从体系架构层面支持在产品开发流程的最初阶段就收集机电一体化要求的行为特性和逻辑特性,并跟踪各方面的要求。

2) MCD 提供重用功能单元库的创建、验证和维护等知识管理机制。这些单元包含多种学科的数据,如传感器、电动机、凸轮及其操作。

3) 用户可在设计流程中随时运行仿真并在仿真过程中进行交互操作。

4) NX MCD 作为概念设计阶段的方案,需要与上下游系统、工具交流信息,用户需要读取和使用来自多个 CAD 系统的设计数据,在复杂的 IT 环境中协同工作。

1.3　NX MCD 的基本功能

NX MCD 的基本功能体现在集成式系统工程方法、概念建模和基于物理场的仿真、通过智能对象封装机电系统以及面向其他工具的开放式接口上。

(1) 集成式系统工程方法　MCD 可为功能机械设计的全新方法提供支持。其功能分解作为机械、电气和软件/自动化学科之间的通用语言,可使这些学科并行工作。此方法可确保从产品开发的最初阶段就能获得机电一体化产品的行为和逻辑特性需求,并获得支持。MCD 可与 Siemens PLM Software 的 Teamcenter 产品生命周期管理软件结合使用,以提供端到端机械设计解决方案。在开发周期开始时,设计人员可以使用 Teamcenter 的需求管理和系统工程功能构建工程模型,体现出客户的意见。Teamcenter 采用结构化层次结构收集、分配和维护产品需求,可从客户角度描述产品。开发团队可以分解功能部件,并对各种变型进行描述,将它们与需求直接联系起来。这种功能模型可促进跨学科协同,并可确保在整个产品开发过程中满足客户期望。

通过这种功能机械设计方法,MCD 可在早期促进跨学科概念设计。所有工程学科可以并行协同设计一个项目。具体来说,系统工程师可以管理需求并促进跨学科的交流;机械工程师可以根据三维形状和运动学创建设计;电气工程师可以选择并定位传感器和驱动器;自动化工程师可以设计机械的基本逻辑行为,首先设计基于时间的行为,然后定义基于事件的控制。

(2) 概念建模和基于物理场的仿真　MCD 提供易于使用的建模和仿真,可在开发周期的最初阶段迅速创建并验证备选概念。借助早期验证可帮助检测并纠正错误,此时解决错误成本最低。MCD 可从 Teamcenter 直接载入功能模型,以加快机械概念设计速度。对于模型中的每项功能,可为新部件创建基本几何模型,或从重用库中添加现有部件。对于每个部件,可通过直接引用需求和使用交互式仿真来验证正确操作,迅速指定运动副、刚体、运动、碰撞行为及运动学和动力学的其他方面。通过添加诸如传感器和驱动器等其他细节,可为具体电气工程和软件开发准备好模型。可为驱动器定义物理场、位置、方向、目标及速度。MCD 包括多种工具,用于指定时间、位置和操作顺序。

MCD 中的仿真技术基于游戏物理场引擎,可以基于简化数学模型将实际物理行为引入虚拟环境。该仿真技术易于使用，借助优化的现实环境建模，只需几步即可迅速定义机械概念和所需的机械行为。仿真过程采用交互方式，因此可以通过鼠标指针施加作用力或移动对象。MCD 可对一系列行为进行仿真，包括验证机械概念所需的一切，涉及运动学、动力学、碰撞、驱动器弹簧、凸轮、物料流等方面。

（3）通过智能对象封装机电系统　通过模块化和重用，MCD 可帮助最大限度提高设计效率。借助该解决方案，可获取智能对象中的机电一体化知识，并将这些知识存储在库中，供以后重用。在重用过程中，因为能够基于经验证的概念进行设计，所以可提高质量，并且可通过减少重新设计和返工加快开发速度。借助 MCD，可以在一个文件中获取所有学科的所有机电一体化数据，这些数据包括三维几何体和图形、诸如运动学和动力学等方面的物理数据、传感器和驱动器及其接口、凸轮、功能以及操作，这些智能对象可以通过简单的拖放操作从重用库应用于新设计中。

（4）面向其他工具的开放式接口　MCD 的输出结果可以直接用于多个学科的具体设计工作。

1）机械设计。由于 MCD 基于 NXCAD 平台，因此可以提供高级 CAD 设计需要的所有机械设计功能。MCD 还可将模型数据导出到很多其他 CAD 工具，如 NX、CATIA、creo、SolidWorks 以及独立于 CAD 的 JT 格式。

2）电气设计。借助 MCD，可以开发传感器和驱动器列表，并以 HTML 或 Excel 电子表格格式输出，电气工程师可以使用此列表选择传感器和驱动器。

3）自动化设计。MCD 可通过提供零部件和操作顺序支持更高效的软件开发，操作顺序甘特图能以 PLC open XML 标准格式导出，用于行为和顺序描述，这种格式广泛用于开发 PLC 代码的自动化工程工具中。

1.4　NX MCD 的安装与启动

NX MCD 可以在 64 位的 Windows7、Windows8、Windows8.1 和 Windows10 操作系统和支持 SSSE3 运算的 CPU 中运行。当前，支持 SSSE3 运算的处理器见表 1-1。

表 1-1　支持 SSSE3 运算的处理器

序号	品牌	CPU
1	Intel	Xeon 5100 系列、Xeon 5300 系列、Xeon 3000 系列、Core 2 Duo、Core 2 Extreme、Core 2 Quad、Core i7、Core i5、Core i3、Pentium Dual-Core、Celeron 4xx 的 Conroe-L、Celeron Dual Core 系列和 Celeron M 500 系列、Intel Atom
2	VIA	Nano

NX MCD 模块包含在 NX 软件中，即安装完整的 NX12 及以上版本即可。

以图 1-1 所示的机构模型为例，介绍进入 NX MCD 仿真模块的操作方法。

步骤 1：打开 NX12 软件，在"文件"菜单中单击"打开"，打开目录为"第 1 章/_model81.prt"的文件，如图 1-2 所示。

注意：NX MCD 中所有文件的扩展名均为".prt"。

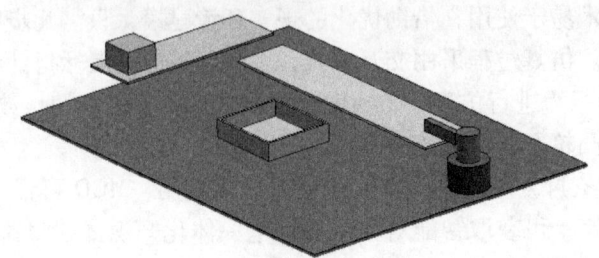

图 1-1 机构模型

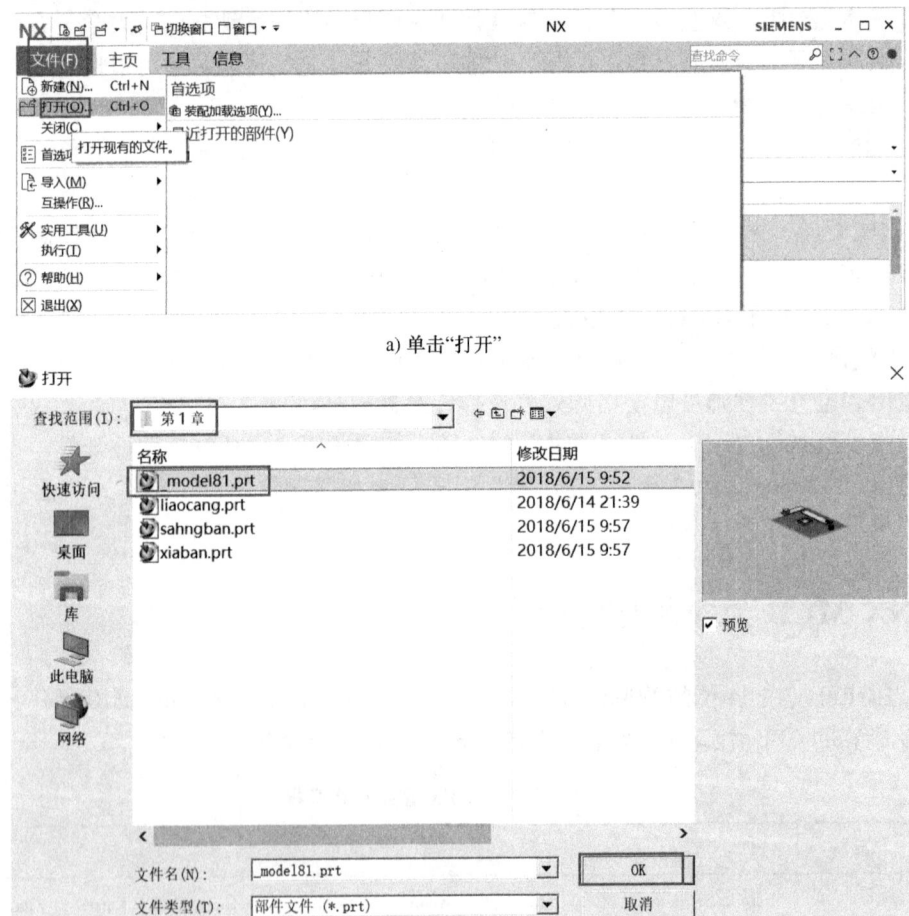

a) 单击"打开"

b) 找到文件位置

图 1-2 打开文件

步骤 2：上述打开文件为一个模型文件，单击建模环境中的"应用模块"菜单，NX12 菜单栏界面如图 1-3 所示。

步骤 3：单击图 1-4a 最右侧的"更多"找到并单击"机电概念设计"选项；最后，软件界面将显示为图 1-4b 所示的仿真界面。

打开项目后，单击"保存"按钮后直接单击关闭按钮即可关闭软件，关闭机电概念设计如图 1-5 所示。

第1章 机电一体化系统设计概述

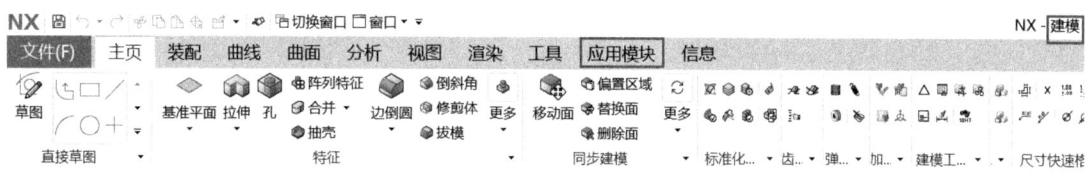

图 1-3 NX12 菜单栏界面

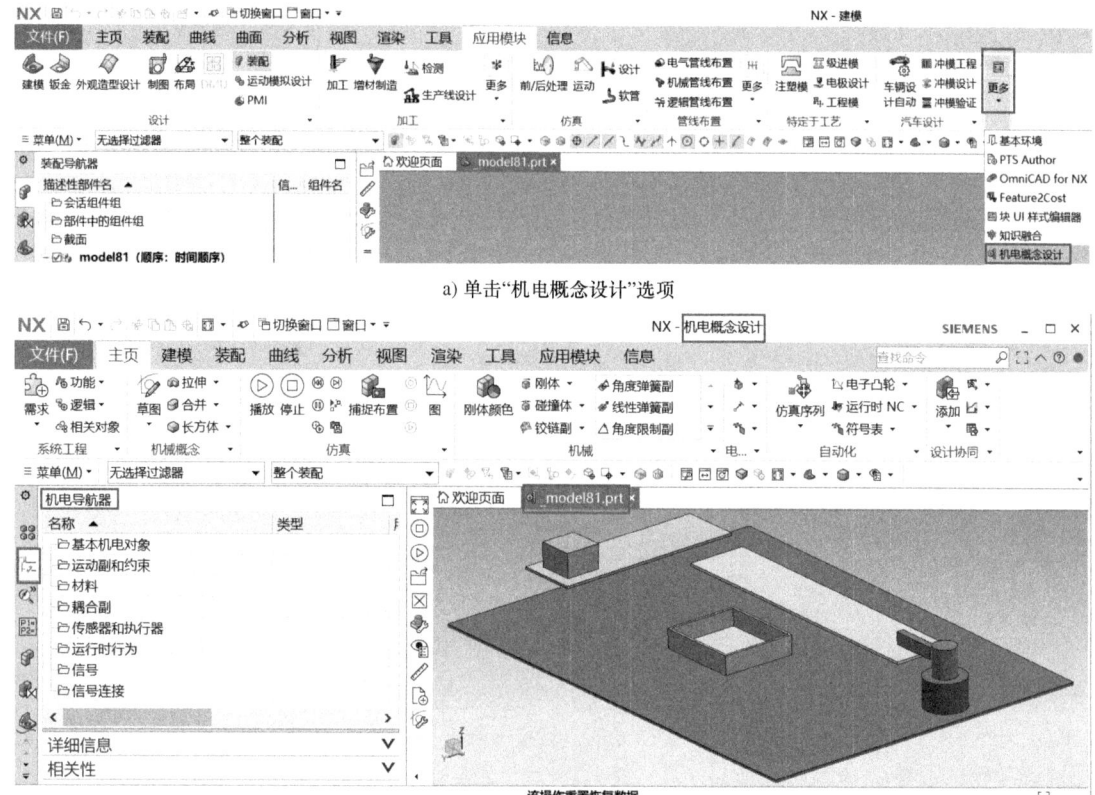

a) 单击"机电概念设计"选项

b) NX12机电概念设计界面

图 1-4 打开机电概念设计界面

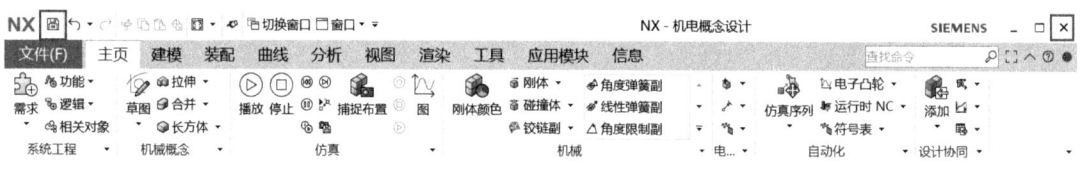

图 1-5 关闭机电概念设计

1.5 NX MCD 的工作界面

NX MCD 的工作界面分为菜单栏、资源条和图形区三部分。

1.5.1 菜单栏

NX MCD 菜单栏主页由 7 大模块组成。菜单栏位于 NX 软件 MCD 模块界面上侧,菜单栏主页模块内容如图 1-6 所示,自左向右按顺序分别为系统工程模块、机械概念模块、仿真模块、机械模块、电气模块、自动化模块及设计协同模块。在相应的模块可以提供相关的领域设计框架内容选项,为设计者提供直观、简明的操作界面。

图 1-6 菜单栏主页模块内容

1.5.2 资源条

资源条模块位于 NX 软件中机电概念设计界面的左侧,主要包括:系统导航器、机电导航器、运行时察看器、运行时表达式、运行时表达式界面及序列编辑器几个部分。资源条模块界面图如图 1-7 所示。

单击资源条选项图标 ⚙,系统弹出如图 1-8 所示的资源条模块配置。在图 1-8 中"内容"下的"选项卡"中,通过勾选不同选项卡可以改变资源条显示的模式及内容,达到配置资源条的目的。设计者通过改变选项内容,可以实现查看和修改模型配置的物理属性、配置仿真参数、观察仿真过程中的信号变化等功能。

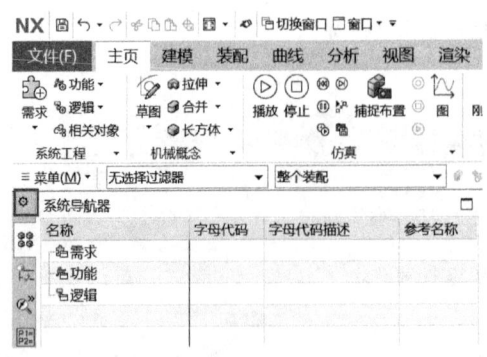

图 1-7 资源条模块界面

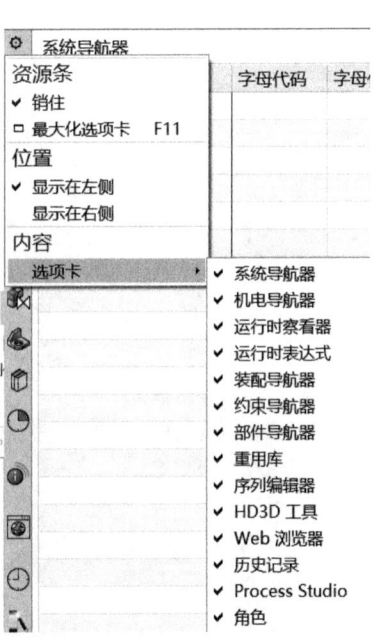

图 1-8 资源条模块配置

1. 系统导航器

系统导航器可用来附加依赖对象,帮助导航到需求、功能模型、逻辑模型以及它们的物理表示，如机械组件、电子设备、操作或物理对象。单击资源条模块下侧的图标 进入"系统导航器"界面，如图1-9所示。系统导航器包括主面板、详细信息面板和相依性面板三个部分。其中，系统导航器主面板将需求、功能和逻辑模型显示为树状结构；系统导航器详细信息面板显示选定的需求、功能或逻辑的参数；系统导航器相依性面板显示所选需求、功能或逻辑的相关对象，允许用户添加帮助定义其他表示的相关对象。例如，可将组件添加到选定逻辑的机械文件夹中。

图1-9　系统导航器界面

系统导航器主面板中，需求模型、功能模型和逻辑模型的组合驱动了物理部件模型的设计和属性。其中，需求模型用于文档目标和系统规范；功能模型用于确定实现目标的方法；逻辑模型用于识别完成功能的组件。

当使用NX MCD和Teamcenter集成时，系统导航器具有扩展功能。在Teamcenter集成中创建的需求模型、功能模型和逻辑模型可以添加到系统导航器中。如果需求模型、功能模型和逻辑模型从NX MCD中保存到Teamcenter集成，那么在NX MCD集成中创建的跟踪链接也会在Teamcenter中创建。

2. 机电导航器

机电导航器选项位于系统导航器图标下侧，单击图标 进入机电导航器界面，如图1-10所示。机电导航器显示了机械元素的物理和逻辑属性。当一个刚体和碰撞体被应用到相同的几何形状时，碰撞体就会显示为刚体的子体。用户可使用"所有者组件"来切换父组件和根程序集之间的物理对象的所有者。

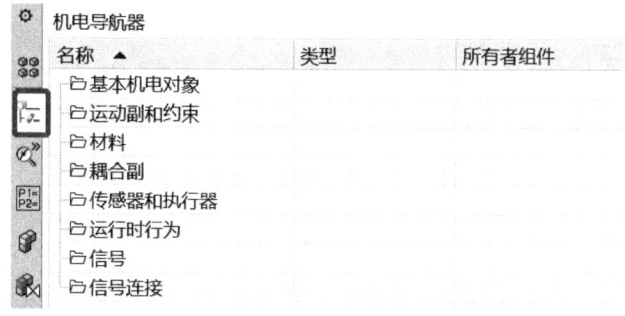

图1-10　机电导航器界面

机电导航器包括主面板、详细信息面板和相依性面板。其中，机电导航器主面板可显示组件的物理属性，并将不同的组件分配到不同的标准容器中，如基本机电对象、运动副和约束等。可右击"标准容器"创建机电对象访问相关的物理命令，如创建刚体、碰撞体等，如图 1-11 所示。也可通过单击不同机电对象前的复选框☑来同时激活或禁用单个或多个对象。机电导航器详细信息面板显示所选物理属性的参数。机电导航器相依性面板显示需求、函数、逻辑项、组件和物理对象之间的依赖关系。

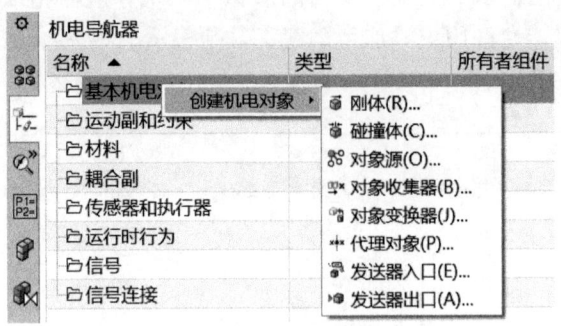

图 1-11　通过标准容器访问物理命令

3. 运行时察看器

运行时察看器可用来监控所选的机电一体化对象在仿真过程中的运行时参数。用户既可在仿真开始之前在机电导航器中选择要查看的参数，也可在仿真过程中单击"机电导航器"中的"对象"选择参数。

运行时察看器选项位于资源条模块左侧，单击图标 进入运行时察看器界面，如图 1-12 所示。运行时察看器界面中主要包括：图形数据、导出数据和快照三个部分。其中，图形数据为使用图形复选框☑以图形形式显示的参数。具体操作时，可使用"图"选项卡查看具体图像数据；用户可使用"导出到 CSV"选项导出图形数据。用户可使用"快照"选项卡查看并创建仿真重启时间，即不必从 0s 重新仿真。

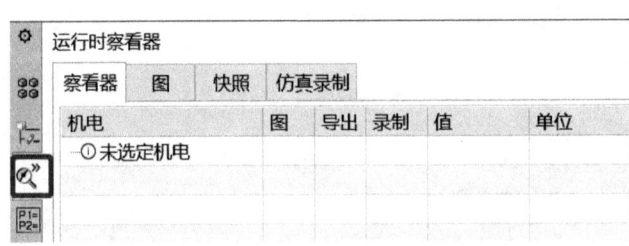

图 1-12　运行时察看器界面

4. 运行时表达式

运行时表达式选项位于资源条模块左侧，单击图标 进入运行时表达式界面，如图 1-13 所示。运行时表达式导航器中会列出机电概念设计中所创建的表达式名称、参数、公式、数据类型以及单位。

5. 序列编辑器

序列编辑器选项位于资源条模块左侧，单击图标 进入序列编辑器界面，如图 1-14 所示。

第1章 机电一体化系统设计概述

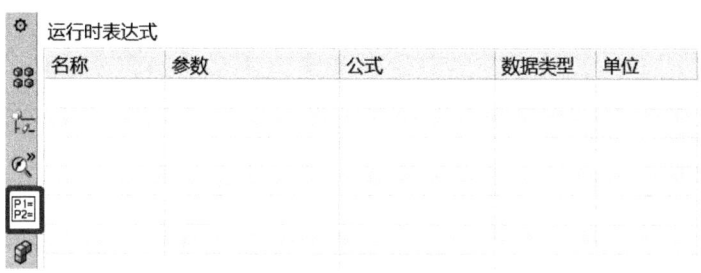

图 1-13　运行时表达式界面

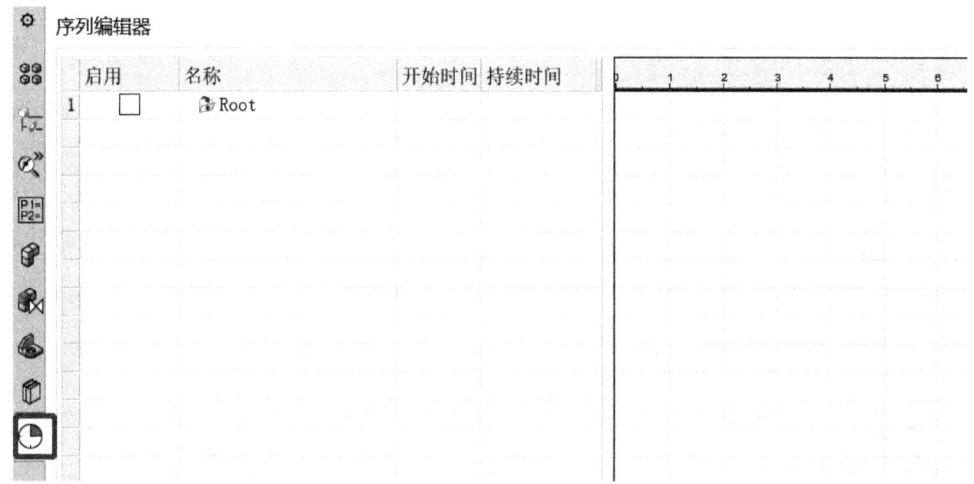

图 1-14　序列编辑器界面

序列编辑器是一个甘特图类的导航器,显示机械系统中创建的所有"仿真序列"。用于管理"仿真序列"在何时或者何种条件下开始执行,用来控制执行机构或者其他对象在不同时刻的不同状态。使用编辑器可修改操作、修改操作序列、链接操作、向系统添加新操作、激活或停用单个或多个操作、选择用机电或外部映射信号控制信号,在开始操作之前进行仿真。图 1-15 为序列编辑器面板的详细信息举例,相应的面板详细信息见表 1-2。

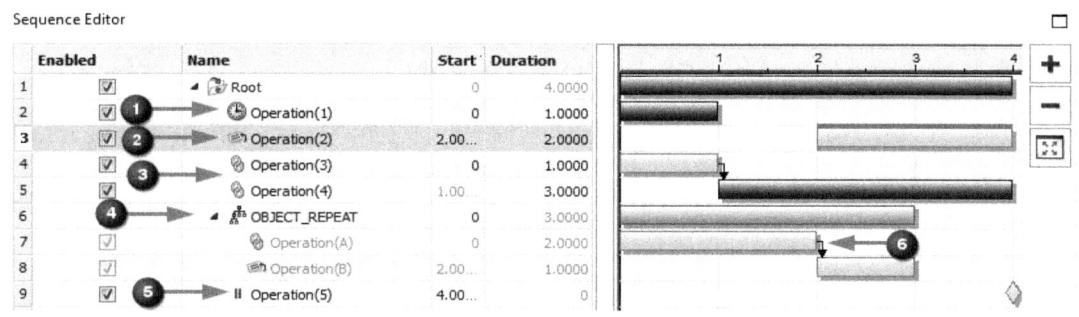

图 1-15　序列编辑器面板详细信息举例

表 1-2　序列编辑器面板详细信息说明

序号	具体含义
1	基于时间的仿真序列
2	基于事件的仿真序列
3	基于事件的仿真序列与另一个仿真序列相连
4	复合仿真序列：如果在组件中有仿真序列，则在上层装配中的仿真序列以这种方式显示
5	暂停操作：触发时暂停模拟的操作
6	链接器：用于链接两个仿真序列

1.6　NX MCD 环境变量设置

NX MCD 中环境变量可以通过机电概念设计首选项和用户默认设置两种方式来进行设置。两者的不同之处如下：

1) 机电概念设计首选项的改变、保存和使用在当前工作机电概念设计项目中，用户可以设置重力、摩擦力和阻尼特性、优化物理引擎、设置仿真刷新率、改变仿真显示速度、设置协同仿真主机和定时设置。

2) 用户默认设置用于设置全局首选项，覆盖所有机电概念设计项目。

简单来说，首选项仅在当前启动的 NX 中生效，用户默认设置在 NX 重新启动或打开新的 NX 后仍然有效。

1.6.1　机电概念设计首选项

单击 NX 软件界面左上侧"菜单"→"首选项"→"机电概念设计"进入机电概念设计首选项对话框，其中包含常规、机电引擎、运行时控制、协同仿真及序列编辑器五个选项卡的设置。

机电概念设计首选项"常规"选项卡如图 1-16 所示，用户可根据设计要求对设计环境中所涉及的重力、材料参数和阻尼进行修改配置。选项卡中具体内容的含义见表 1-3。

表 1-3　机电概念设计首选项中"常规"选项卡中具体内容的含义

序号	名称	具体含义
1	重力	指定在全局 X、Y 和 Z 方向上的重力值
2	材料参数	为材料的碰撞参数指定默认值
3	阻尼	指定降低振动振幅的值
4	碰撞时高亮显示	指定模型中的碰撞体，以在它们接触类似的碰撞体时突出显示

"机电引擎"选项卡指定物理引擎的默认值，主要包含运行时参数和机电引擎调谐两部分，该选项卡如图 1-17 所示。

第1章 机电一体化系统设计概述

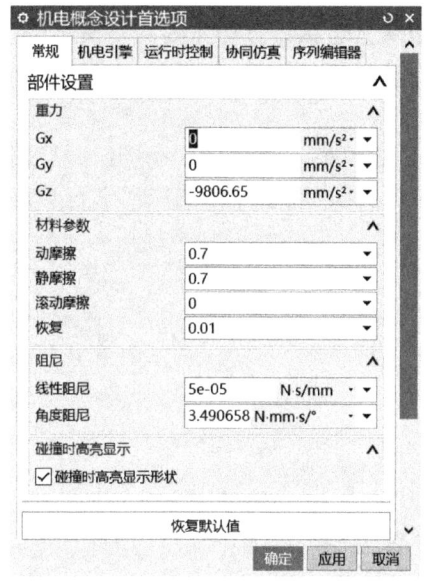

图 1-16 机电概念设计首选项"常规"选项卡

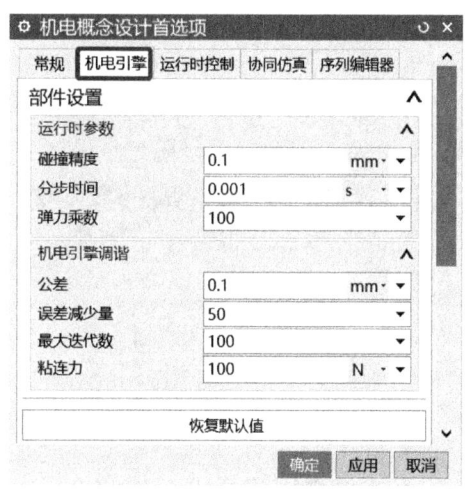

图 1-17 "机电引擎"选项卡

在图 1-17 中，运行时参数包括碰撞精度、分步时间和弹力乘数三个参数。

碰撞精度用于设置碰撞检测的精度。即当两个对象的距离小于等于该值时认为两个对象发生碰撞，物体也可相互穿透。该值越小碰撞精度越高，但计算量会越大；反之，该值越大时，碰撞精度越小，软件计算量越小，但可能会导致更多的渗透。

分步时间用于设置最小的时间增量。物理计算每个时间步骤执行一次。操作不会在时间步骤之间发生。较大的值可提高系统性能，但会降低准确性。需要注意的是，过大的分步时间可能会导致仿真不稳定，破坏约束使物体获得无限能量。如果发生不稳定现象，可以减小步长，使得步长的倒数比系统中最快振荡的频率大 10 倍。

弹力乘数用于指定仿真过程中拖动对象时应用的弹簧力。

在图 1-17 中，机电引擎调谐包括公差、误差减少量、最大迭代次数和粘连力四个参数，具体含义见表 1-4。

表 1-4 "机电引擎调谐参数"选项卡含义

序号	名称	具体含义
1	公差	设置物体之间可以具有的距离。公差越大，仿真运动越快，但这会导致关节定位不准确
2	误差减少量	设置确定关节位置解算速度的因子。较大的值会导致求解器以较少的步骤将关节拉到一起，但是值太大可能会导致不稳定
3	最大迭代次数	设置每个时间步长的最大迭代次数，求解器使用该迭代次数来求解关节的位置，并将其所有位置都放在公差范围内。较大的值使解算器有更多时间将大量关节放置到位，但可能需要较长的时间才能解决
4	粘连力	设置碰撞体之间的粘合力以抵消由碰撞引起的排斥力

机电概念设计首选项中"运行时控制"选项卡如图 1-18 所示，包括部件设置和会话设置两部分。部件设置主要对察看器的刷新精度进行设置。会话设置中主要对仿真的部件、察看器的步长、仿真中显示的时间缩放因子、仿真中单步前进的时间，以及仿真录制中的采样率进行设置。

机电概念设计首选项的"协同仿真"选项卡如图 1-19 所示，主要为 MCD 与其他软件的协同仿真设置。SIMIT 为一个过程控制软件。当选择"启用 SIMIT 控制服务"时，需要选择 SIMIT 控制系统的服务器地址。

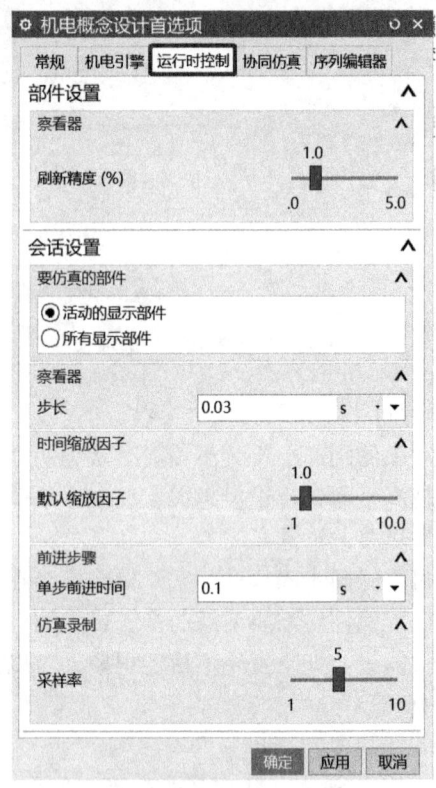

图 1-18　机电概念设计首选项中"运行时控制"选项卡

图 1-19　机电概念设计首选项中"协同仿真"选项卡

机电概念设计首选项的"序列编辑器"选项卡为序列编辑器的默认设置，如图 1-20 所示。如果选择"导出后调用时序图"，则导出的文件中需要选择为导出文件的存放地址。自动禁用仿真序列可以在外部信号和仿真序列同时控制同一对象时，自动禁用仿真序列，只使用外部信号控制。

1.6.2　用户默认设置

用户默认设置的进入路径为："文件"→"实用工具"→"用户默认设置"。用户默认设置主要包括：常规、集成设置、系统导航器、序列编辑器

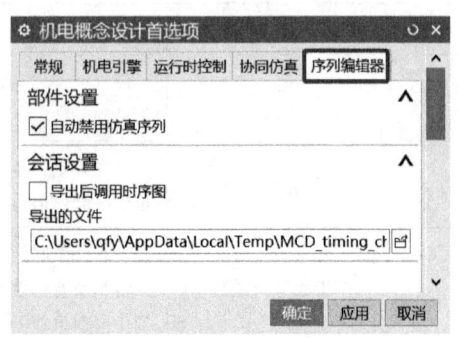

图 1-20　机电概念设计首选项中"序列编辑器"选项卡

和协同结构五个选项卡。

用户默认设置的"常规"选项主要包括仿真中重力和材料、机电引擎、察看器及运行时的参数设置，如图 1-21 所示。

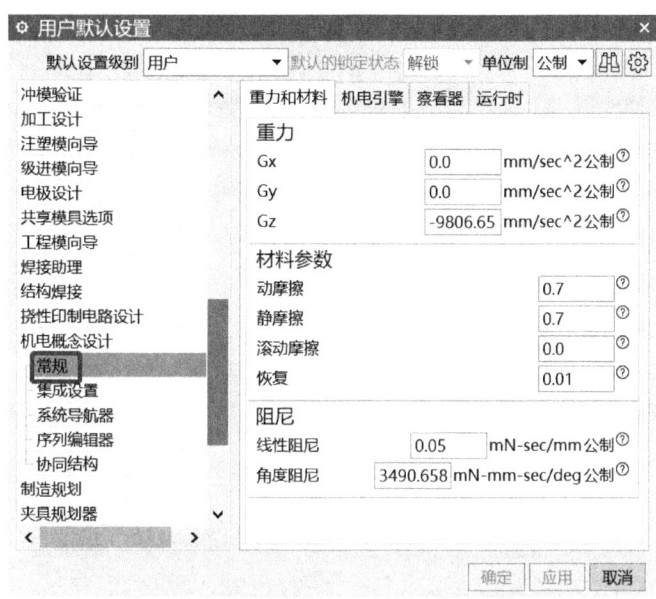

图 1-21　用户默认设置中"常规"选项界面

用户默认设置的"集成设置"选项包括 SIZER、SIMIT 和 EPLAN 三个选项卡。SIZER 选项卡的界面如图 1-22 所示。

图 1-22　用户默认设置中"集成设置"的 SIZER 选项卡

SIZER 选项卡主要为 CAD Creator 运行方法设置。其中，Web 服务为通过远程网络管理运行；本地安装为在当前 PC 上安装。

用户默认设置中"集成设置"的 SIMIT 选项卡主要说明 SIMIT 软件与 MCD 联合仿真时的设置，SIMIT 选项卡的界面如图 1-23 所示。

用户默认设置中"集成设置"的 EPLAN 选项卡主要说明 EPLAN 软件与 MCD 联合仿真时的设置，EPLAN 选项卡的界面如图 1-24 所示。

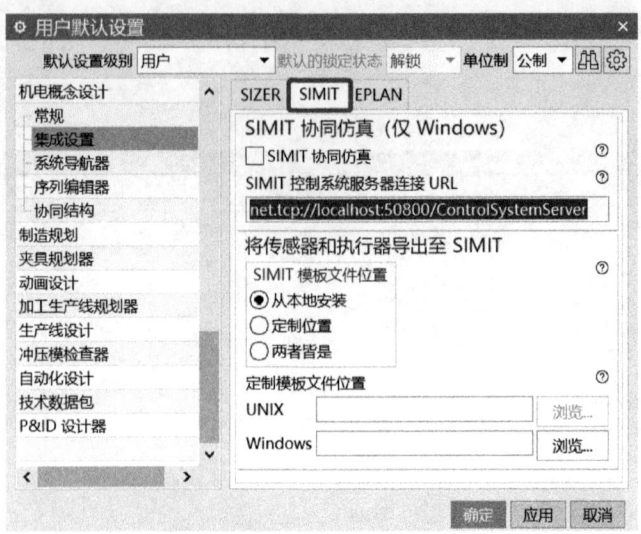

图 1-23 用户默认设置中"集成设置"的 SIMIT 选项卡

图 1-24 用户默认设置中"集成设置"的 EPLAN 选项卡

本 章 小 结

本章首先对机电一体化设计从概念、关键组成、应用以及发展趋势作了简单介绍。其次,对 NX MCD 软件作了全面简明的介绍,主要包括:MCD 的基本功能、安装与启动、工作界面等,供读者整体了解 NX MCD 软件,为后续 NX MCD 的使用打好基础。

思考与练习题

1. MCD 有几种打开方式?简述每种打开方式的步骤。
2. 请简述机电导航器包括哪些内容?可以显示哪些信息?
3. NX MCD 中环境变量可以在哪些地方进行设置?

第 2 章

MCD需求管理

本章主要介绍 NX MCD 与 Teamcenter 软件的联合使用。需求管理模块为 NX MCD 界面中主菜单的系统工程部分,包括需求、功能、逻辑及相关对象四个部分,如图 2-1 所示。需求模型、功能模型和逻辑模型的组合驱动物理部件模型的设计和属性,记录系统的目标和规格。例如,对于起落架需求模型,用户可指定部署时间和联合强度。本章从系统工程简介和基本系统工程模型的工作流程实现来对 MCD 需求管理进行介绍。

图 2-1　需求管理模块界面

2.1　系统工程简介

从图 2-1 可以看出,系统工程包括需求模型、功能模型、逻辑模型及相关对象模型 4 部分。

需求模型(图标为 ）定义需求或条件以满足新的或改动的产品要求。

功能模型(图标为 ）定义满足需求的工艺,记录所需的任务以实现目标和要求。该模型构成了机电一体化系统协同设计的基础。它提供了不同工程学科的要求和数据管理之间的联系,并允许将这些要求追溯到设计部门。该功能模型支持初始设计概念的结构,并提供执行设计方案评估的功能。例如,对于起落架功能模型,用户可指定需要做些什么来降低起落架,并加强活动接头。

逻辑模型(图标为 ）定义实现功能的交互,即标识完成功能的组件文件如何实现功能组件。用户可将功能模型分解为可在多个设计中重复使用的逻辑块,也可以设置特定学科的参数化来帮助优化设计。例如,对于起落架逻辑模型,用户可记录如何实现功能组件,如应用执行器和指定材料选择。

相关对象定义系统工程对象的相关对象，图标为 。

2.2 系统工程模型的工作流程

基本系统工程模型的工作流程如图 2-2 所示。

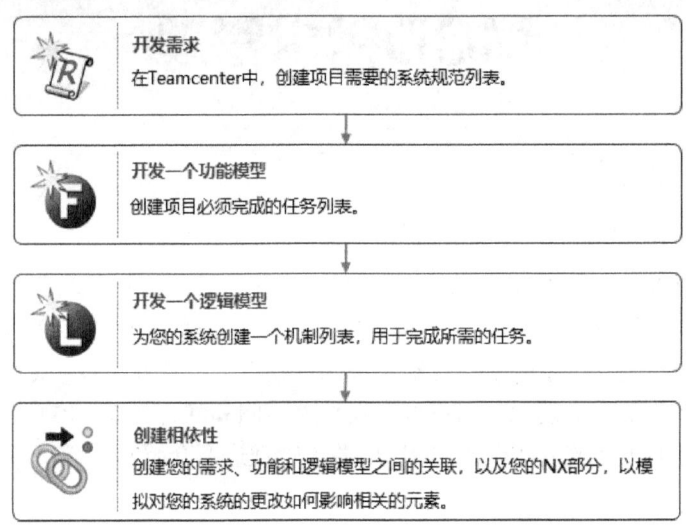

图 2-2 基本系统工程模型的工作流程图

步骤 1：从 Word 导入"需求"到 Teamcenter 软件中。具体操作为：

1）启动 Teamcenter 软件，进入 Systems Engineering，如图 2-3 所示。

2）指定用来导入"需求结构"的文件夹。

3）从 File 菜单，单击"Import Spec"选项，进入 Import Spec 页面。

4）在 Import Spec 页面中，通过"File name"选择文档"Brass machine-System specification.docx"，如图 2-4 所示。

在 Import Spec 页面中，通过"Spec type"选项选择"RequirementSpec"，如图 2-5 所示。

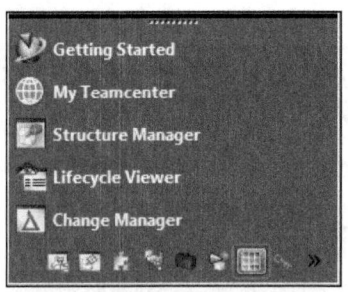

5）单击"Import Spec"页面中的"Next"按钮，最后单击"Finish"按钮。

图 2-3 启动 Teamcenter 软件

步骤 2：在 Teamcenter 中添加"Function"，具体操作为：

1）指定存放新创建的 Function 的文件夹。

2）依次选择，"File"→"New"→"Item"→"Function"，如图 2-6 所示。

3）将新创建的"Function"发送到"Systems Engineering"。

4）单击工具条中 创建新的"Function"，结果如图 2-7 所示。

步骤 3：在 Teamcenter 中添加"Logical"，方法与步骤 2 中添加"Function"的方法类似，结果如图 2-8 所示。

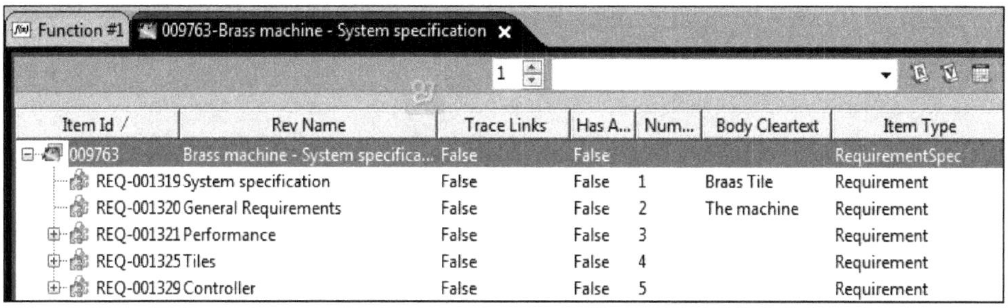

Function #1
009763-Brass machine - System specification
Item Id
Rev Name
Trace Links
Has A...
Num...
Body Cleartext
Item Type
009763 Brass machine - System specifica... False False RequirementSpec
REQ-001319 System specification False False 1 Braas Tile Requirement
REQ-001320 General Requirements False False 2 The machine Requirement
REQ-001321 Performance False False 3 Requirement
REQ-001325 Tiles False False 4 Requirement
REQ-001329 Controller False False 5 Requirement

图 2-4 通过“File name”选择文档

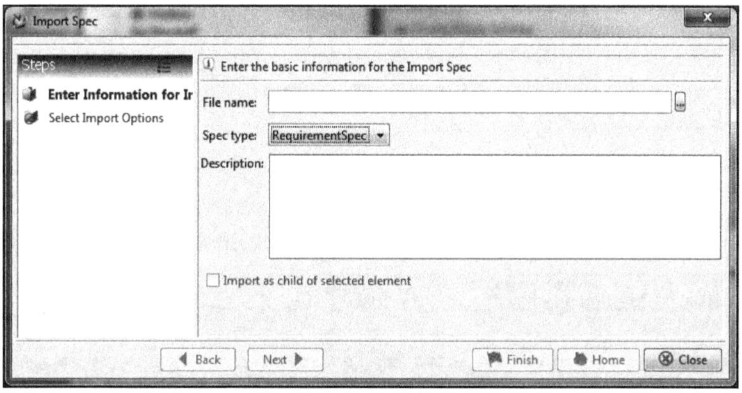

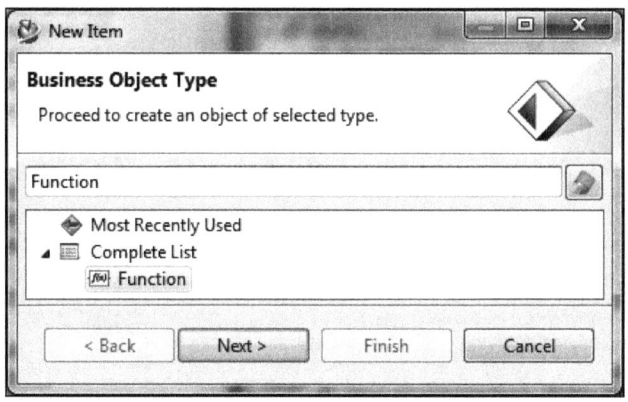

Import Spec
Steps
Enter Information for Ir
Select Import Options
Enter the basic information for the Import Spec
File name:
Spec type:
RequirementSpec
Description:
Import as child of selected element
Back
Next
Finish
Home
Close

图 2-5 “Import Spec”页面

New Item
Business Object Type
Proceed to create an object of selected type.
Function
Most Recently Used
Complete List
Function
< Back
Next >
Finish
Cancel

图 2-6 “Function”选择页面

009764-Functional Model
009763-Brass machine - System specification
009769-Logical Model
Item Id
Rev Name
Trace Links
Has A...
Num...
Body Cleartext
Item Type
009764 Functional Model False False Function
009767 Main functions False False 1 Function
009768 Auxiliary functions False False 2 Function
009773 Convey towards m... False False 2.1 Function

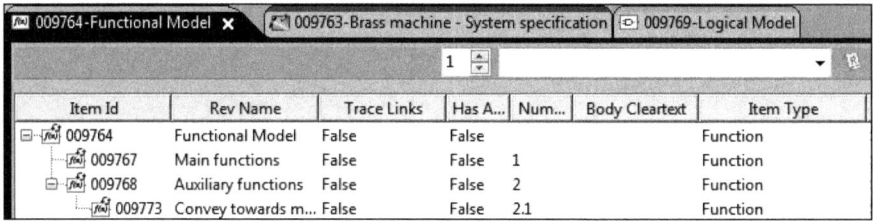

图 2-7 新创建的“Function”

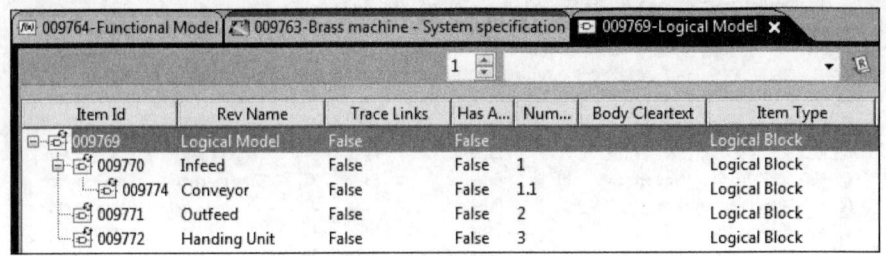

图 2-8　新创建的"Logical"

步骤 4：在 Teamcenter 中添加"TraceLink",具体操作为：

1) 打开上下文设计模式,选择 Requirement "009763",打开 ⬚；选择 Function "009764",打开 ⬚；选择 Logical "009769",打开 ⬚，结果如图 2-9 所示。

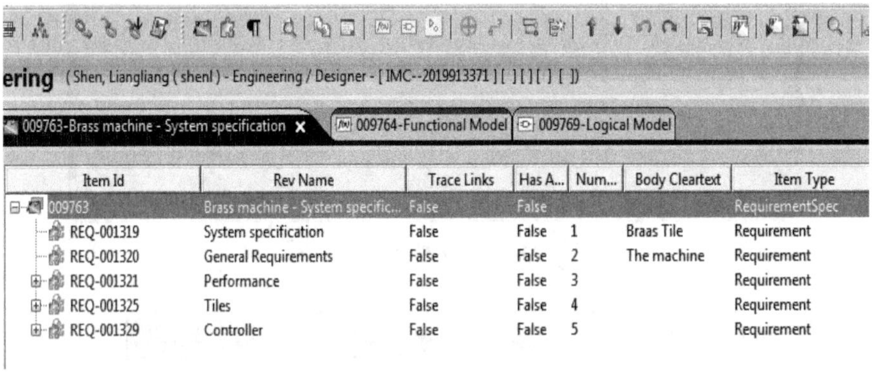

图 2-9　Teamcenter 中上下文模式选择结果

2) 创建 Trace Link：从"Requirement"到"Function"。首先,选择 Requirement "REQ-001324 Speed for transport"；然后,在工具条上单击 ⬚（"Edit"→"Options"→"Systems Engineering"→"Trace Link Mode：On"）；其次,选择 Function "009763"；最后,在工具条上单击 ⬚。结果如图 2-10 所示。

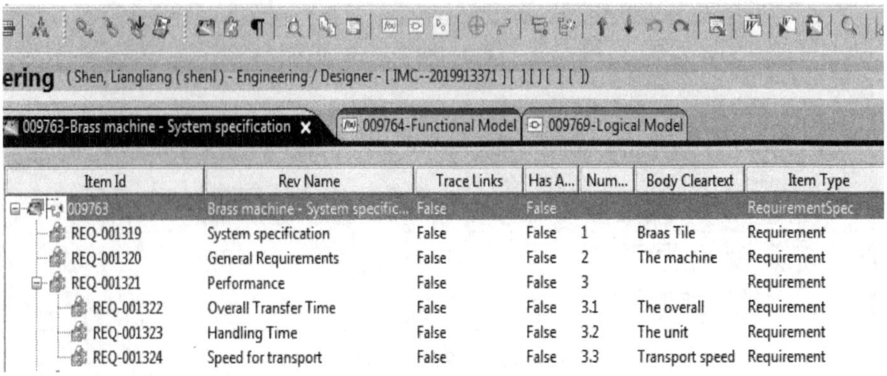

图 2-10　Teamcenter 中从"Requirement"到"Function"的结果

3）创建 Trace Link：从"Requirement"到"Logical"。首先，选择 Requirement "REQ-001324 Speed for transport"；然后，在工具条上单击 ；其次，选择 Logical "009774"；最后，在工具条上单击 ，结果如图 2-11 所示。

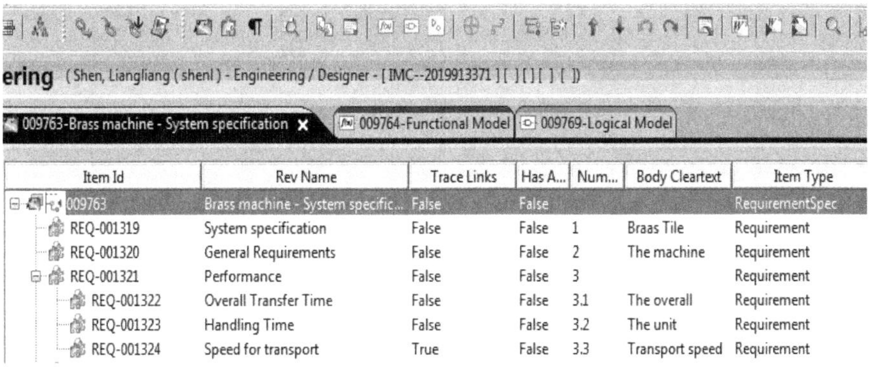

图 2-11　Teamcenter 中从"Requirement"到"Logical"的结果

4）创建 Trace Link：从"Function"到"Logical"。首先，选择 Function "009773"；然后，在工具条上单击 ；其次，选择 Logical "009774"；最后，在工具条上单击 ，结果如图 2-12 所示。

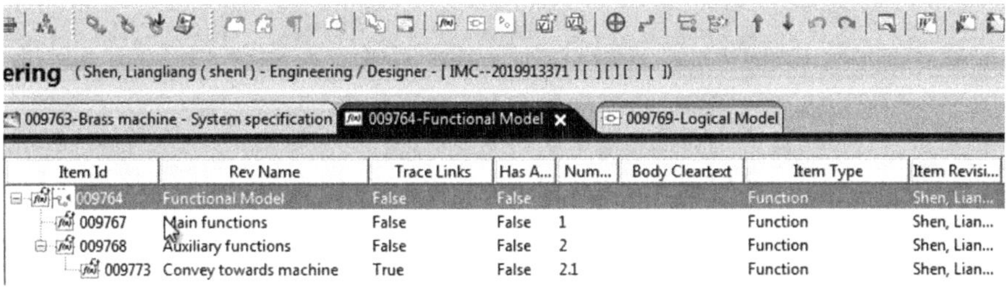

图 2-12　Teamcenter 中从"Function"到"Logical"的结果

5）查看 Trace Link。选择 Requirement "REQ-001324 Speed for transport"，并在工具条上单击 ，结果如图 2-13 所示。

步骤 5：在 NX Manager 中打开需求/功能/逻辑。具体步骤如下：

1）打开模型"Sys-BraasConceptModelRFLP-stage00/A"。

2）打开需求模型：打开步骤 1 中导入的"Requirement"，如图 2-14 所示。

3）选中"REQ-001324"，观察相依性窗口，如图 2-15 所示。

在相依性窗口中，打开关联 Function（图 2-16）和 Logical，结果如图 2-17 所示。

步骤 6：在 NX Manager 中显示 Requirement 详细信息。具体操作为，选择"REQ-001319"→"MB3"→"显示需求详细信息"，如图 2-18 所示。

在需求详细信息弹出的对话框中，选择"shen2C0840FEz07v.docm"，文件打开方式选择"Microsoft Word（默认）"，如图 2-19 所示。

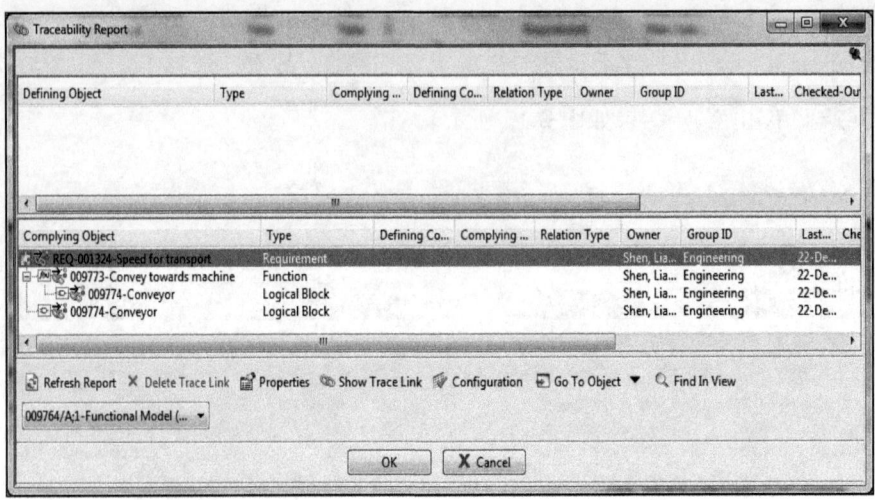

图 2-13　Teamcenter 中添加"Function"的结果

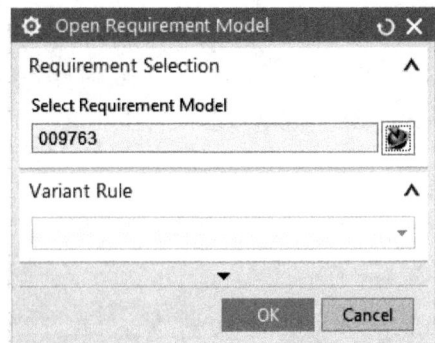

图 2-14　NX Manager 中打开需求模型的结果

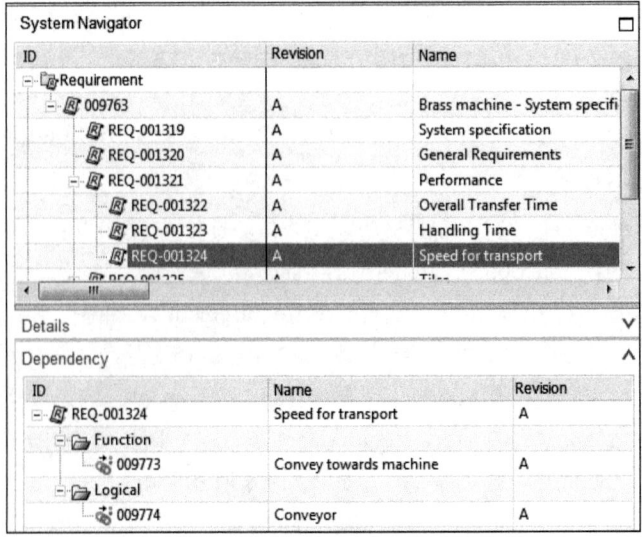

图 2-15　相依性窗口

第2章　MCD需求管理

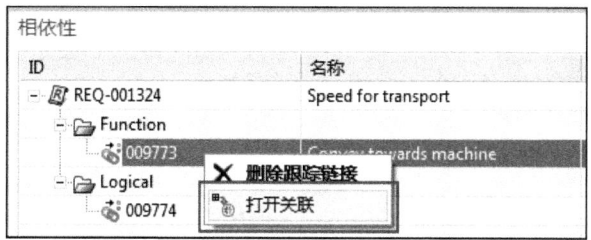

图 2-16　相依性窗口中打开关联 Function

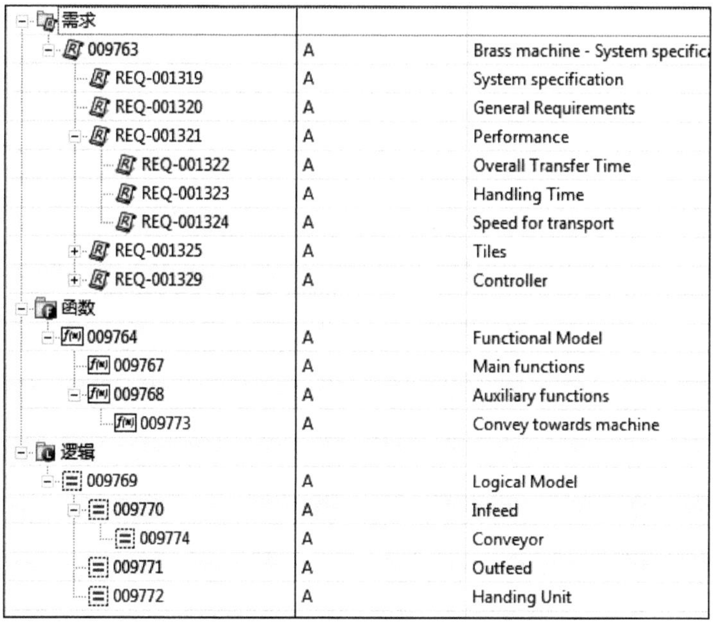

图 2-17　相依性窗口中打开关联 Function 和 Logical 的结果

图 2-18　NX Manager 中显示需求详细信息的操作

图 2-19　打开需求详细信息文件

最终，对应的需求信息的显示如图 2-20 所示。

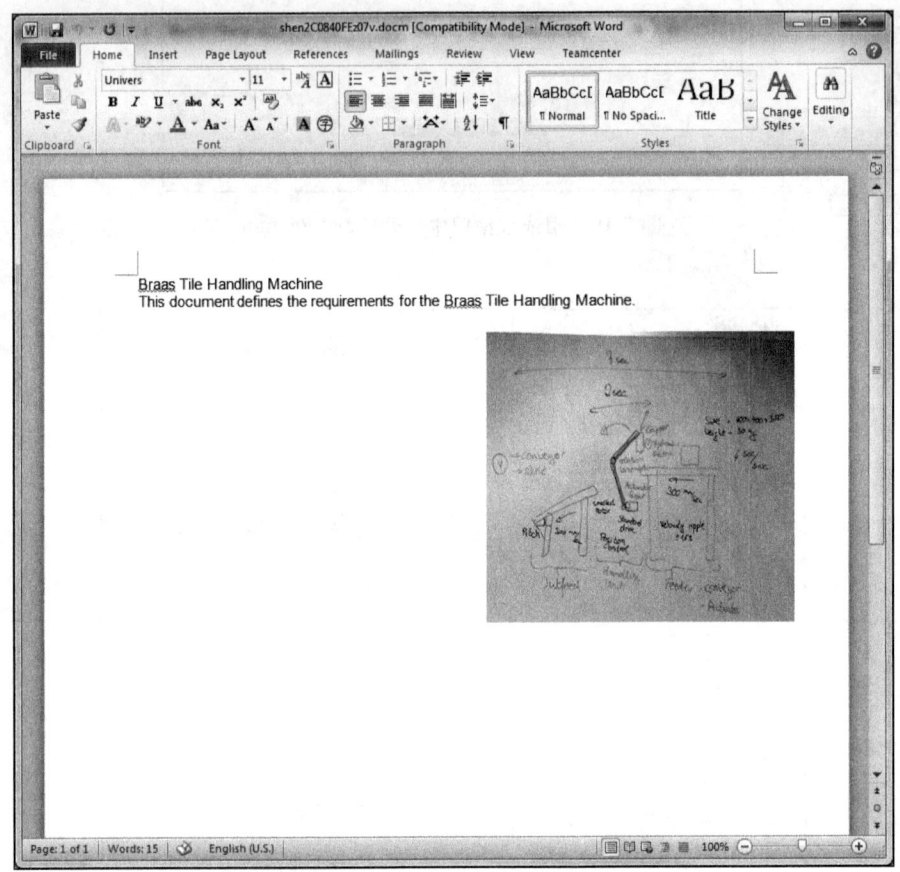

图 2-20　详细需求信息的显示

步骤 7：在 NX Manager 中根据 Requirement 派生 Function。选择"REQ-001325"→"MB3"→"派生功能"，如图 2-21 所示。

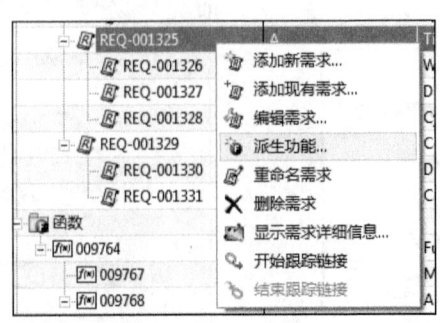

图 2-21　派生功能显示

在"功能"对话框中，"选择父级功能"选项，选择函数"009767"，如图 2-22 所示，最后的派生功能显示结果如图 2-23 所示。

第2章 MCD需求管理

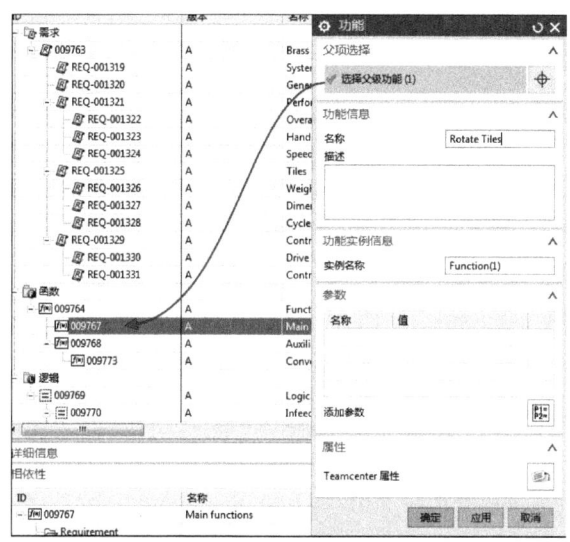

图 2-22 "功能"对话框

步骤8：在 NX Manager 中根据函数添加 Function。具体操作为，选择"009780"，右击选择"添加新功能"，如图 2-24 所示。在弹出的功能对话框中，名称选择"Detect Tiles"，实例名称为 Function（1），具体如图 2-25 所示。最终，添加"Function"的结果如图 2-26 所示。

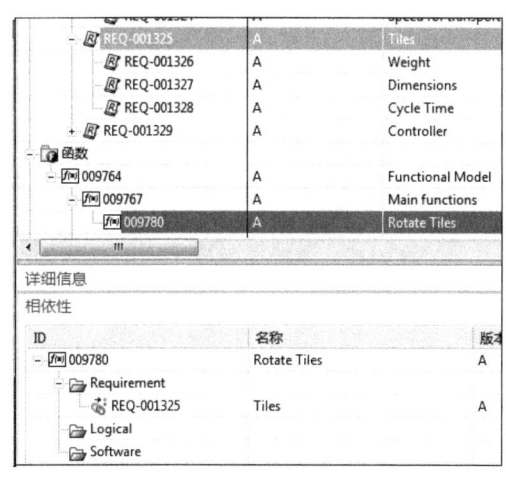

图 2-23 派生功能显示结果

图 2-24 添加新功能详细步骤

步骤9：在 NX Manager 中根据 Function 派生 Logical。具体操作为，选择"009784"，右击选择"派生逻辑"。在弹出的"逻辑"对话框中，"选择父逻辑"选项选择"009772"。在"Aspect"中选择"Assignment"，"字母代码"选择"W-Auxiliary Function"，名称为"Gripper"，实例名称为"Logical（1）"，具体设置如图 2-27 所示。完成上述设置后，NX Manager 中根据 Function 派生 Logical 的结果如图 2-28 所示。

图 2-25 功能对话框

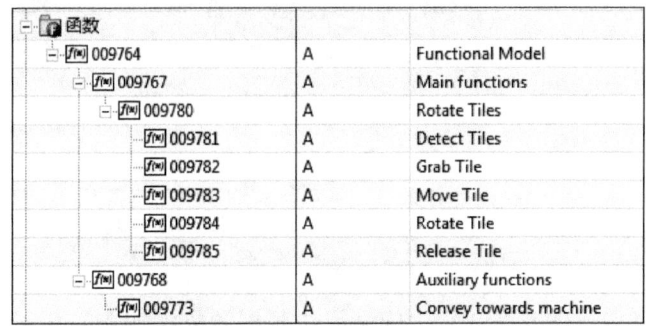

图 2-26 添加"Function"的结果

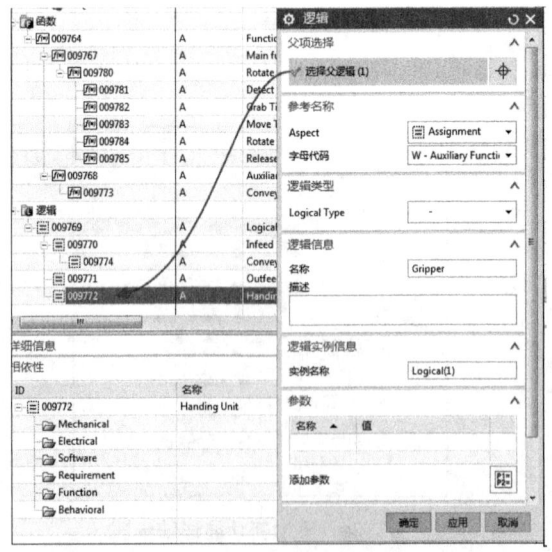

图 2-27 "逻辑"对话框设置

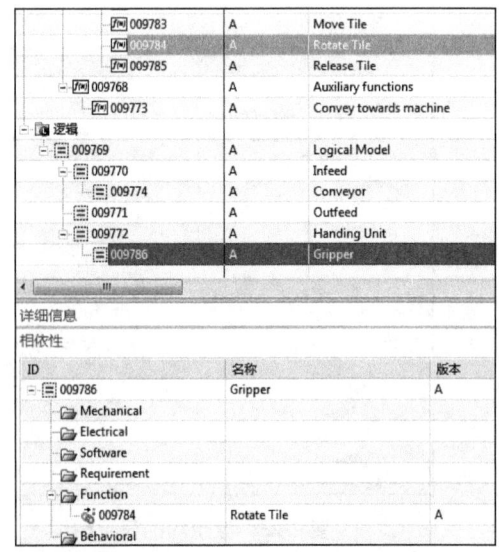

图 2-28 根据 Function 派生 Logical 的结果

步骤 10：在 NX Manager 中根据"逻辑"添加新 Logical。具体操作为，在"逻辑"中选择"009772"，右击选择"添加新逻辑"，如图 2-29 所示。"添加新逻辑"的对话框设置如图 2-30 所示。最后，"添加新逻辑"后的结果如图 2-31 所示。

第2章 MCD需求管理

图2-29 在"逻辑"中"添加新逻辑"详细步骤

图2-30 "添加新逻辑"对话框设置

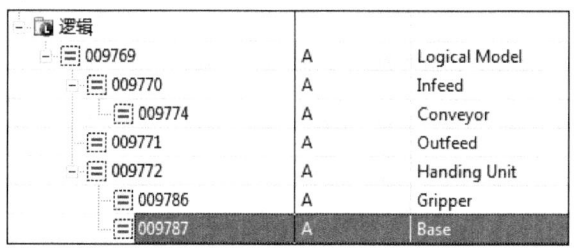

图2-31 在"逻辑"中"添加新逻辑"后的结果

  步骤11：在NX Manager中将Logical与组建、运动序列、运动对象关联起来。具体操作为，在"相依性"窗口中选择"009786"，在Mechanical文件夹上右击选择"添加组件"，添加相关组件，如图2-32所示，添加后结果如图2-33所示。

  然后，在"Software"文件夹上右击选择"添加现有仿真序列"添加相关运动序列，结果如图2-34所示。

  最后，在"相依性"窗口的"Behavior"文件夹上右击选择"选择机电对象"添加相关运动对象，结果如图2-35所示。

图 2-32 "相依性"中"添加组件"

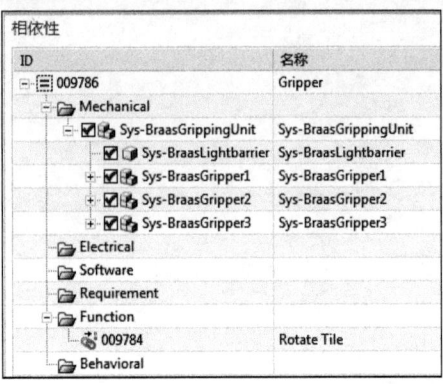
图 2-33 "相依性"中"添加组件"结果

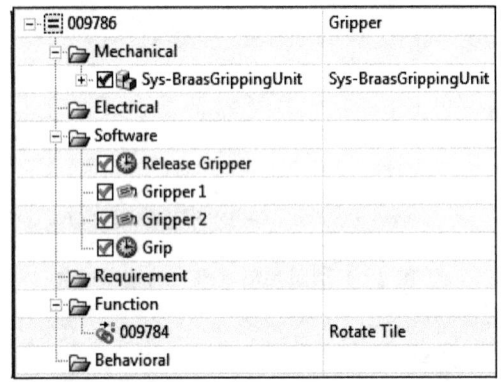
图 2-34 "相依性"中"添加现有仿真序列"结果

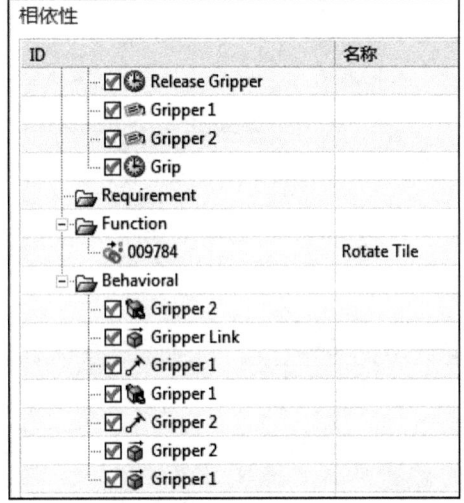
图 2-35 "相依性"中"选择机电对象"添加相关运动对象结果

本 章 小 结

本章主要介绍 MCD 与 Teamcenter 软件的集成使用，供读者了解 MCD 软件与 Teamcenter 软件联合使用时的一些关键步骤。在实际使用中，便于采购人员、CAD 设计人员、机械工程师以及电气工程师间的沟通。

思考与练习题

1. 系统工程包括哪几部分？每个部分的含义分别是什么？
2. 简述 MCD 与 Teamcenter 联合调试的步骤。

第 3 章

机 电 基 础

机电基础是机电一体化设计的基础。本章主要对机电一体化中的机电基础进行介绍，主要包括运动副、执行器、传感器、耦合副、约束及定制行为。本章介绍的内容位于 NX 软件主菜单"主页"下的"机械"组，如图 3-1 所示。

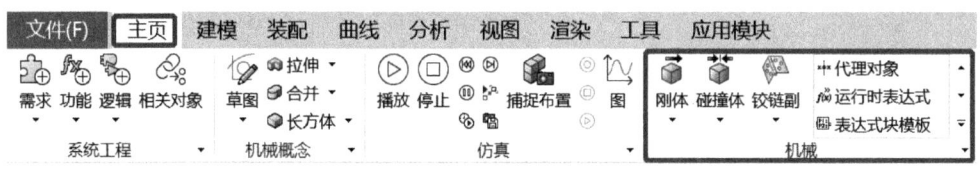

图 3-1 机电基础内容位置

3.1 基本机电对象

基本机电对象是机电一体化中常用的最基础的命令，包括：刚体、碰撞体、传输面、对象源、碰撞传感器、对象收集器及对象变换器。

3.1.1 刚体

刚体是指在运动中和受到力的作用后，形状和大小不变，而且内部各点的相对位置不变的物体。绝对刚体实际上是不存在的，只是一种理想模型，因为任何物体在受力作用后，都会或多或少地变形，如果变形的程度相对于物体本身几何尺寸来说极为微小，在研究物体运动时变形就可以忽略不计。例如，物理天平的横梁处于平衡状态，横梁在力的作用下产生的形变很小，各力矩的大小都几乎不变。

把许多固体视为刚体，一般情况下，所得到的结果在工程上已有足够的准确度。但要研究应力和应变，则须考虑变形。由于变形一般总是微小的，所以可先将物体当作刚体，用理论力学的方法求得施加给它的各未知力，然后再用变形体力学，包括材料力学、弹性力学、塑性力学等的理论和方法进行研究。

在刚体问题中，可将刚体当作一个特殊的质点组（质量连续分布，各质点间的距离保持不变）。将质点组的动量定理、质心运动定理、角动量定理等用到这一特殊的质点组就可得到有关刚体的一些规律。

几何对象只有添加了刚体组件才能受到重力或者其他作用力的影响,如定义了刚体的几何体受重力影响会落下。如果几何体未定义刚体对象,那么这个几何体将完全静止。同时,一个几何体上只能添加一个刚体,且不同刚体之间不会产生交集。

刚体的物理属性包括:质量、惯性、平动速度、转动速度、质心位置及质心方位。其中,质心位置和质心方位由所选几何对象决定。

用户可单击停靠功能区"主页"下的"机械"中的"刚体"图标来定义刚体,如图 3-2 所示。"刚体"定义对话框如图 3-3 所示,其中的参数描述见表 3-1。

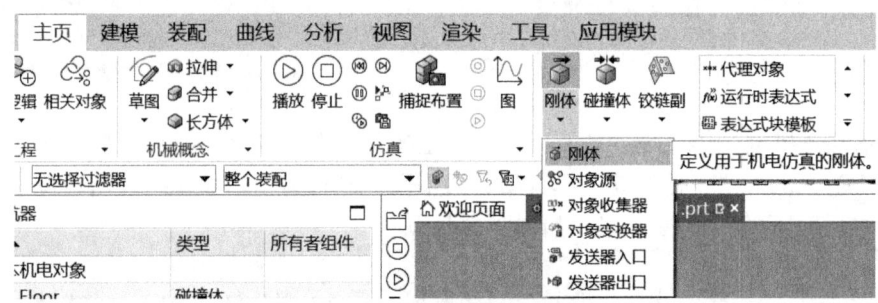

图 3-2 "刚体"入口位置

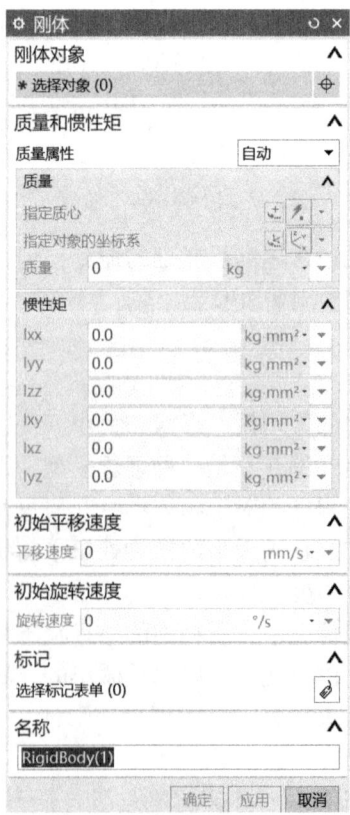

图 3-3 "刚体"定义对话框

表 3-1　刚体参数描述

序号	参　　数	描　　述
1	刚体对象	可选一个或者多个对象，所选的每个对象将会生成一个刚体
2	质量属性	"自动"选项：MCD 根据对象的几何信息，对每种几何类型按照默认的质心计算质量 "用户自定义"选项：用户需要自己输入刚体的质心、质量、惯性矩
3	指定质心	刚体受力的作用点
4	指定对象的坐标系	计算惯性矩的坐标系
5	质量	作用在"质心"上的质量
6	惯性矩	惯性矩矩阵 $\begin{bmatrix} I_{xx} & I_{xy} & I_{xz} \\ I_{xy} & I_{yy} & I_{yz} \\ I_{xz} & I_{yz} & I_{zz} \end{bmatrix}$
7	初始平移速度	刚体运动的初始平移速度大小 $\begin{bmatrix} v_x \\ v_y \\ v_z \end{bmatrix}$
8	初始旋转速度	刚体运动的初始旋转速度大小 $\begin{bmatrix} w_x \\ w_y \\ w_z \end{bmatrix}$
9	名称	刚体的名称，用户可以自己确定

[**例 3-1**]　对比图 3-4 所示模型（第 3 章/刚体.prt）中两个方块的运动，并对蓝色（左上角）方块添加刚体，并观察其运动。

解　步骤 1：打开"第 3 章/刚体.prt"文件，并打开机电导航器，如图 3-5 所示。然后单击"主页"下"仿真"组中"播放"命令图标▷，可以看到红色（右下角）方块自由落体运动，蓝色（左上角）方块不动。

步骤 2：在"主页"的"机械"组单击"刚体"命令，弹出"刚体"对话框。其中，"刚体对

图 3-4　[例 3-1] 模型

象"选为蓝色（左上角）方块，其余采用默认设置，并单击"确定"，如图 3-6a 所示。刚体设置效果如图 3-6b 所示。其中，RB（1）为刚体名称。

步骤 3：单击"主页"下"仿真"组中"播放"命令图标▷，可以看到两个方块同时做自由落体运动。随后可以单击"主页"下"仿真"组中"停止"命令图标▢，停止仿真。

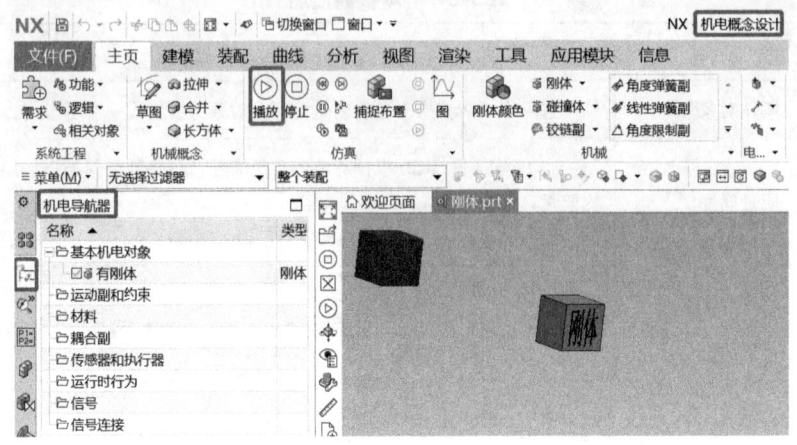

图 3-5 步骤 1 步骤图

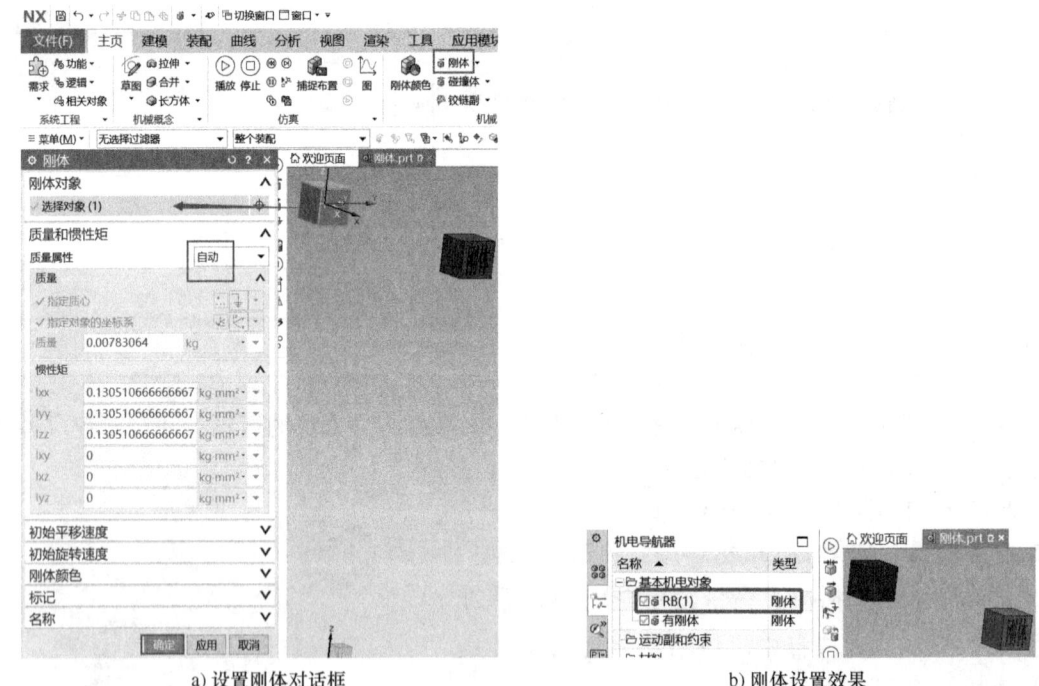

a) 设置刚体对话框   b) 刚体设置效果

图 3-6 步骤 2 步骤图

3.1.2 碰撞体

碰撞体是物理组件的一类,它要与刚体一起添加到几何对象上才能触发碰撞。如果两个刚体相互撞在一起,除非两个对象都定义有碰撞体时物理引擎才会计算碰撞。在物理模拟中,没有碰撞体的刚体会相互穿过。MCD 利用简化的碰撞形状来计算碰撞关系。

NX10.0 以上的 MCD 支持方块、球、圆柱、胶囊、凸多面体、多个凸多面体及网格面 7 种碰撞体形状的计算,如图 3-7 所示。同一几何体 7 种形状的碰撞计算性能分析见表 3-2。

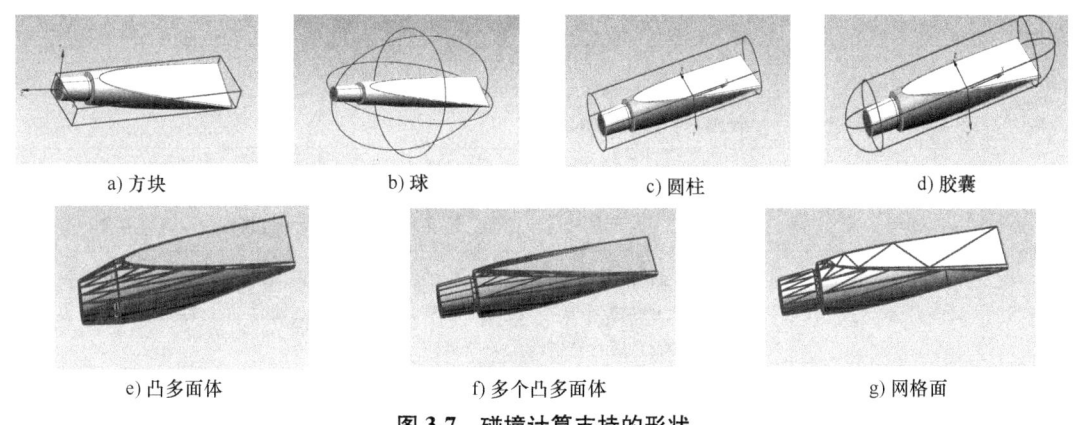

图 3-7 碰撞计算支持的形状

表 3-2 MCD 不同形状的计算性能分析表

序号	性能指标	性能对比
1	运算速度	方块≈球≈圆柱≈胶囊>凸多面体≈多个凸多面体>网格面
2	几何精度	方块≈球≈圆柱≈胶囊<凸多面体≈多个凸多面体<网格面
3	可靠性	方块≈球≈圆柱≈胶囊≈凸多面体≈多个凸多面体>网格面

碰撞体的几何精度越高,碰撞体之间就越容易发生穿透破坏。为了减少不稳定的风险(穿透、粘连、抖动)并最大化运行性能,无特别需要时,使用碰撞面需求最少的形状,如方块、圆柱、凸多面体等。碰撞体类别为不同碰撞体区分了碰撞关系,利用类别会减少计算几何体是否会发生碰撞的时间。如处理复杂的运动场景时,应避免碰撞体之间的相互干扰和不相干的碰撞体对传感器的干扰。

用户可通过单击停靠功能区"主页"下"机械"组中的碰撞体图标 来定义碰撞体,如图 3-8 所示。定义碰撞体对话框如图 3-9 所示,其中,碰撞体参数描述见表 3-3。

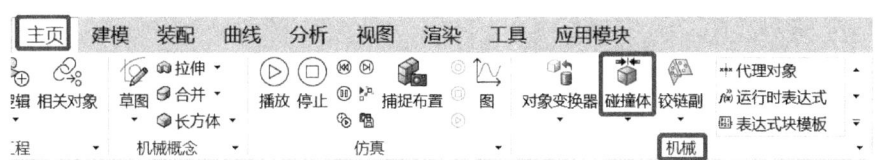

图 3-8 碰撞体入口位置

表 3-3 碰撞体参数描述

序号	参数	描述
1	碰撞体对象	选择进行碰撞的几何体,该几何体可以是刚体也可以不是刚体
2	碰撞形状	碰撞形状类型:方块、球、圆柱、胶囊、凸多面体、多个凸多面体、网格面
3	形状属性	自动:按默认形状属性计算碰撞 用户自定义:要求用户输入自定义的形状参数

(续)

序号	参 数	描 述
4	指定点	碰撞形状的几何中心点
5	指定坐标系	为当前的碰撞形状指定坐标系
6	碰撞形状尺寸	从长度、宽度和高度三个方面,定义碰撞形状的尺寸。该参数与碰撞形状类型有关
7	碰撞材料	材料决定了碰撞时的动摩擦系数(物体在运动时的摩擦系数)、静摩擦系数(物体在静止时的摩擦系数)、滚动摩擦系数(物体在滚动时的摩擦系数)和恢复系数(材料吸收能量或者发射能量的系数)
8	类别	只有定义了起作用类别中的两个或多个几何体才会发生碰撞。如果在一个场景中有很多个几何体,利用类别将会减少计算几何体是否会发生碰撞的时间 碰撞类别"0"可以跟任意一类碰撞类别发生碰撞,而其他碰撞类别只能跟"0"或碰撞类别相同的发生碰撞,如类别"1"只能与类别"0"或类别"1"发生碰撞,不能跟类别"2"等其他类别发送碰撞
9	碰撞设置	碰撞时高亮显示:发生碰撞时,该物体会高亮 碰撞时粘连:发生碰撞时,该物体会与碰撞的另一个物体粘连在一起
10	名称	碰撞体的名称

图 3-9 定义碰撞体对话框

[**例 3-2**] 在图 3-10 所示的模型(第 3 章/碰撞体 . prt)中,将红色(立方体)块和蓝色(圆柱体)块进行碰撞,碰撞后两个对象粘连在一起。

解 步骤 1:打开"第 3 章/碰撞体 . prt"文件,如图 3-10a 所示,此时模型在机电概念设计

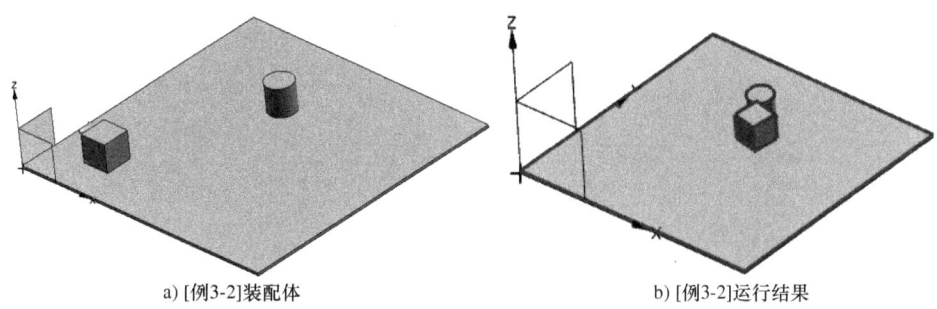

a) [例3-2]装配体   b) [例3-2]运行结果

图 3-10　[例 3-2] 图

环境中，若此时模型在建模环境中，应选择"应用模块"中的"更多"后，选中"机电概念设计"，进入 MCD 环境。

步骤 2：分别为立方体和圆柱体添加刚体，两个刚体的名称分别为 RB（1）和 RB（2）。图 3-11 为添加立方体为刚体的过程。

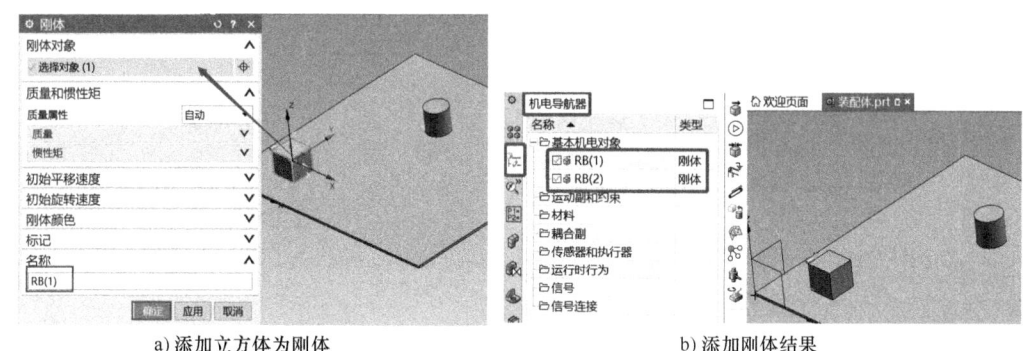

a) 添加立方体为刚体   b) 添加刚体结果

图 3-11　添加立方体为刚体的过程

步骤 3：分别为立方体、圆柱体和底板添加"碰撞时高亮"的碰撞体，且立方体和圆柱体对应的碰撞体至少一个选择"碰撞时粘连"。在选择"碰撞体对象"时，首先将鼠标移动到需要设置为碰撞体的刚体上，等鼠标变为右下角为三个点的十字形时，再单击左键，在弹出的"快速选取"列表中选择合适的选项作为碰撞体对象，如图 3-12a 所示，正方体碰撞体设置结果如图 3-12b 所示；圆柱体的碰撞形状设为圆柱，底板的碰撞形状设为方块。

步骤 4：单击"主页"下"仿真"组中"播放"命令图标▷，拖动圆柱体使圆柱体与立方体相碰撞，碰撞效果如图 3-10b 所示。随后可以单击"主页"下"仿真"组中"停止"命令图标□，停止仿真。

3.1.3　传输面

传输面是一种物理属性，将所选的平面转化为"传送带"。一旦有其他物体放置在传输面上，此物体将会按照传输面指定的速度和方向运输到其他位置。传输面在 NX 1847 及更低版本中，必须为平面。在 NX 1899 及更高版本中，可以选择光滑曲面作为传输面。传输面需要和碰撞体配合使用，且一一对应。

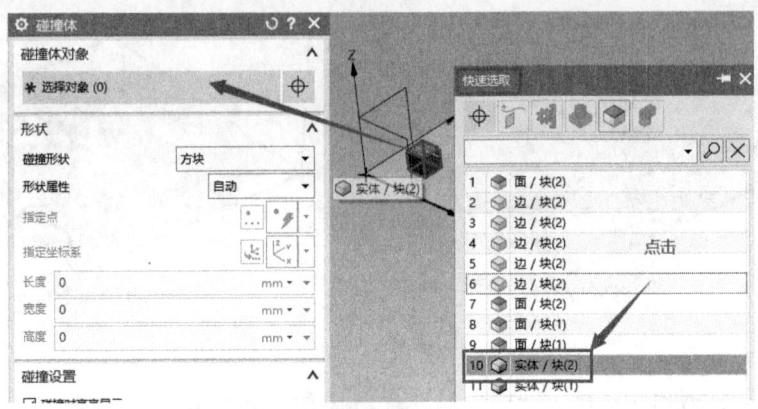

a) 碰撞体对象选择

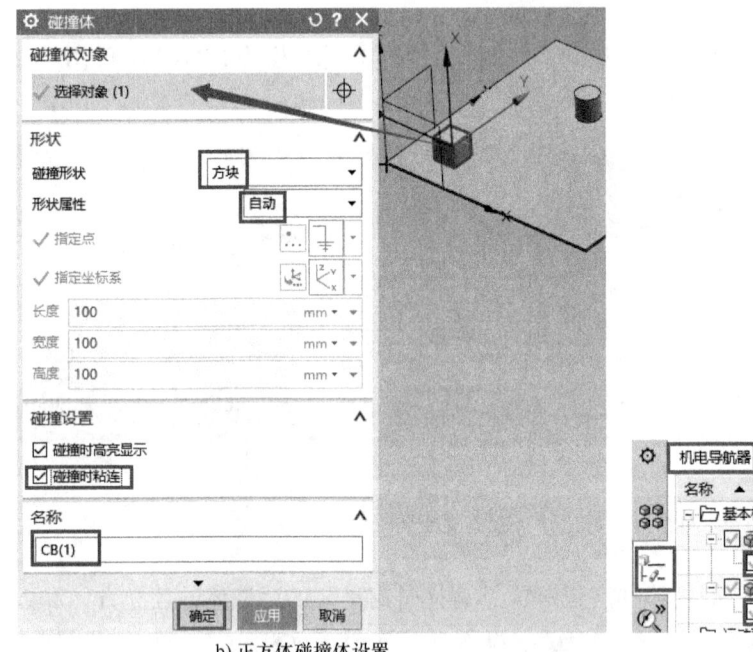

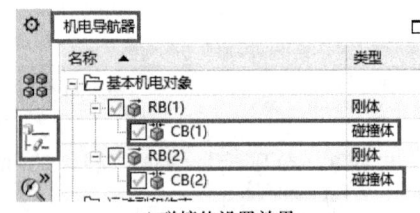

b) 正方体碰撞体设置　　　　　　　　　　c) 碰撞体设置效果

图 3-12　碰撞体设置

用户可通过单击停靠功能区"主页"下"机械"组中的碰撞体下面的图标 （图 3-13）打开"传输面"命令。

图 3-13　"传输面"命令位置

"传输面"定义对话框如图 3-14 所示。其中,传输面参数说明见表 3-4。

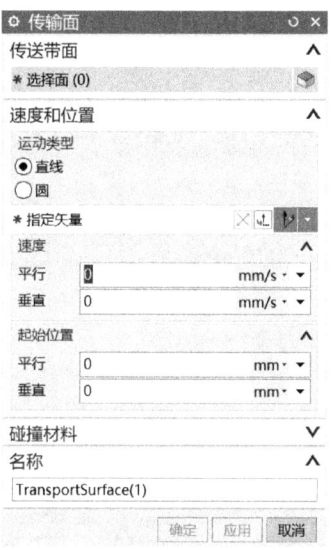

图 3-14 "传输面"定义对话框

表 3-4 传输面参数说明

序号	参数	描述
1	选择面	要设置为传送带面的面,该面必须为碰撞体
2	运动类型	直线:物体在该传输面上沿直线运动 圆:物体在该传输面上沿圆周运动
3	指定矢量	指定物体在传输面上运动的方向
4	速度	平行:与指定矢量相同方向的运动速度 垂直:与指定矢量方向垂直的运动速度
5	碰撞材料	指定该面在设置碰撞体时的碰撞材料。碰撞材料决定了碰撞时的动摩擦系数(物体在运动时的摩擦系数)、静摩擦系数(物体在静止时的摩擦系数)、滚动摩擦系数(物体在滚动时的摩擦系数)和恢复系数(材料吸收能量或者发射能量的系数)
6	名称	传输面的名称

[例 3-3] 对图 3-15 所示模型(第 3 章/传输面.prt),利用刚体、碰撞体、传输面元素使正方体沿 XC 方向以 100mm/s 的速度运动。

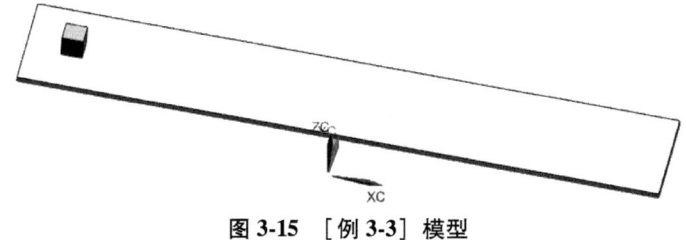

图 3-15 [例 3-3] 模型

解 步骤 1:按 [例 3-1] 的方式设置正方体为刚体,名称为"刚体 1"。

步骤2：设置平板为碰撞体，碰撞形状选为"方块"，名称为"碰撞体1"，其余采用默认设置。

步骤3：依次单击"主页"→"机械"组中的图标 ⌀ 弹出传输面对话框，按照图 3-16a 所示依次设置平板上表面为传输面，运动类型为"直线"，矢量为"XC"方向，速度中平行速度设为 100mm/s，起始位置的平行设为 800mm，并命名传输面为"传输面1"，设置效果如图 3-16b 所示。

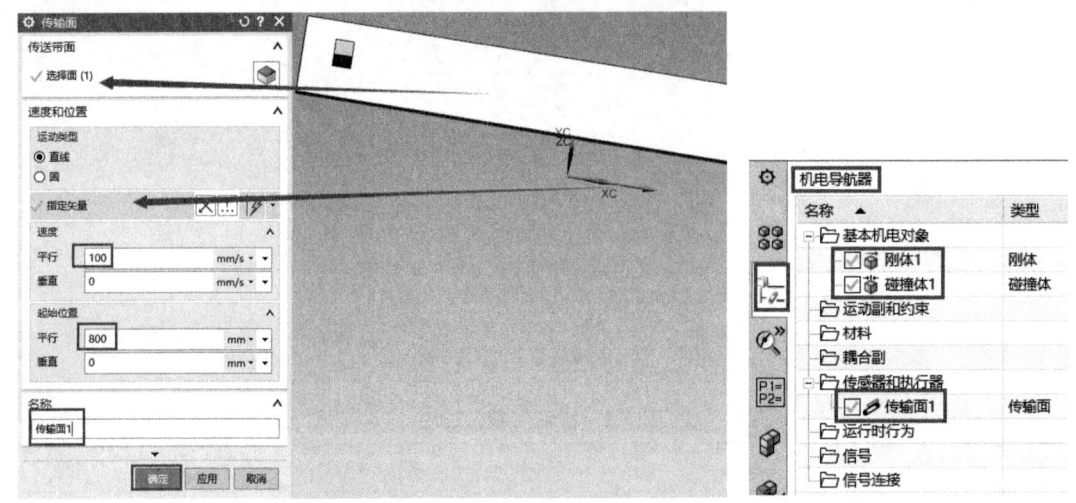

a) 传输面对话框设置　　　　　　　　b) 设置效果

图 3-16　设置传输面

步骤4：单击"主页"下"仿真"组中"播放"命令图标 ▷，可以看到正方体沿 XC 方向以 100mm/s 的速度运动，直到脱离平板。随后可以单击"主页"下"仿真"组中"停止"命令图标 □，停止仿真。

3.1.4　对象源

对象源按照指定时间间隔创建多个外表、属性相同的对象，在物流案例中应用广泛。图 3-17 为典型的对象源应用场景。

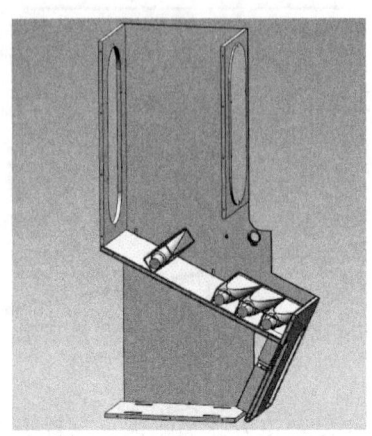

图 3-17　典型的对象源应用场景

可通过单击停靠功能区"主页"下"机械"组中的"对象源"图标 定义对象源,如图 3-18 所示。

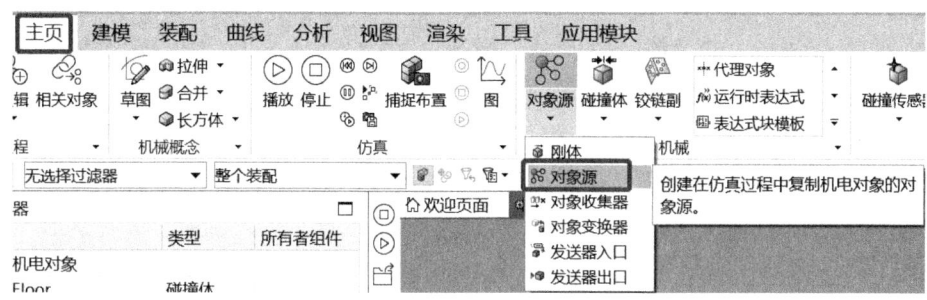

图 3-18 "对象源"命令入口位置

定义"对象源"对话框如图 3-19 所示。其中,参数描述见表 3-5。

图 3-19 定义"对象源"对话框

表 3-5 对象源参数描述

序号	参数	描述
1	选择对象	要复制的刚体
2	触发	基于时间:按指定的时间间隔复制一次 每次激活时复制一次:激活时,"对象源"的属性 active = true(图 3-20),此属性会在下一个分步自动变为 false
3	时间间隔	复制对象出现的时间间隔
4	起始偏置	设置多少秒之后开始复制对象
5	名称	对象源的名称

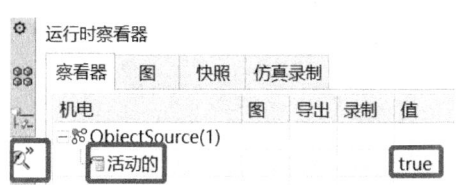

图 3-20 "每次激活时复制一次"属性

[例3-4] 对"第3章/对象源.prt"所示模型，与[例3-3]模型相同，应用刚体、碰撞体、传输面及对象源命令。要求传输面运动速度为200mm/s，对象源1s产生一次。

解 步骤1：设置正方体为刚体，命名为"方块"；设置正方体为碰撞体，命名为"方块"。

步骤2：设置平板为碰撞体，命名为"平板"；按照[例3-3]的方式设置平板为传输面，将平行速度设为200mm/s，传输面命名为"平板传输面"。

步骤3：单击"主页"→"机械"组"刚体"下拉菜单中的图标 ，弹出对象源对话框。按照图3-21a所示，依次设置正方体为要复制的对象；复制事件触发方式为"基于时间"，时间间隔设为"1s"；名称设为"对象源1"，其余采用默认设置，最后单击"确定"。设置结果如图3-21b所示。

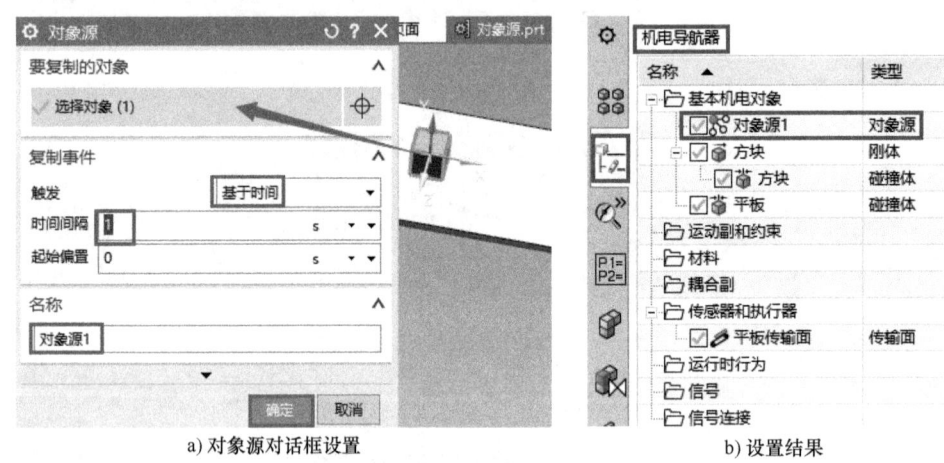

a) 对象源对话框设置　　　　　　b) 设置结果

图3-21 设置对象源

步骤4：单击"主页"下"仿真"组中"播放"命令图标 ，可以看到正方体沿XC方向以200mm/s的速度运动，直到脱离平板。同时，每隔1s在起始位置会出现相同的1个方块以200mm/s的速度运动，直到脱离平板。随后可以单击"主页"下"仿真"组中"停止"命令图标 ，停止仿真。

对象源在使用中的一些技巧总结如下：

1）若有多个刚体需要同时或者相同条件下生成，建议同时选择这些刚体创建一个对象源，而不是对每个刚体单独创建对象源，如图3-22所示。

2）若希望生成的拷贝对象包含自由度约束（如运动副和执行机构），建议将这些对象封装在装配组件中，通过对象源复制装配组件来继承这些约束，如图3-23所示。

3）若希望对象源在仿真开始的时候不生成，只需要在机电对象导航器中取消对象源勾选。

3.1.5 碰撞传感器

碰撞传感器和其他的MCD仿真对象结合使用，如对象收

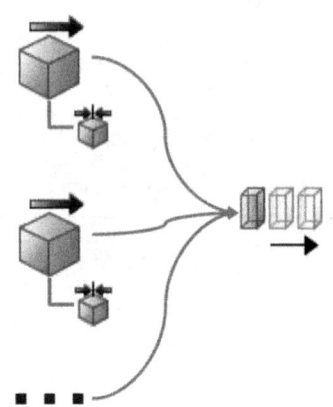

图3-22 多个刚体创建对象源

集器、仿真序列、运行时表达式、颜色变换器等，提供对象之间的反馈，触发条件语句或下一步动作。具体的碰撞传感器可以完成以下操作：

1）碰撞事件可以被用来停止或者触发"操作"或者"执行机构"作为仿真序列执行的条件。

2）作为运行时表达式的参数。

3）计数。

4）检测对象的位置。

5）获取对象，如将触发碰撞传感器的刚体通过仿真序列依附到运动副上。

6）收集对象，如对象收集器。

7）改变几何体颜色，如颜色变换器。

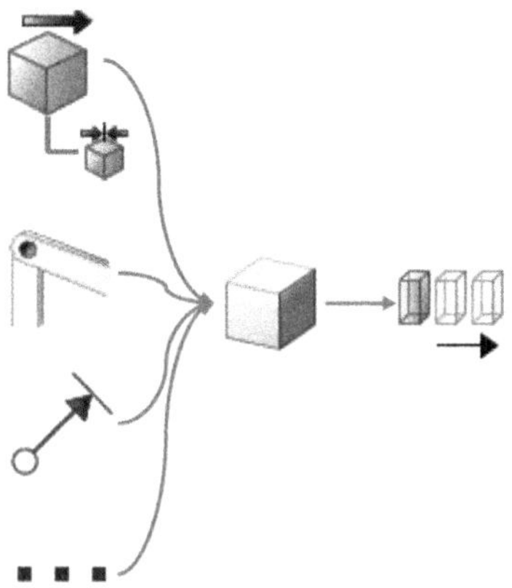

需要注意的是碰撞传感器首先必须是一个碰撞体。

碰撞传感器有两个属性，其属性说明如图 3-24 所示。其中，"已触发"表示记录碰撞事件，取值"true"表示发生碰撞，"false"表示没有碰撞；"活动的"表示该对象是否激活，取值"true"表示激活，"false"表示未激活。

图 3-23 通过对象源复制装配组件继承约束

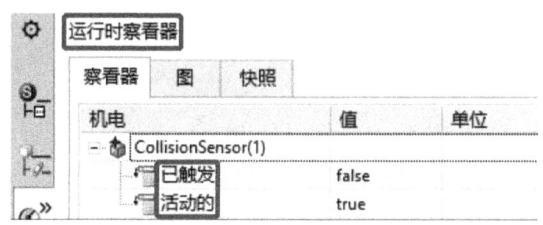

图 3-24 碰撞传感器属性说明

单击功能区"主页"下"电气"组图标 ，"碰撞传感器"入口位置如图 3-25 所示，弹出"碰撞传感器"定义对话框，如图 3-26 所示。其中，定义碰撞传感器的参数描述见表 3-6。

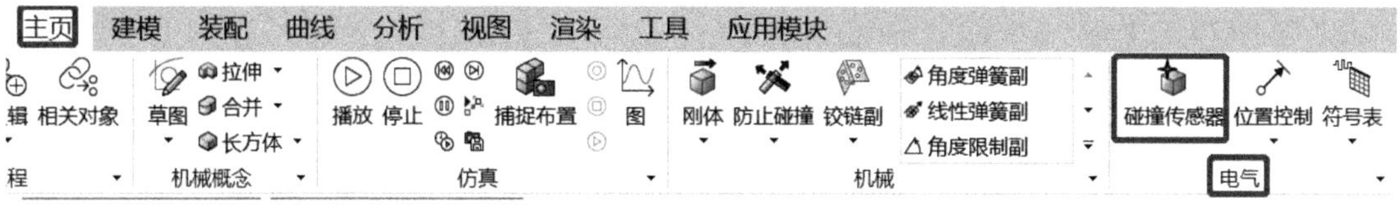

图 3-25 "碰撞传感器"入口位置

表 3-6 碰撞传感器参数描述

序号	参数	描述
1	选择对象	设为碰撞传感器的碰撞体
2	碰撞形状	碰撞形状的类型：方块、球、直线、圆柱
3	形状属性	自动：按默认形状计算碰撞 用户自定义：按用户定义的几何中心、坐标系和物理尺寸来计算碰撞

(续)

序号	参　数	描　述
4	指定点	碰撞形状的几何中心点
5	指定坐标系	为当前的碰撞形状指定坐标系
6	碰撞形状尺寸	碰撞形状尺寸取决于碰撞形状的类型
7	类别	只有定义了起作用类别中的两个或多个几何体才会发生碰撞。如果在一个场景中有多个几何体，利用类别将会减少计算几何体是否会发生碰撞的时间
8	名称	碰撞传感器的名称

图 3-26 "碰撞传感器"定义对话框

[例 3-5] 对图 3-27 所示模型（第 3 章/CollisionSensor.prt）应用碰撞传感器。

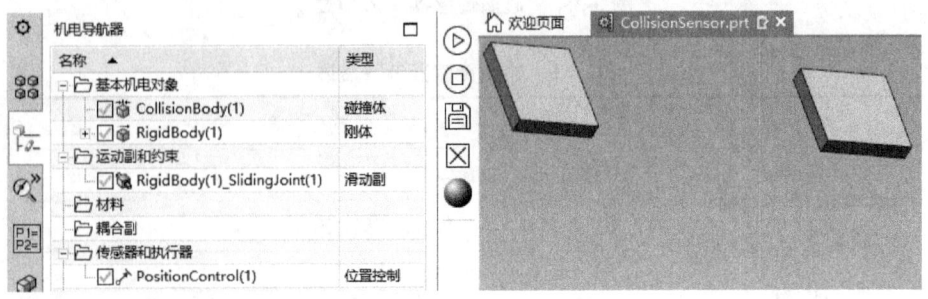

图 3-27 [例 3-5] 模型

解 步骤1：打开"第3章/CollisionSensor.prt"文件，进入 MCD 环境，如图 3-27 所示。

步骤2：单击"主页"下"电气"组的图标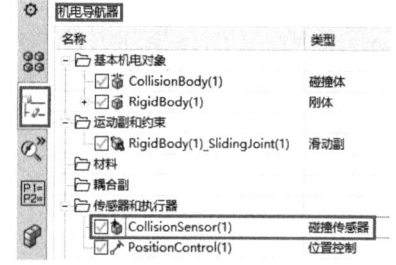，打开"碰撞传感器"对话框。按照图 3-28a 所示对右边的方块添加"碰撞传感器"；添加效果如图 3-28b 所示。

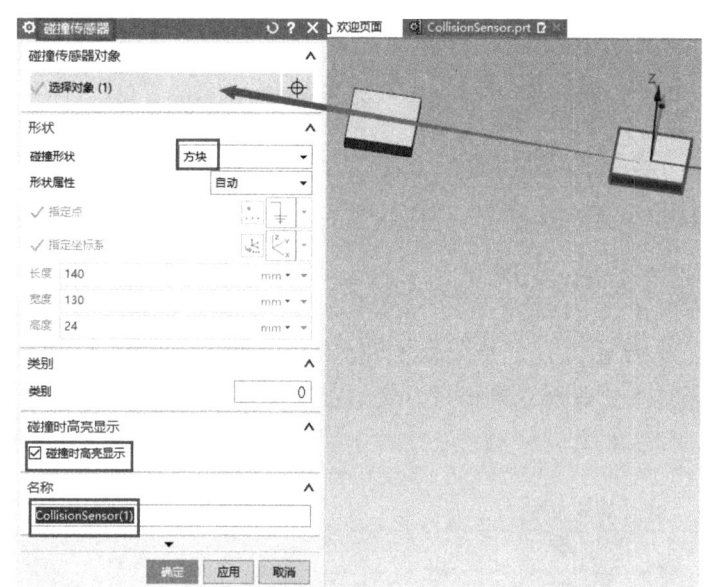

a)"碰撞传感器"定义对话框　　　　　　　　　b) 碰撞传感器添加效果

图 3-28　添加碰撞传感器

在添加完碰撞传感器后，需要观看碰撞传感器的状态。首先，按照图 3-29a 所示，左键单击需要添加的碰撞传感器，然后右击，在弹出的菜单中，单击"添加到察看器"；可以看到"运行时察看器"如图 3-29b 所示，此时，碰撞传感器处于未触发状态。

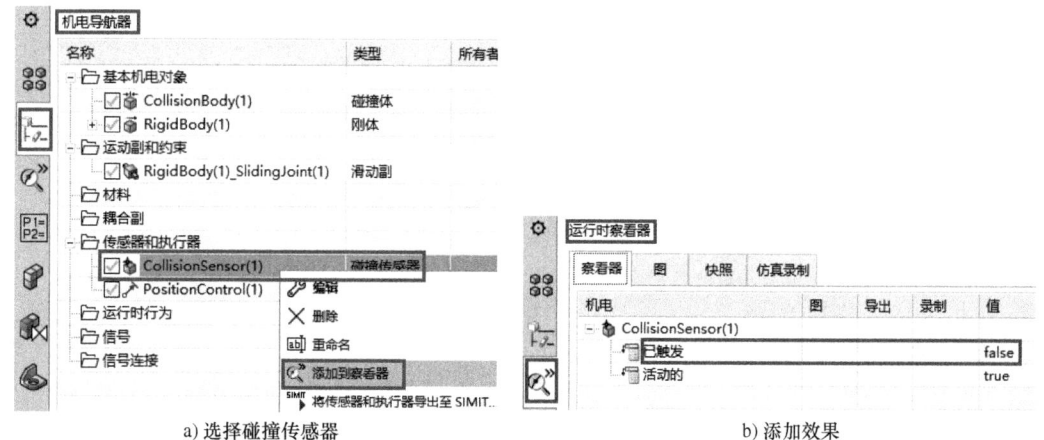

a) 选择碰撞传感器　　　　　　　　　　　b) 添加效果

图 3-29　添加碰撞传感器至运行时察看器

步骤3：单击"播放"按钮，可以看到如图 3-30 所示的碰撞现象，即两个方块相碰撞。当碰撞发生时，"运行时察看器"中的碰撞传感器的"已触发"变为"true"时，表示两个物体已发生碰撞。

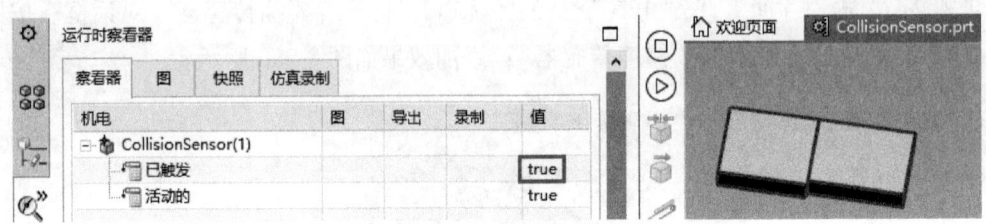

图 3-30 碰撞现象

3.1.6 对象收集器

当对象源生成的对象与对象收集器发生碰撞时,对象源生成的对象会自动消失,即只有对象源产生的对象可以被对象收集器删除。对象收集器的触发为碰撞传感器,即需要和碰撞传感器配合使用,且碰撞传感器的类别设置为与对象源所拷贝对象的类别设置相互作用。图 3-31 为对象收集器的典型应用场景。

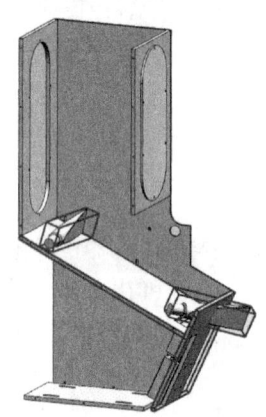

图 3-31 对象收集器的典型应用场景

"对象收集器"位于对象源的下方,位置如图 3-32 所示。

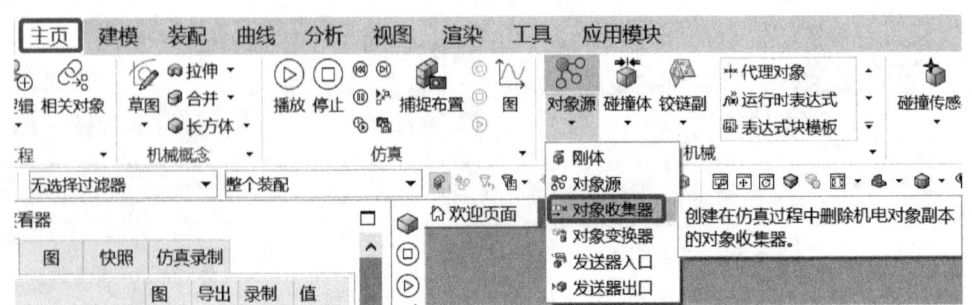

图 3-32 "对象收集器"命令位置

"对象收集器"定义对话框如图 3-33 所示。其中,参数描述见表 3-7。

第3章 机电基础

图3-33 "对象收集器"定义对话框

表3-7 对象收集器参数描述

序号	参　数	描　　述
1	选择碰撞传感器	触发对象收集器的传感器，即对象源生成的对象与碰撞传感器发生碰撞时，对象收集器生效
2	源	任意：任何对象源生成的对象都可被收集 仅选定的：只收集指定的对象源生成的对象
3	选择对象	只有选定的对象源生成的对象可以被这个对象收集器删除
4	名称	对象收集器的名称

[例3-6] 对图3-34所示模型（第3章/对象收集器.prt），令左侧物块1s产生1个沿传输面以50mm/s的速度运行，最后由蓝色（右侧）框体收集物块。

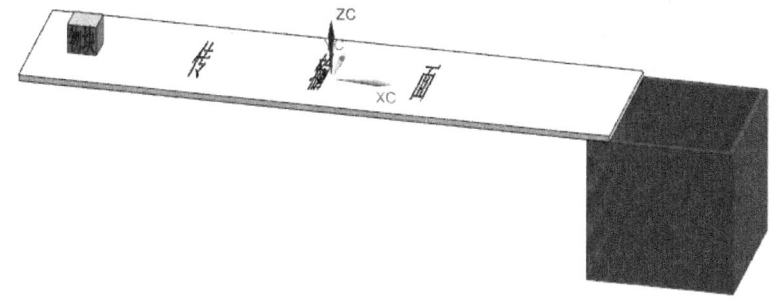

图3-34 [例3-6] 模型

解　步骤1：对物块设置刚体和碰撞体，命名为"物块"，其中，碰撞形状选为方块。

步骤2：将平板设置为传输面，运动矢量为XC方向，运动速度为50mm/s。

步骤3：对物块设置对象源，其触发方式为"基于时间"，时间间隔为1s，并命名为"物块对象源"。

步骤4：将蓝色（右侧）框体设置为碰撞传感器，碰撞形状为"方块"，类别为"0"，名称为"碰撞传感器"。

步骤5：将蓝色（右侧）框体设置为对象收集器。其中，收集的来源选为"任意"，名称命名为"对象收集器",设置对象收集器对话框如图 3-35a 所示。对象收集器设置效果如图 3-35b 所示。

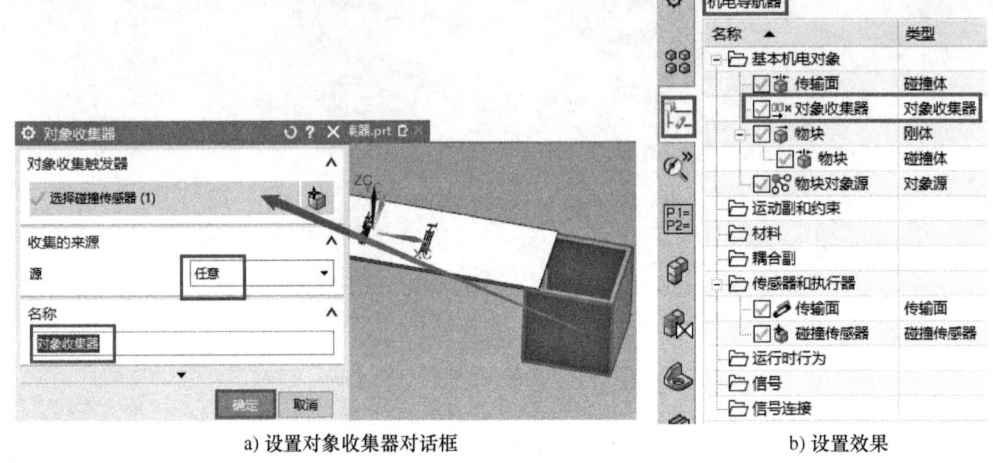

a) 设置对象收集器对话框　　　　　　　　　　b) 设置效果

图 3-35　设置对象收集器

步骤 6:单击"播放"按钮,可以看到题目要求的现象。

3.1.7　对象变换器

当刚体与对象变换器发生碰撞时,变换为指定的另一个刚体形状。具体表现为对象源拷贝的刚体对象与碰撞传感器发生碰撞时,变换为指定的另一个刚体形状。并且,对象变换器首先必须是一个碰撞传感器。实际生产中,可以应用对象变换器实现切割工艺。图 3-36 所示为对象变换器的典型应用示例。

"对象变换器"入口位于对象收集器的下方,如图 3-37 所示。"对象变换器"定义对话框如图 3-38 所示。对象变换器参数描述见表 3-8。

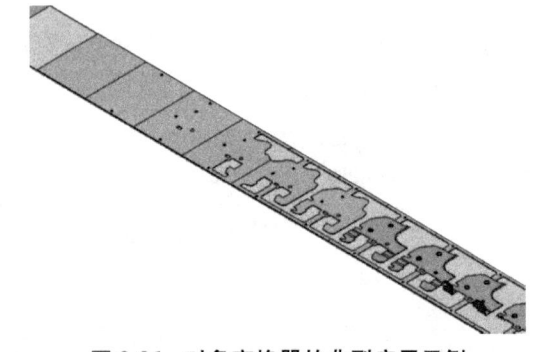

图 3-36　对象变换器的典型应用示例

图 3-37　"对象变换器"入口位置

第3章 机电基础

图3-38 "对象变换器"定义对话框

表3-8 对象变换器参数描述

序号	参数	描述
1	选择碰撞传感器	设置为对象变换器的碰撞传感器
2	变换源	任意：变换任何对象 仅选定的：只变换指定的对象
3	变换为	变换为所选择的刚体
4	名称	对象变换器的名称

[例3-7] 对图3-39所示模型（第3章/对象变换器.prt）应用对象变换器等命令完成MCD模型设计，使平板上正方体每1s产生一次，且正方体碰到黑色圆柱后变为右下角的青色块状物体继续运动。

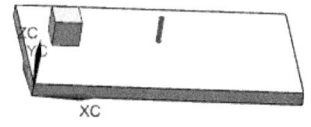

图3-39 [例3-7] 模型

解 步骤1：首先，设置平板上正方体为刚体，命名为"物块变换前形状"。然后，设置平板上正方体为碰撞体，命名为"物块变换前碰撞体"。

步骤2：将右下角青色块状物体设置为刚体，名称为"物块变换后形状"。然后，设置其为碰撞体，碰撞形状为方块，名称为"物块变换后碰撞体"。

步骤3：将平板设置为碰撞体，碰撞形状为"方块"，命名为"平板碰撞体"。然后将平板设置为传输面，运动类型为"直线"，运动矢量为"XC方向"，平行速度设为"30mm/s"，名称为"平板传输面"。

步骤4：将黑色圆柱设为碰撞传感器，名称为"碰撞传感器"。然后，按照图3-40a将碰撞传感器设置为对象变换器。最终设置结果，如图3-40b所示。

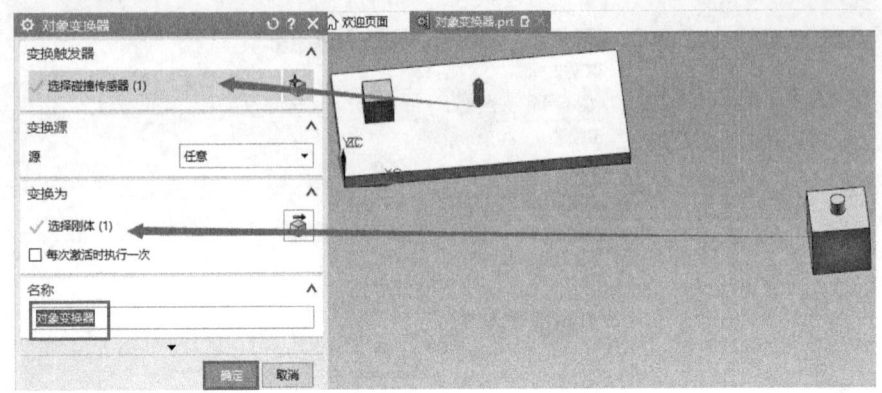

a) 对象变换器对话框设置

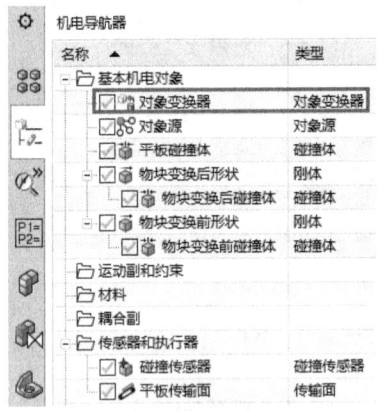

b) 设置结果

图 3-40　设置对象变换器

步骤 5：单击"播放"按钮，可以看到题目要求的现象。

3.2　其他碰撞相关

3.2.1　防止碰撞

防止碰撞作用在两个碰撞体上，使得两个碰撞体不发生碰撞，即更改一对特定体之间的碰撞属性。该命令在功能区"主页"下的"机械"组中，图标为 ，如图 3-41 所示。

图 3-41　防止碰撞命令位置

"防止碰撞"定义对话框如图3-42所示。其中,防止碰撞参数描述见表3-9。

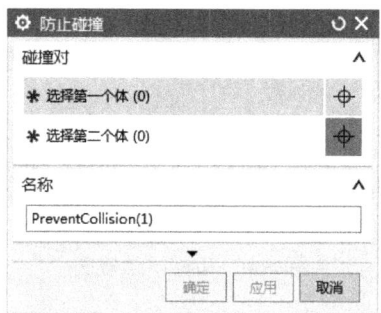

图3-42 "防止碰撞"定义对话框

表3-9 防止碰撞参数描述

序号	参数	描述
1	选择第一个体	选择需要创建碰撞对的第一个体
2	选择第二个体	选择需要创建碰撞对的第二个体
3	名称	防止碰撞的名称

[例3-8] 对图3-43a所示装配体,对蓝色方块1和底板设置防止碰撞,使运动结果如图3-42b所示。

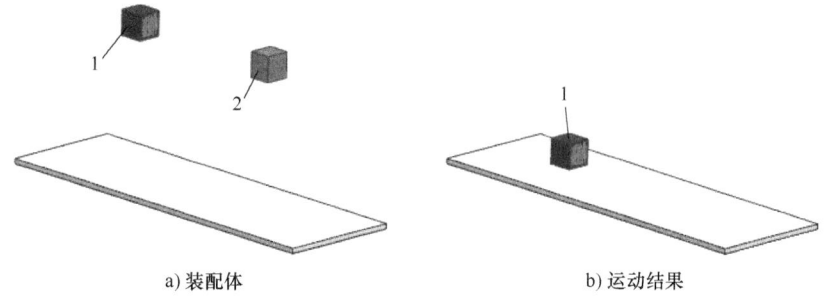

a) 装配体　　　　　　　　　　b) 运动结果

图3-43 [例3-8] 配图

解 步骤1:首先,为蓝色方块1设置刚体,名称为"有刚体和碰撞体"。然后,为其设置碰撞体,名称为"碰撞体",设置碰撞时高亮显示。

步骤2:为红色方块2添加刚体,名称为"有刚体和碰撞体有防止碰撞"。并为其添加碰撞体,名称为"有刚体和碰撞体有防止碰撞",设置碰撞时高亮显示。

步骤3:为底板添加碰撞体,名称为"底板碰撞体"。

步骤4:为底板和红色方块2设置防止碰撞。将红色方块2设为"第一个体",将蓝色方块1设为"第二个体",名称为"防止碰撞",如图3-44a所示。最终设置效果如图3-44b所示。

步骤5:单击"播放",蓝色方块1会停止在底板上,同时两者高亮。红色方块2会穿过底板做自由落体运动。

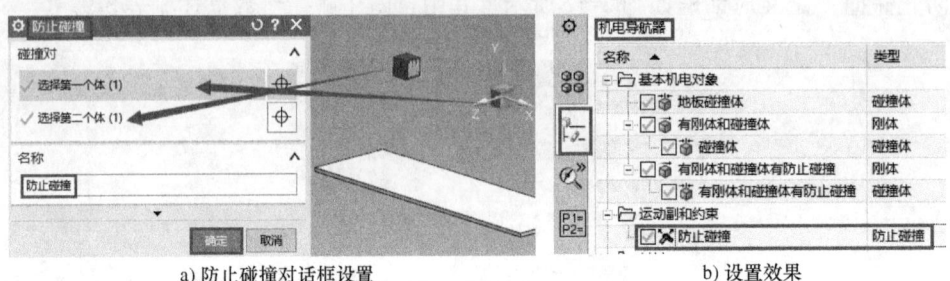

a) 防止碰撞对话框设置　　　　　　　b) 设置效果

图 3-44　设置防止碰撞

3.2.2　碰撞材料

碰撞材料用来定义材料的属性，具体包括：动摩擦系数、静摩擦系数、滚动摩擦系数及恢复系数。这些材料属性在碰撞时将会产生作用。不同的碰撞材料使得碰撞体、输送面有不同的运动行为。

需要说明的是，NX 软件的"客户默认设置"或者"首选项"中的碰撞材料定义将决定整个数字化模型中的碰撞材料。

NX MCD 中设置了单独定义碰撞材料的入口，位于功能区"主页"中"机械"组的防止碰撞下面，图标为 ▨ 。碰撞材料定义的对话框与碰撞体中的碰撞材料设置一致，在此不再介绍。

[例 3-9]　对图 3-45 中的装配体（第 3 章/碰撞材料.prt），更改碰撞材料，使其播放后，红色方块 2 和蓝色方块 1 的运动如图 3-45b 所示。

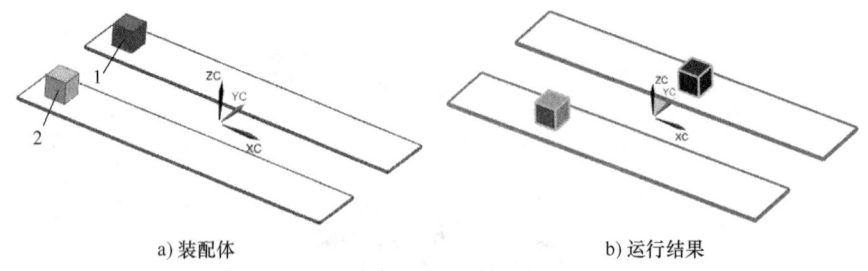

a) 装配体　　　　　　　　　　　　b) 运行结果

图 3-45　[例 3-9] 模型

解　步骤 1：首先，为蓝色方块 1 设置刚体和碰撞体，名称均为"蓝色物块"。然后，为红色方块 2 定义刚体和碰撞体，名称均为"红色物块"。

步骤 2：为蓝色物块对应的底板定义碰撞体和传输面，碰撞体名称为"蓝传输面碰撞体"，传输面速度为 100mm/s，名称为"蓝传输面"。为红色物块对应的底板定义碰撞体和传输面，碰撞体名称为"红传输面碰撞体"，传输面速度为 100mm/s，名称为"红传输面"。

步骤 3：编辑碰撞体"红色物块"。在"碰撞材料"中，单击新建材料标签 ▨ 。在弹出的碰撞材料对话框中，设置动摩擦为 0.01，静摩擦为 0.01，恢复为 0.01，名称为"碰撞材料"，如图 3-46a 所示。最终设置效果如图 3-46b 所示。

a) 碰撞材料对话框设置　　　　　　b) 设置效果

图 3-46　设置碰撞材料

步骤 4：单击"播放"，可以看到蓝色方块比红色方块的运动速度快，原因在于其摩擦力小。

3.2.3　更改材料属性

NX MCD 中，可以通过更改材料属性来定义两个碰撞体的碰撞行为。具体操作为，单击功能区"主页"下的"机械"组图标，如图 3-47 所示。

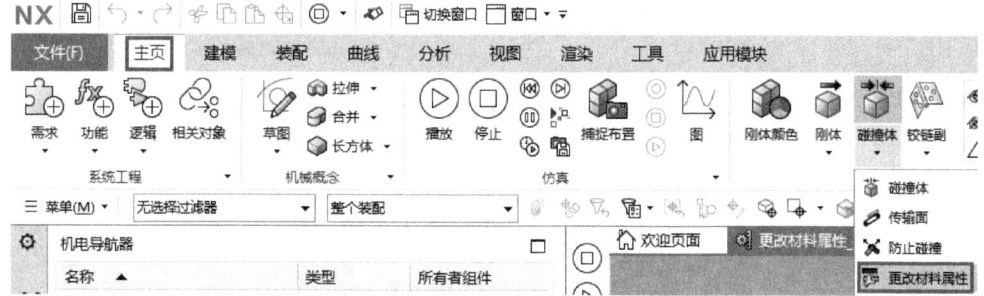

图 3-47　"更改材料属性"入口位置

"更改材料属性"定义对话框如图 3-48 所示，其中，对话框中参数描述见表 3-10。

表 3-10　更改材料属性参数描述

序号	参　　数	描　　述
1	选择第一个体	碰撞中的第一个碰撞体
2	选择第二个体	碰撞中的第二个碰撞体
3	碰撞材料	选择碰撞材料 材料：默认材料 新建碰撞材料
4	名称	更改材料属性的名称

图 3-48 "更改材料属性"定义对话框

[**例 3-10**] 对图 3-49a 中的装配体（第 3 章/更改材料属性.prt）更改碰撞材料，使其播放后，红色方块 2 和蓝色方块 1 的运动如图 3-49b 所示。

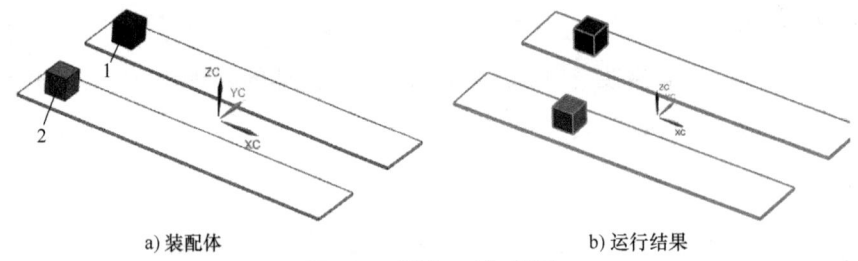

a) 装配体   b) 运行结果

图 3-49 [例 3-10] 模型

解 步骤 1：将红色方块 2 和蓝色方块 1 分别定义为刚体和碰撞体，将两个底板定义为碰撞体。

步骤 2：添加碰撞材料。材料属性为：动摩擦为 0.01，静摩擦为 0.01，滚动摩擦为 0，恢复为 0.01，名称为"CollisionMaterial（1）"。

步骤 3：添加"更改材料属性"。按照图 3-50a 所示设置更改材料属性对话框，其中，材料选择上一步创建的碰撞材料 CollisionMaterial（1）。最终设置效果如图 3-50b 所示。

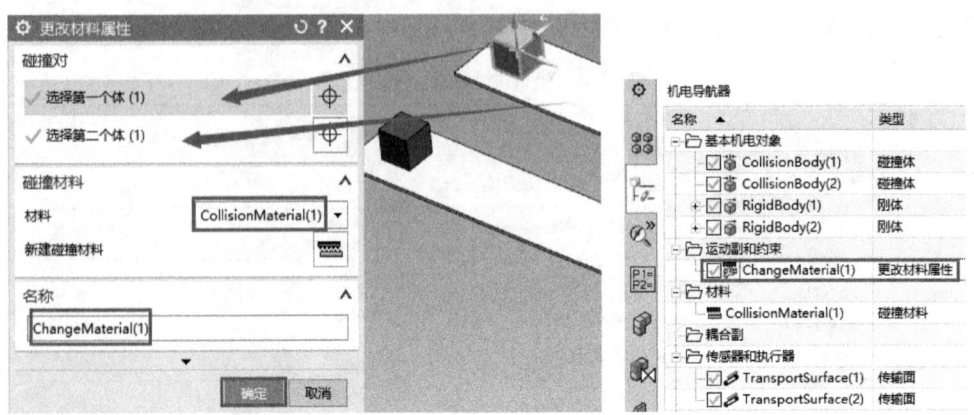

a) 更改材料属性对话框设置   b) 设置效果

图 3-50 设置更改材料属性

步骤 4：单击"播放"，可以看到蓝色方块 2 比红色方块 1 的运动速度慢，原因在于其摩擦力变小。

本 章 小 结

本章主要对 MCD 中机电基础的设计进行了介绍。该部分内容为机电一体化设计中最底层的内容。主要目的是对 NX CAD 中的模型进行简单配置，以便为运动进行计算配置，打开运动引擎。具体内容主要包括：基本机电对象、其他碰撞相关的设置与计算的设计。

思考与练习题

1. 对图 3-51 所示模型（第 3 章/对象收集器练习.prt），利用刚体、碰撞体、传输面、碰撞传感器、对象源与对象收集器等元素完成以下动作：

1) 正方体 1 沿斜面下滑运动到底板后停止运动。
2) 多个正方体 2 分别沿 3 个 YC 方向的平面，依次平移运动，然后，沿底板上的长方体平面沿 XC 方向运动至底板后消失。

要求：传输面速度设为 500mm/s，对象源的时间间隔为 5s。

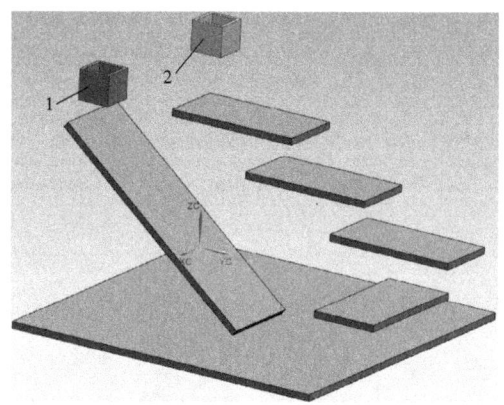

图 3-51　题 1 模型

2. 为文件"第 3 章/对象变换器练习.prt"（图 3-52）的设备建立符合加工工艺的 MCD 模型，要求：

1) 传输面的传输速度为 100mm/s。
2) 对象源的时间间隔为 2s。

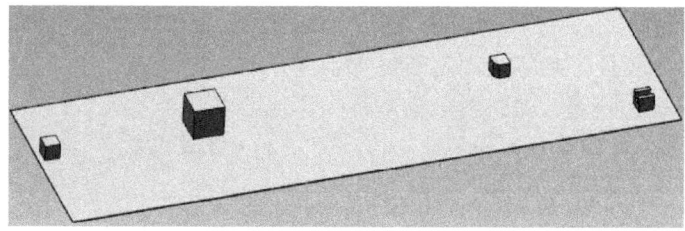

图 3-52　题 2 模型

第 4 章

运动系统设计

　　运动系统设计是机电一体化中使机电基础中设置的运动电气化的过程，是机电一体化设计中不可或缺的一部分。机电一体化的运动系统设计命令主要包括运动副、执行器、传感器、耦合副、约束和定制行为六个方面，位于 NX 软件功能区"主页"下"机械"组、"电气"组和"自动化"组，如图 4-1 所示。

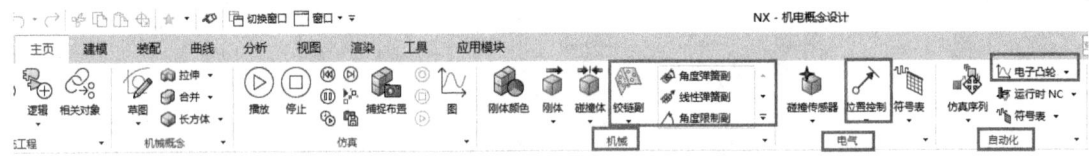

图 4-1　NX 软件中运动系统设计命令位置

4.1　运动副

　　在 NX MCD 软件中，机械对象的运动通过运动副的控制来实现。具体通过控制两个物体的关系来达到控制物体运动的目的。NX MCD 中，根据运动的几何特性，将运动副分为"铰链副""滑动副""柱面副""螺旋副""平面副""虚拟轴运动副""球副""固定副""点在线上副""线在线上副"和"路径约束运动副"，如图 4-2 所示。

4.1.1　固定副

　　"固定副"命令可将一个构件固定到另一个构件上，自由度个数为零，主要应用在两类场合：第一类，将刚体固定到一个固定的位置，如发动机固定在地上（基本件为空）；第二类，将两个刚体固定在一起，此时两个刚体将一起运动。

　　单击功能区"主页"下"机械"组图标，如图 4-3 所示，会弹出"固定副"对话框，如图 4-4 所示。其参数描述见表 4-1。

第4章 运动系统设计

图 4-2 运动副构成

图 4-3 "固定副"入口位置

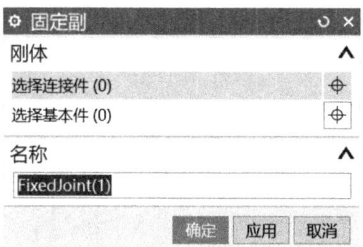

图 4-4 "固定副"对话框

表 4-1 固定副参数描述

序号	参数	描述
1	选择连接件	选择需要添加铰链约束的刚体
2	选择基本件	选择与连接件连接的另一刚体。如果基本件为空,则代表连接件和地面链接
3	名称	定义固定副的名称

[**例 4-1**] 对图 4-5 所示装配体（第 4 章/固定副.prt），应用"固定副"命令使其固定不动。

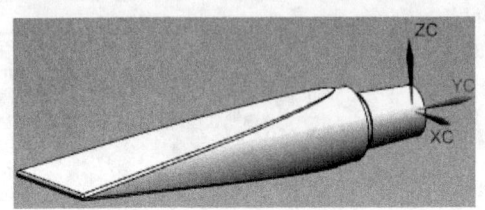

图 4-5 [例 4-1] 配图

解 步骤 1：为模型定义刚体。

步骤 2：定义固定副。单击功能区"主页"下"机械"组图标，弹出"固定副"对话框。其中，模型选为连接件，基本件悬空，如图 4-6a 所示，设置结果如图 4-6b 所示。

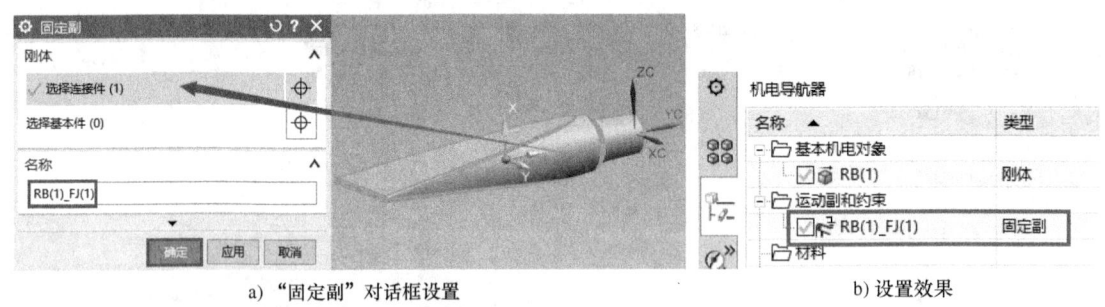

a）"固定副"对话框设置　　　　　　　　　　b）设置效果

图 4-6 设置"固定副"

步骤 3：单击"播放"按钮，可以看到模型不动。

4.1.2 铰链副

"铰链副"命令可在两个刚体之间建立一个关节，允许一个沿轴线的转动自由度，但不允许在两个主体之间的任何方向上做平移运动。

单击功能区"主页"下"机械"组中图标（图 4-7）可打开"铰链副"对话框，如图 4-8 所示。其参数描述见表 4-2。

图 4-7 "铰链副"入口位置

第4章　运动系统设计

表 4-2　铰链副参数描述

序号	参　数	描　　述
1	选择连接件	选择需要添加铰链约束的刚体
2	选择基本件	添加铰链副约束的刚体绕旋转轴相对基本件可以旋转，即基本件一般不运动
3	指定轴矢量	铰链副的旋转轴
4	指定锚点	旋转轴的锚点
5	起始角	在模拟仿真还没有开始之前，连接件相对于基本件的角度
6	名称	铰链副名称

图 4-8　"铰链副"对话框

注意：如果基本件为空，则代表连接件和地面链接。

需要注意的是，在铰链副中两个刚体不一定相交，可以隔空，如钟摆。同时，铰链副中，如果基本件为空，则代表连接件和地面链接。

[**例 4-2**]　对图 4-9a 所示装配体（第 4 章/铰链副 . prt），应用铰链副等命令，使运行结果为图 4-9b 所示。

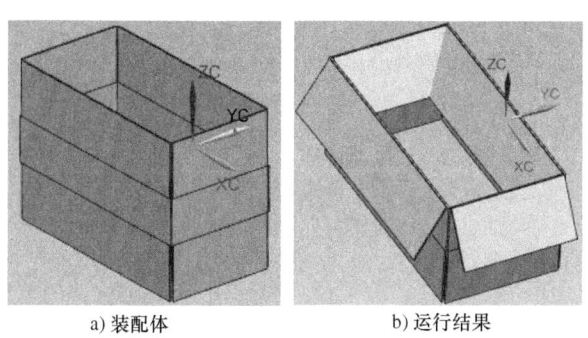

a) 装配体　　　　　　b) 运行结果

图 4-9　[例 4-2] 配图

解 步骤1：分别在最底层的四个箱壁和第二层的四个箱壁各添加一个刚体；然后，为顶层的四个箱壁分别添加四个刚体。

步骤2：根据［例4-1］的方法为最底层四个箱壁的刚体添加固定副；为第二层四个箱壁的刚体添加固定副。

步骤3：分别为顶层四个纸箱盖子和第二层的箱壁添加铰链副；图4-10a为一个盖子添加铰链副的过程，最终结果如图4-10b所示。

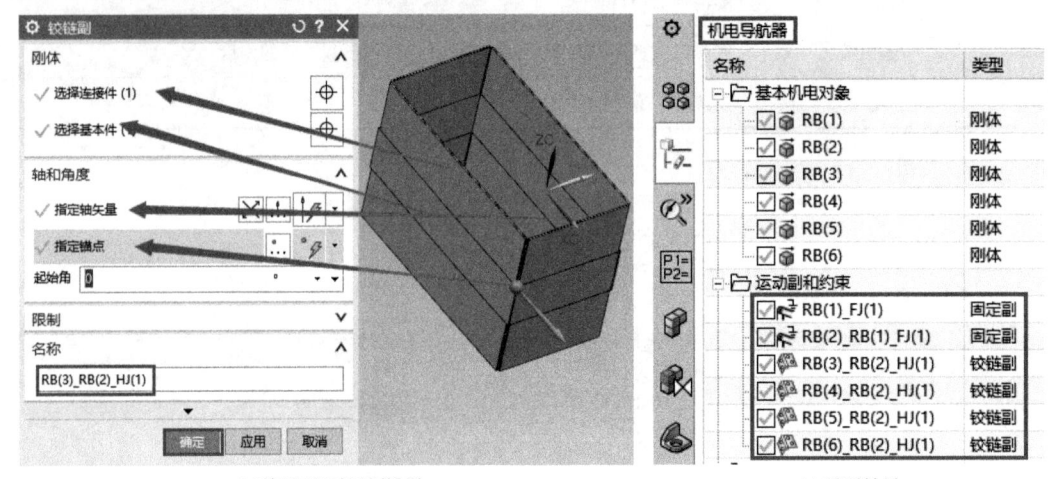

a)"铰链副"对话框设置　　　　　　b)设置效果

图4-10　设置"铰链副"

步骤4：单击"播放"按钮，可以看到纸箱的四页盖子在不断打开、闭合。

4.1.3　滑动副

"滑动副"命令可在两个刚体之间建立一个关节，允许一个沿轴线的平移自由度，即两个刚体沿某一方向做相对移动。如果几何体未定义刚体对象，那么这个几何体将完全静止。但是，滑动副不允许在两个刚体之间的任何方向上做旋转运动。

可单击功能区"主页"下"机械"组的图标（图4-11）打开"滑动副"对话框，如图4-12所示。其参数描述见表4-3。

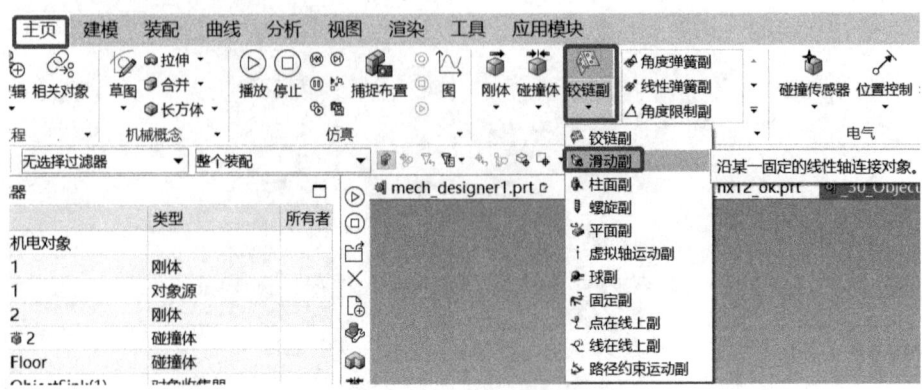

图4-11　"滑动副"入口位置

第4章 运动系统设计

图 4-12 "滑动副"对话框

表 4-3 滑动副参数描述

序号	参数	描述
1	选择连接件	选择需要添加铰链约束的刚体
2	选择基本件	选择与连接件连接另一刚体。如果基本件为空,则代表连接件和地面链接
3	指定轴矢量	滑动副沿该矢量滑动
4	偏置	滑动副运动的起始点
5	上限	滑动副运动的最远位置
6	下限	滑动副运动的最近位置,一般而言,下限应小于偏置
7	名称	滑动副名称

[**例 4-3**] 对图 4-13a 所示装配体(第 4 章/滑动副.prt)进行 MCD 机电概念设计,使得滑块可以沿 XC 方向运动,如运动到图 4-13b 所示位置。

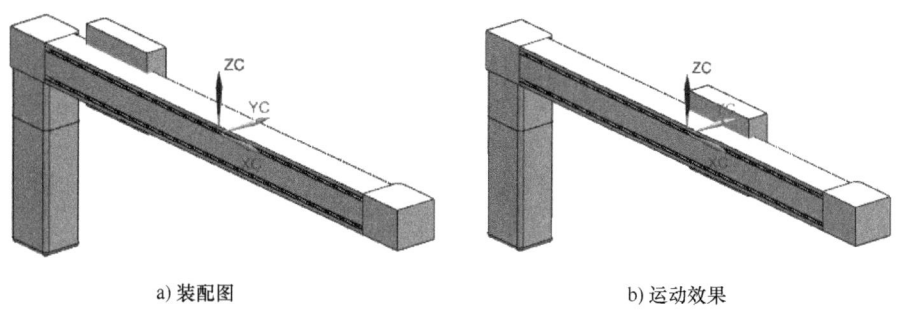

a) 装配图   b) 运动效果

图 4-13 [例 4-3] 配图

解 步骤 1:分别在最底层的四个箱壁和第二层四个箱壁各添加一个刚体;然后,为顶层的四个箱壁分别添加四个刚体。

步骤2：根据［例4-1］的方法为最底层四个箱壁的刚体添加固定副；为第二层四个箱壁的刚体添加固定副。

步骤3：分别为顶层四个纸箱盖子和第二层箱壁添加滑动副；图4-14a为一个盖子添加滑动副的过程，最终结果如图4-14b所示。

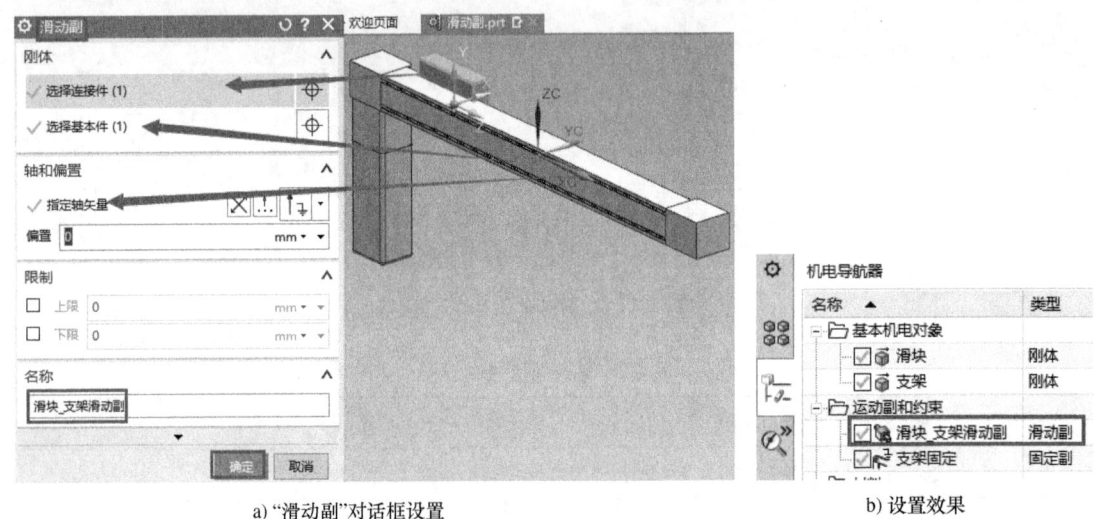

a)"滑动副"对话框设置　　　　　　　　b)设置效果

图4-14　设置"滑动副"

步骤4：单击"播放"按钮，然后通过鼠标拖一下滑块给滑块一个沿XC方向的力，可以看到滑块往XC方向滑动。

4.1.4　柱面副

"柱面副"命令在两个刚体之间建立一个拥有两个自由度（一个沿轴线的平移自由度和一个沿轴线旋转的自由度）的关节。即通过柱面副，两个刚体可以沿轴线转动和平移。

用户可通过单击功能区"主页"下"机械"组图标 （图4-15）来打开"柱面副"对话框如图4-16所示。其参数描述见表4-4。

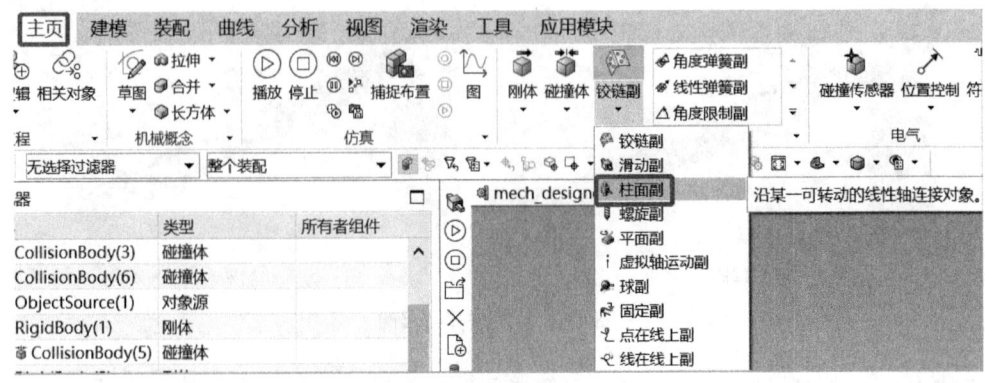

图4-15　"柱面副"入口位置

第4章 运动系统设计

图 4-16 "柱面副"对话框

表 4-4 柱面副参数描述

序号	参数	描述
1	选择连接件	选择需要添加铰链约束的刚体
2	选择基本件	选择与连接件连接的另一刚体。如果基本件为空,则代表连接件和地面链接
3	指定轴矢量	指定旋转轴
4	指定锚点	指定旋转轴锚点
5	起始角	在模拟仿真还没有开始之前,连接件相对于基本件的角度
6	偏置	在模拟仿真还没有开始之前,连接件相对于基本件的位置
7	线性	上限 下限
8	角度	上限 下限
9	名称	柱面副名称

[例 4-4] 对图 4-17a 所示模型(第 4 章/柱面副.prt),设置机电对象,添加柱面副及其他控制使其可以运动至图 4-17b 所示位置。

解 本题为一个拧螺钉的过程,按下列步骤进行解题。

步骤 1:打开零件模型,进入 MCD 环境,为红色部件 1 定义刚体,名称为"固定";然后对该刚体定义固定副,名称为"固定副"。

步骤 2:为灰色零件 2 添加刚体,名称为"旋转";然后对该刚体按图 4-18a 所示添加"柱面副",结果如图 4-18b 所示。

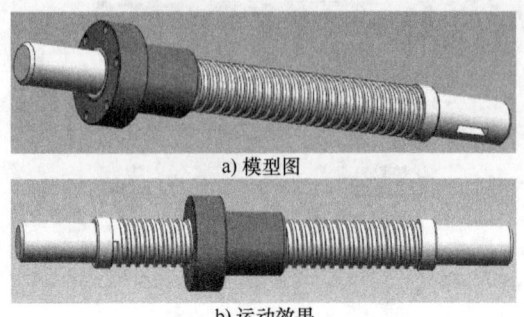

图 4-17 [例 4-4] 模型

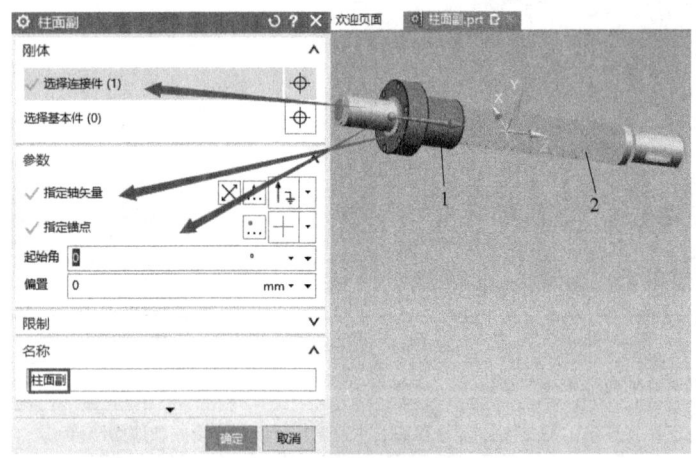

a)"柱面副"对话框设置

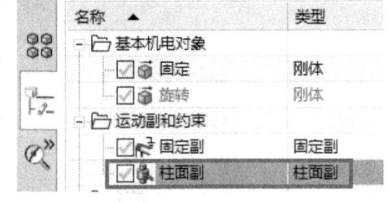

b) 设置效果

图 4-18 设置"柱面副"

步骤 3：单击"播放"按钮，并对灰色零件 2 用鼠标给一个沿矢量方向的拖动力，可看到轴体逐渐拧出外壳，最终两者分开。

4.1.5 螺旋副

"螺旋副"命令可针对刚体沿轴创建旋转运动副。运动为绕轴旋转和沿轴平移。可以使用执行器将运动应用于刚体。螺旋副多用于丝杠的仿真，可以很好地反映丝杠螺距与电动机动力的关系。

可通过单击功能区"主页"下"机械"组图标 来打开"螺旋副"，如图 4-19 所示。"螺旋副"对话框如图 4-20 所示，其参数描述见表 4-5。

表 4-5 螺旋副参数描述

序号	参 数	描 述
1	选择连接件	选择要用螺钉连接约束的刚体
2	选择基本件	选择刚体来连接附件

(续)

序号	参　数	描　　述
3	指定轴矢量	指定旋转轴
4	指定锚点	指定旋转轴的位置
5	螺距	指定螺钉螺纹的螺距
6	名称	定义螺旋副的名称

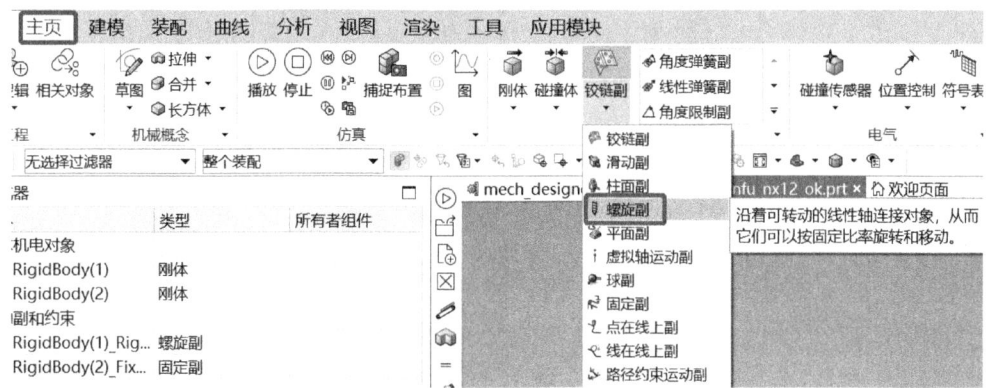

图 4-19　"螺旋副"入口

图 4-20　"螺旋副"对话框

[例 4-5]　对图 4-21a 所示模型（第 4 章/螺旋副.prt），添加机电对象、螺旋副及其他控制使其可以运动至图 4-21b 所示位置。

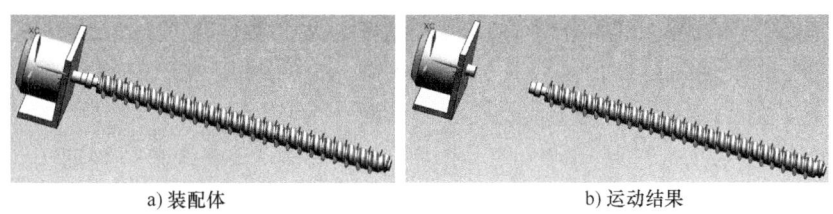

a) 装配体　　　　　　　　　　　b) 运动结果

图 4-21　[例 4-5] 模型

解 按下列步骤进行解题。

步骤1：打开零件模型，进入MCD环境，分别对图4-21b所示的两个零件分别设置刚体，分别命名为"固定"和"运动"。

步骤2：按图4-22所示对"固定"刚体添加"固定副"。

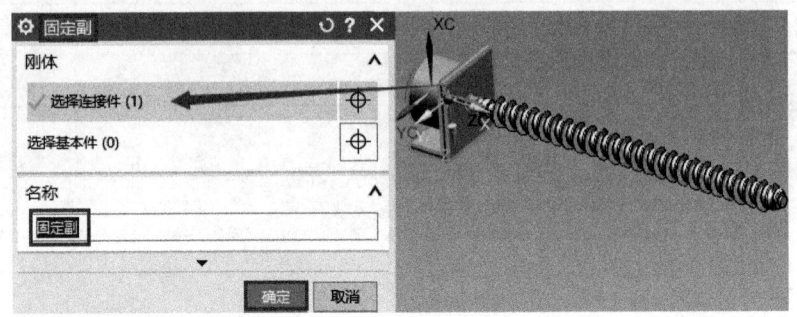

图4-22 添加"固定副"

步骤3：按图4-23a所示，添加"螺旋副"，添加结果如图4-23b所示。

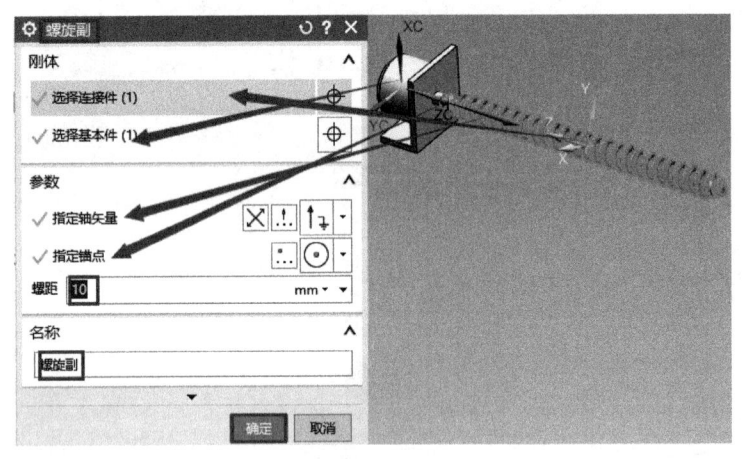

a) 设置"螺旋副"对话框   b) 设置结果

图4-23 添加"螺旋副"

步骤4：单击"播放"按钮，用鼠标给螺旋件一个沿矢量方向的力，可以得到图4-21b所示的结果。

4.1.6 平面副

使用"平面副"命令可创建一个运动副，允许在两个体之间使用三个自由度——两个平移自由度和一个旋转自由度，保持平面接触的两个体可以相互滑动和旋转。例如，不能抬离地面的容器。图4-24所示为一个典型的"平面副"应用。

用户可通过单击功能区"主页"下"机械"组的图标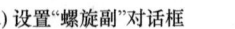来打开"平面副"，其对话框如图4-25所示，其参数描述见表4-6。

第4章 运动系统设计

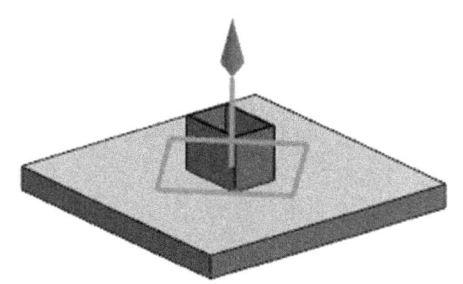

图 4-24 "平面副"应用

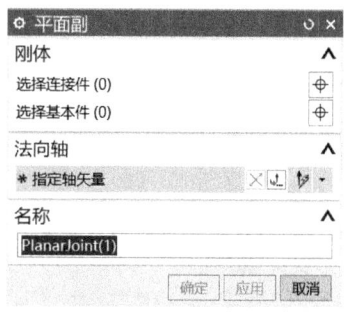

图 4-25 "平面副"对话框

表 4-6 平面副参数描述

序号	参数	描述
1	选择连接件	选择刚体用平面连接约束
2	选择基本件	选择刚体来连接附件
3	指定轴矢量	指定一个与连接两个刚体的平面垂直的矢量
4	名称	平面副的名称

4.1.7 虚拟轴运动副

使用"虚拟轴"运动副命令可创建线性关节、角关节与凸轮，而不需要分配几何。同时，该命令使用虚拟轴作为主轴来减少物理从轴上的干扰。

单击功能区"主页"下"机械"组图标 ┆ 来打开"虚拟轴"运动副命令对话框，如图4-26所示。其参数描述见表4-7。

图 4-26 "虚拟轴"运动副对话框

表 4-7 虚拟轴运动副参数描述

序号	参数	描述
1	轴类型	选择角度轴或线性轴
2	指定矢量	指定轴的方向
3	指定点	指定定位点
4	起始位置	设置使用位置执行器时的起始位置
5	名称	定义虚拟轴运动副的名称

4.1.8 球副

"球副"命令可在两个刚体之间建立一个有三个转动自由度的关节。这三个自由度分别为沿 X、Y、Z 三个轴向的转动,即绕着圆心转动。

单击功能区"主页"下"机械"组中图标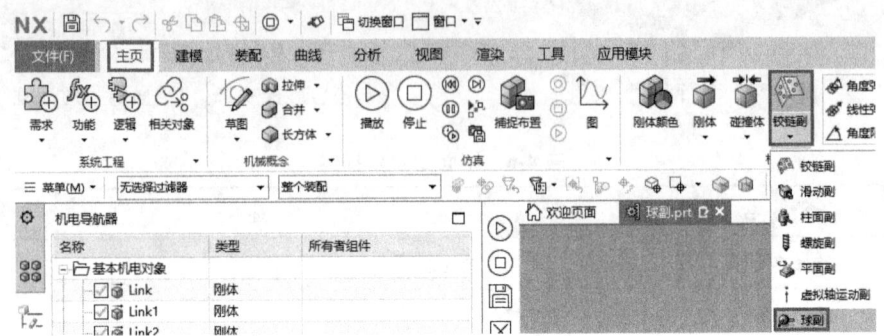(图 4-27),可弹出"球副"对话框,如图 4-28 所示。对话框中,球副参数描述见表 4-8。

图 4-27 "球副"命令位置

表 4-8 球副参数描述

序号	参　　数	描　　述
1	选择连接件	选择需要添加铰链约束的刚体
2	选择基本件	选择与连接件连接另一刚体
3	指定锚点	指定旋转轴锚点
4	名称	定义球副的名称

图 4-28 "球副"对话框

[例 4-6] 对图 4-29 中的装配体(第 4 章/球副.prt)应用"球副"等命令进行 MCD 模型设计。

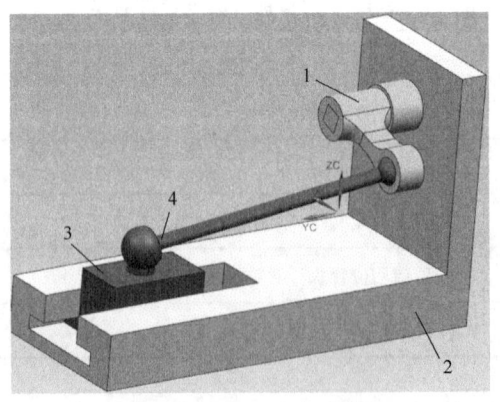

图 4-29 [例 4-6] 装配体

解 按照以下步骤来完成本例。

步骤1：打开"第4章/球副.prt"文件，进入 MCD 环境，分别对绿色旋转件1、黄色基座2、灰色滑动件3和红色连杆4定义刚体，分别命名为"旋转""基座""滑动"和"红色连杆"。

步骤2：为黄色基座2添加固定副，名称为"基座固定副"。

步骤3：为绿色旋转件1添加铰链副。其中，连接件为"旋转"刚体，基本件悬空，轴矢量为 YC 方向，锚点为绿色旋转件1的上表面圆心，具体如图 4-30 所示。

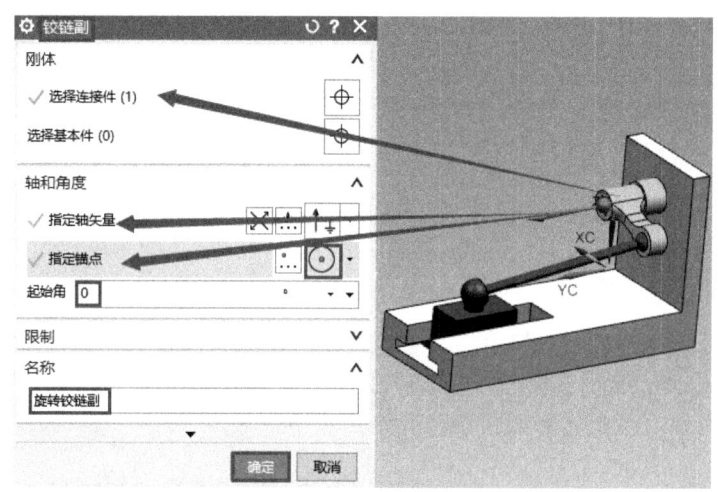

图 4-30　添加铰链副

步骤4：为灰色滑动件3添加滑动副。其中，连接件为"滑动"刚体，基本件为"基座"刚体，轴矢量为 YC 方向，偏置为 0，名称为"滑动_基座滑动副"，具体如图 4-31 所示。

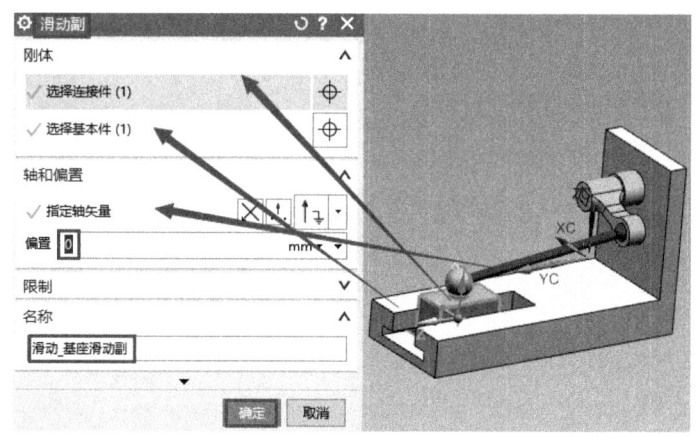

图 4-31　添加滑动副

步骤5：为红色连杆4与绿色旋转件1添加球副。连接件为"红色连杆"刚体，基本件为绿色"旋转"刚体,锚点为红色连杆 4 右端球心,名称为"红色连杆_旋转球副",具体如图 4-32 所示。

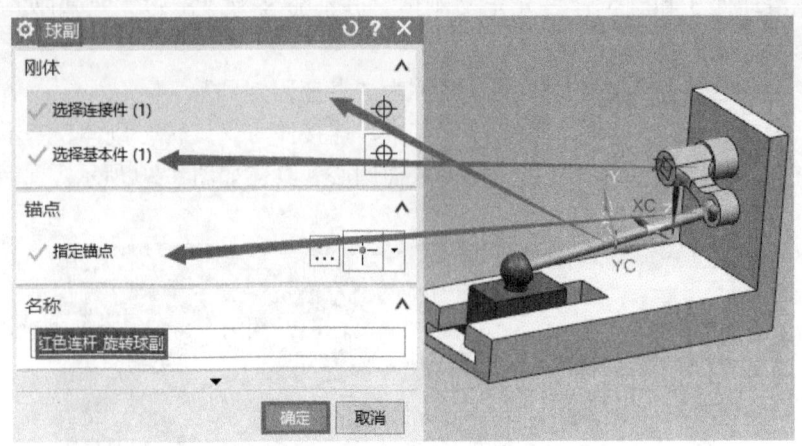

图 4-32　添加球副 1

步骤 6:为红色连杆 4 与灰色滑动件 3 添加球副。连接件为灰色"滑动"刚体,基本件为"红色连杆"刚体,锚点为灰色"滑动"刚体的球心,名称为"滑动_红色连杆球副",具体如图 4-33a 所示。设置结果如图 4-33b 所示。

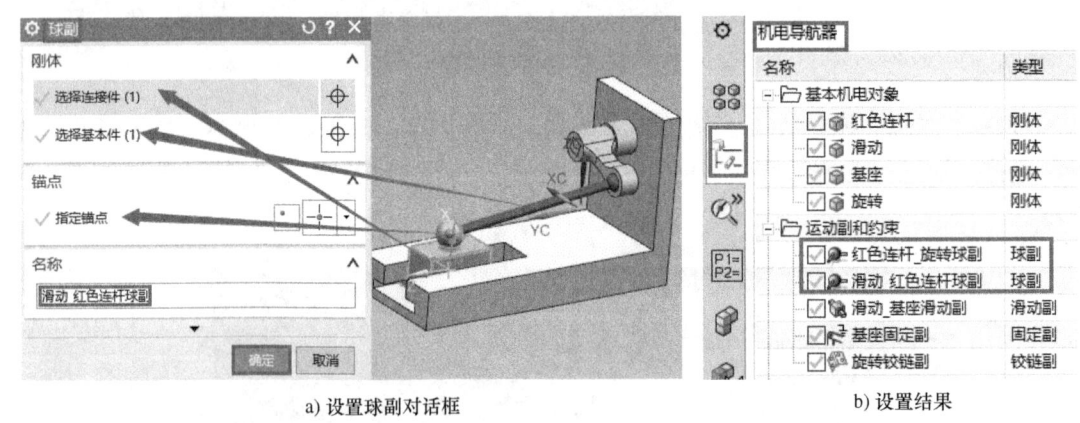

a) 设置球副对话框　　　　　　　　　　　　　　b) 设置结果

图 4-33　添加球副 2

步骤 7:单击"播放"按钮,观察装配体的运动行为,播放结果文件见"球副_ok.prt"文件。

4.1.9　点在线上副

点在线上副是指刚体以曲线上一点作为参考,并沿着这条曲线进行运动。

单击功能区"主页"下"机械"组"铰链副"下拉菜单中的图标 (图 4-34),弹出"点在线上副"对话框如图 4-35 所示,点在线上副参数描述见表 4-9。

第4章 运动系统设计

图 4-34 "点在线上副"入口位置

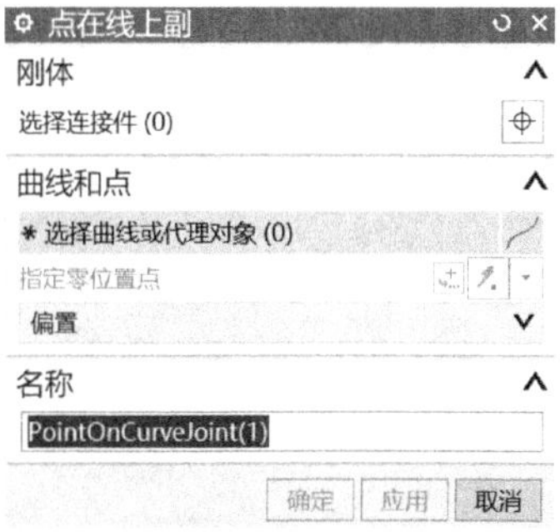

图 4-35 "点在线上副"对话框

表 4-9 点在线上副参数描述

序号	参 数	描 述
1	选择连接件	选择需由曲面连接点限制的刚体
2	选择曲线或代理对象	选择刚体移动的导向曲线
3	偏置	设置点和零点之间的距离
4	名称	定义点在线上副的名称

[**例 4-7**] 对图 4-36 中的模型（第 4 章/点在线上副.prt）设计 MCD 模型，使球可以绕蓝色线 1 运动。

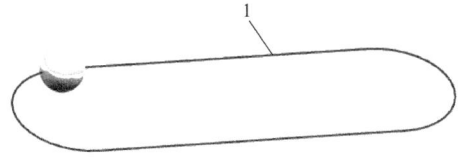

图 4-36 [例 4-7] 配图

解 步骤 1：打开"第 4 章/点在线上副.prt"文件，进入 MCD 环境，定义球为刚体。

步骤 2：单击功能区"主页"下"机械"组"铰链副"下拉菜单中的图标 ，弹出"点在线上副"对话框。其中，连接件为球，曲线为蓝色曲线 1，零点位置为球心，名称为"点在线上副"，如图 4-37a 所示。设置效果如图 4-37b 所示。

步骤 3：单击"播放"按钮，用鼠标拖动球，给球一个力，可以看到球沿曲线运动。

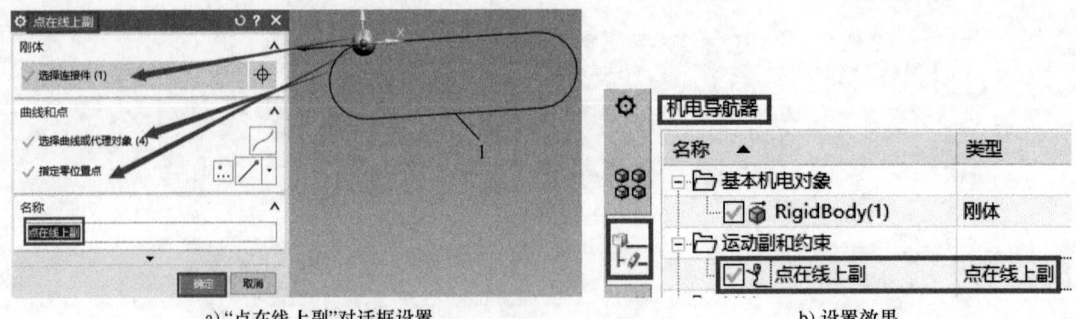

a)"点在线上副"对话框设置　　　　　　　　　　b)设置效果

图 4-37　设置"点在线上副"

4.1.10　线在线上副

"线在线上副"命令可以用曲线为刚体创造一个关节,使这个刚体沿着导向曲线移动,且刚体与导向曲线始终有一个交点。该命令运行时,刚体的重力启动刚体的运动。利用"线在线上副"命令来仿真物体在曲线上滚动或滑动。

单击功能区"主页"下的"机械"组中的"线在线上副"图标 （图 4-38）,弹出"线在线上副"对话框（图 4-39）,其参数描述见表 4-10。

图 4-38　"线在线上副"入口位置

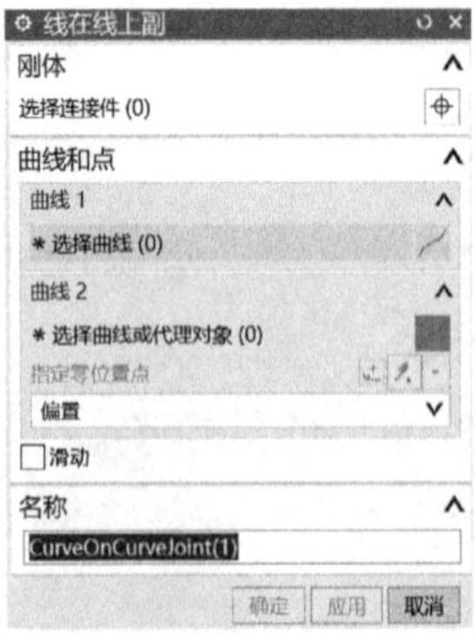

表 4-10　线在线上副参数描述

序号	参　　数	描　　述
1	选择连接件	选择需由曲面连接曲线限制的刚体
2	曲线 1	选择刚体所在的曲线
	曲线 2	选择附件移动的曲线
3	指定零位置点	把参考点的零点设置在引导曲线上
	滑动	允许在两条曲线之间做滑动运动
4	名称	定义线在线上副的名称

图 4-39　"线在线上副"对话框

[**例 4-8**] 对图 4-40 中的模型（第 4 章/线在线上副 . prt）设计 MCD 模型，使圆形曲线可以绕其下方的曲线运动。

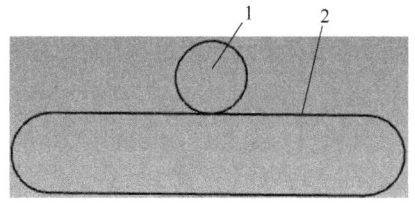

图 4-40 [例 4-8] 配图

解 步骤 1：打开"第 4 章/线在线上副 . prt"文件，进入 MCD 环境。定义圆为刚体，名称为"运动圆"。

步骤 2：单击功能区"主页"下"机械"组"铰链副"下拉菜单中的图标 ，弹出"线在线上副"对话框。其中，连接件为运动圆刚体，曲线 1 为圆形曲线，曲线 2 为其下方的蓝色封闭曲线 1，零点位置为两个曲线的交点，名称为"线在线上副"，如图 4-41a 所示。设置结果如图 4-41b 所示。

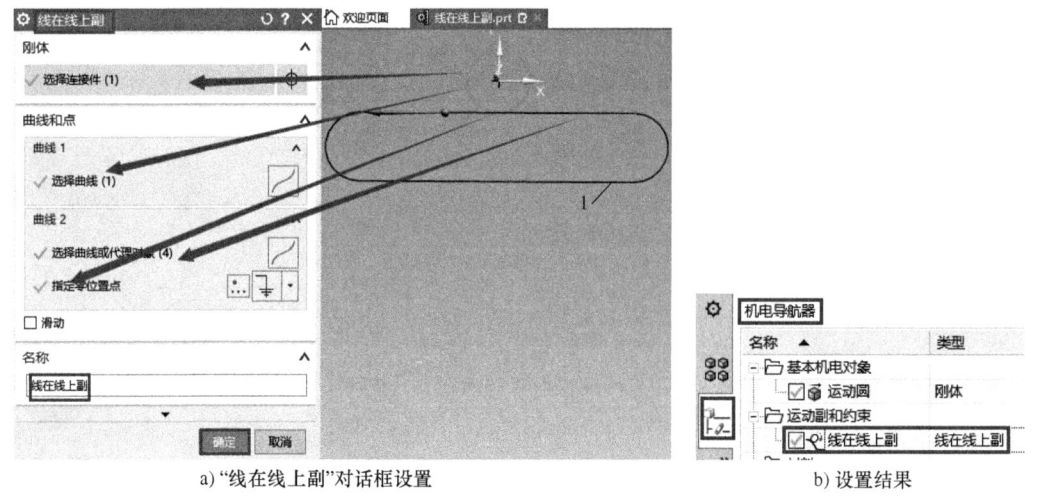

a)"线在线上副"对话框设置　　　　　　　　　　b) 设置结果

图 4-41 设置"线在线上副"

步骤 3：单击"播放"按钮，可以使圆沿其下方的曲线做逆时针运动。

4.1.11 路径约束运动副

用户可以使用"路径约束运动副"命令使工件按照指定的坐标系或者指定的曲线进行运动。

单击停靠功能区"主页"下"机械"组中的"路径约束运动副"图标 （图 4-42），弹出"路径约束运动副"对话框（图 4-43），其参数描述见表 4-11。

图 4-42 "路径约束运动副"入口位置

图 4-43 "路径约束运动副"对话框

表 4-11 路径约束运动副参数描述

序号	参数	描述
1	选择连接件	选择需由路径约束限制的刚体
2	路径类型	路径的类型分为"基于坐标系"和"基于曲线"两种
3	指定方位	选择需用于创建路径的坐标系统的类型
4	曲线类型	曲线类型包括"直线"和"样条"两种
5	相对路径参数	为当前的路径配置参数
6	添加新集	添加一个新的坐标系统来限制运动路径
7	指定零位置点	指定路径的起点
8	名称	定义路径约束运动副的名称

4.2 执行器

MCD 中执行器包括速度控制、位置控制、力/扭矩控制、液压缸、液压阀、气缸和气动阀七种。

4.2.1 速度控制

"速度控制"命令可以驱动运动副的轴以某一预设的恒定速度运动。

单击功能区"主页"下"电气"组中的"速度控制"图标 （图4-44），弹出"速度控制"对话框，如图4-45所示，其参数描述见表4-12。

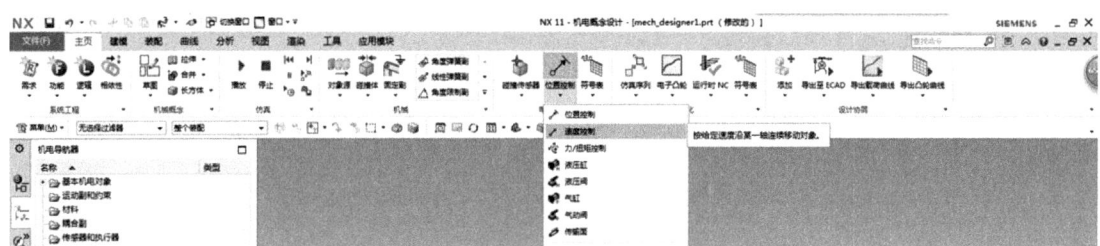

图 4-44 "速度控制"入口位置

图 4-45 "速度控制"对话框

表 4-12 速度控制参数描述

序号	参　　数	描　　述
1	选择对象	选择需要进行速度控制的对象，可以是运动副，也可以是传输面
2	轴类型	运动副沿着运动的方向轴，有线性和角度两个选项
3	速度	指定一个恒定的速度值 (1) 轴运动副为转动：速度值单位为 degrees/sec (2) 轴运动副为平动：速度值单位为 mm/sec
4	名称	定义速度控制的名称

[例4-9] 对图4-46所示模型（第4章/速度控制.prt）进行机电对象及运动控制设置，使其如文件"第4章/速度控制_ok.prt"中的模型一样运动。

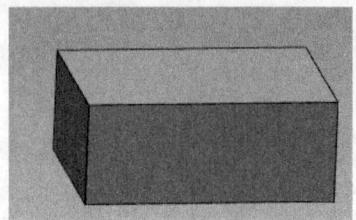

图4-46 [例4-9] 模型

解 步骤1：打开"第4章/速度控制.prt"文件，进入MCD环境，如图4-46所示。将长方体设置为刚体和碰撞体，均命名为"物块"。

步骤2：给物块添加滑动副。连接件为物块，基本件悬空，轴矢量为Z轴方向，偏置设为0，名称为"物块滑动副"，如图4-47所示。

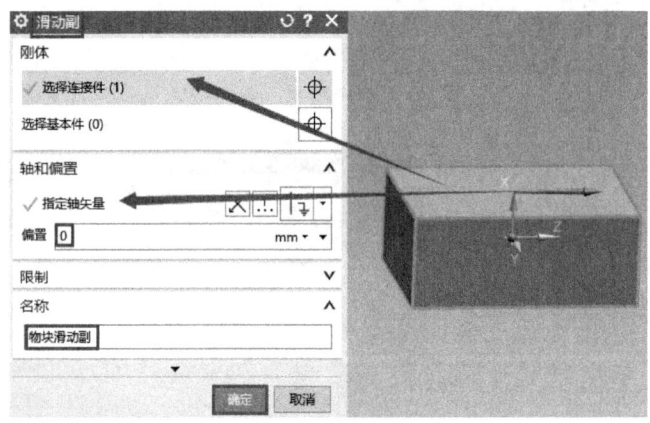

图4-47 添加滑动副

步骤3：添加"速度控制"。其中，机电对象选为物块滑动副，速度设为20mm/s，名称为"速度控制"，如图4-48a所示。设置结果如图4-48b所示。

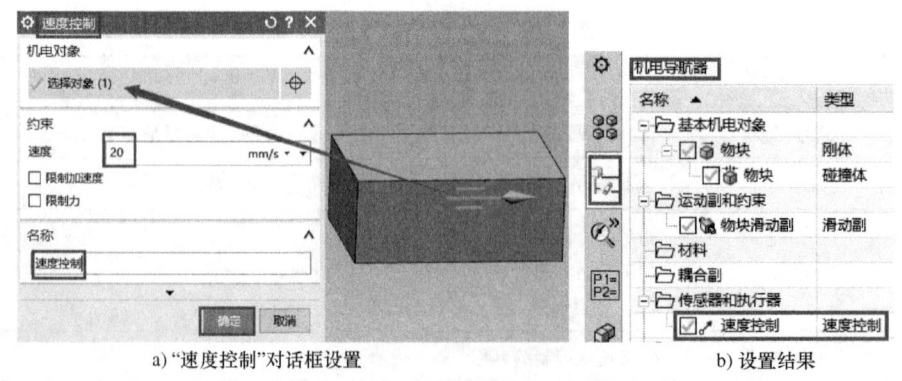

a) "速度控制"对话框设置　　　　　　　　　　　　b) 设置结果

图4-48 添加"速度控制"

步骤4：左键单击图4-48b中的"速度控制"，然后右击，在下拉菜单中选择"添加到察看器"。然后，单击"播放"按钮，可以看到物块做匀速运动。同时，在"运行时察看器"中，可以看到物块运动速度为20mm/s，如图4-49所示。

图4-49 查看运行速度

4.2.2 位置控制

"位置控制"命令可以驱动运动副的轴以某一预设的恒定速度运动到某一预设的位置，并且限制运动副的自由度。完成运动所需的时间=位移/速度。

单击功能区"主页"下"电气"组中的"位置控制"图标（图4-50），弹出"位置控制"对话框，如图4-51所示，其参数描述见表4-13。

图4-50 "位置控制"入口位置

图4-51 "位置控制"对话框

表 4-13　位置控制参数描述

序号	参数	描述		
1	选择对象	选择需要添加执行机构的运动副		
2	轴类型	选择位置控制的轴类型,有角度和线性两种选择		
3	角路径选项	此选项只有在轴类型为"角度"时出现,用于定义轴运动副的旋转方案	沿最短路径:按照劣角运动,且运动范围小于 360°	
			顺时针旋转:根据右手螺旋定则按照顺时针方向旋转,且运动范围小于 360°	
			逆时针旋转:根据右手螺旋定则按照逆时针方向旋转,且运动范围小于 360°	
			跟踪多圈:根据设置的目标位置运动,且运动范围可以大于 360°	
4	目标	指定一个目标位置		
5	速度	指定一个恒定的速度值		
6	名称	定义位置控制的名称		

[**例 4-10**] 对图 4-52 中的模型(第 4 章/位置控制.prt)进行机电对象及运动控制配置,使其如文件"第 4 章/位置控制_ok.prt"中的模型一样运动,即直线运动到某一位置停止运动。

解 步骤 1:打开"第 4 章/位置控制.prt"文件,进入 MCD 环境。为该模型设置刚体,命名为"刚体"。

步骤 2:为刚体添加滑动副。其中,连接件为模型的刚体,基本件悬空,轴矢量可以选

X 轴或者 Y 轴，名称为"滑动副"，如图 4-53 所示。

图 4-52　[例 4-10] 模型

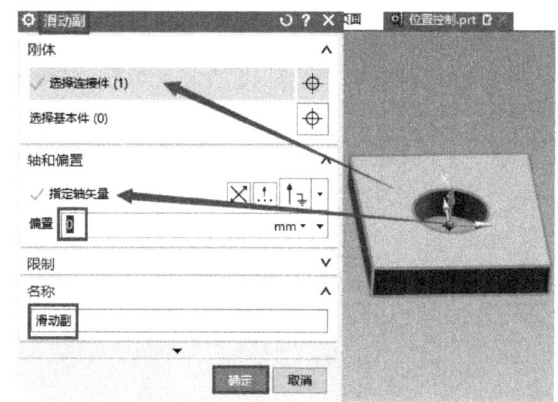

图 4-53　添加滑动副

步骤 3：添加"位置控制"。单击功能区"主页"下"电气"组中的"位置控制"图标，弹出"位置控制"对话框。其中，机电对象选为滑动副，约束中目标设为 500mm，速度设为 100mm/s，如图 4-54a 所示。设置结果如图 4-54b 所示。

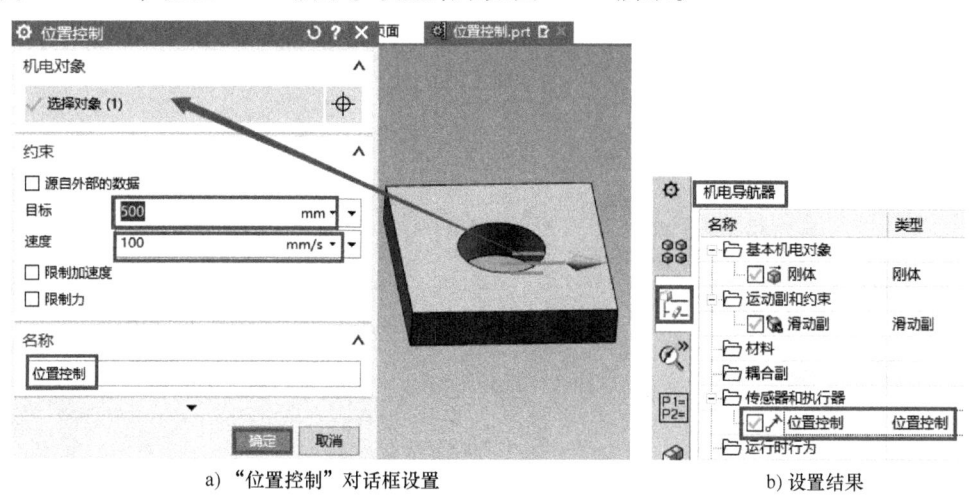

a)"位置控制"对话框设置　　　　　　　　　　b)设置结果

图 4-54　添加"位置控制"

步骤 4：左键单击图 4-54b 中的"位置控制"，然后右击，在下拉菜单中选择"添加到察看器"。然后，单击"播放"按钮，可以看到物块做直线运动。同时，在"运行时察看器"中，可以看到物块运动速度为 100mm/s，如图 4-55a 所示，直到物块停止运动，此时，物块的运动距离为 500mm，如图 4-55b 所示。

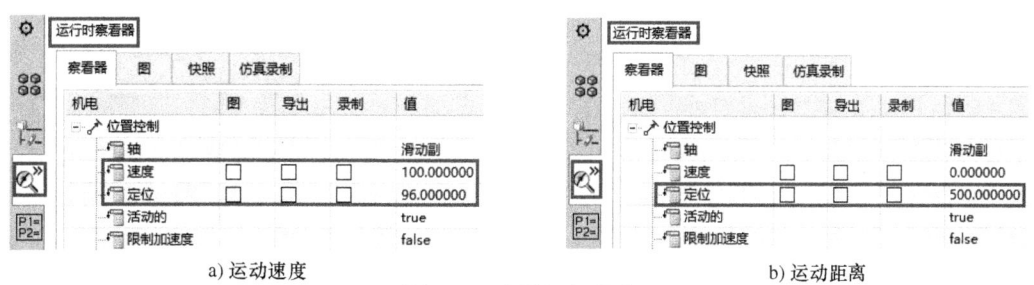

a)运动速度　　　　　　　　　　　　　　b)运动距离

图 4-55　查看运行状态

4.2.3 力/扭矩控制

使用"力/扭矩控制"命令可将力或力矩附加到关节轴上,以便控制直线关节的力或角度关节的力矩。

单击功能区"主页"下"电气"组"位置控制"的下拉菜单中的"力/扭矩控制"图标 (图4-56),弹出"力/扭矩控制"对话框,如图4-57所示,其参数描述见表4-14。

图 4-56 "力/扭矩控制"入口位置

图 4-57 "力/扭矩控制"对话框

表 4-14 力/扭矩控制参数描述

序号	参数	描述
1	选择对象	选择需要添加执行机构的对象
2	轴类型	选择轴类型有线性、角度两种
3	名称	定义力/扭矩控制的名称

[例4-11] 对图4-58中的模型(第4章/力扭矩控制.prt)进行机电对象及力/扭矩控制配置,使其如文件"第4章/力扭矩控制_ok.prt"中的模型一样绕圆的中心轴转动。

解 步骤1:打开"第4章/力扭矩控制.prt"文件,进入MCD环境。为该模型设置刚体,命名为"刚体"。

步骤2:为刚体添加铰链副。其中,连接件为模型的刚体,基本件悬空,轴矢量选圆柱的中心轴,锚点为圆的中心点,名称为"铰

图 4-58 [例4-11] 模型

链副"，如图 4-59 所示。

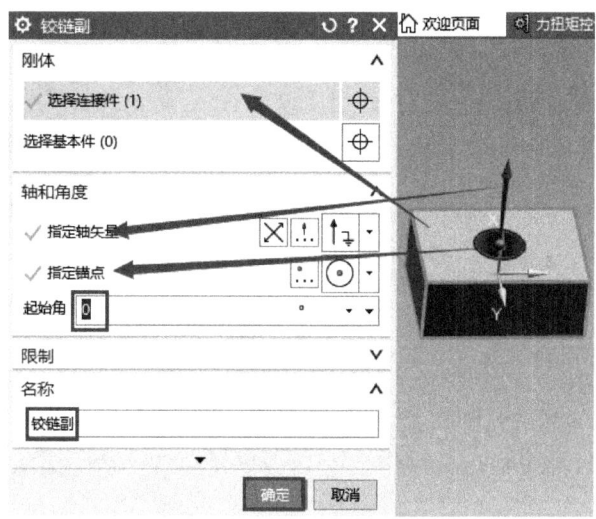

图 4-59 添加"铰链副"

步骤3：添加"力/扭矩控制"。单击功能区"主页"下"电气"组中"位置控制"的下拉列表中的图标，弹出"力/扭矩控制器"对话框。其中，机电对象选为铰链副，约束为扭矩 1mN·mm，名称为扭矩控制，如图 4-60a 所示。设置结果如图 4-60b 所示。

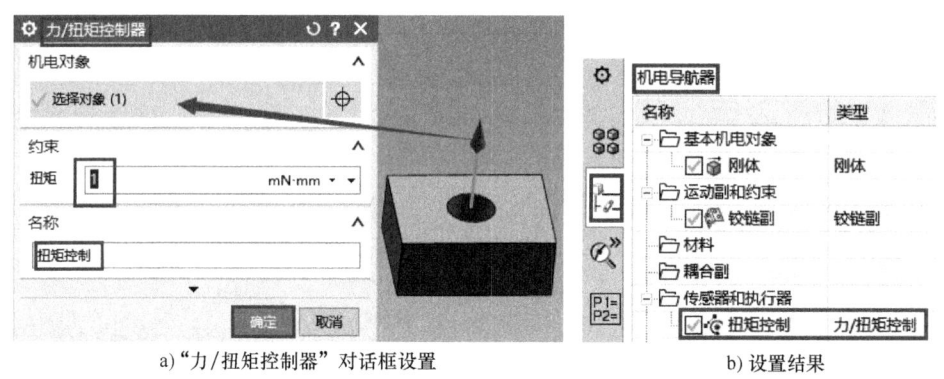

a)"力/扭矩控制器"对话框设置　　　　　　　　b) 设置结果

图 4-60 添加"力/扭矩控制"

步骤4：单击图 4-60b 中的"力/扭矩控制"，然后，右击，在下拉菜单中选择"添加到察看器"。然后，单击"播放"按钮，可以看到物块绕圆柱中心轴旋转。同时，在"运行时察看器"中可以看到物块运动扭矩为 1mN·mm，如图 4-61 所示。

4.2.4 液压缸

使用"液压缸"命令可将液压缸特性（如活塞和腔室参数）连接到滑动或圆柱形接头。

单击功能区"主页"下"电气"组中"位置控制"下拉菜单中的"液压缸"图标（图 4-62），弹出"液压缸"对话框，如图 4-63 所示，其参数描述见表 4-15。

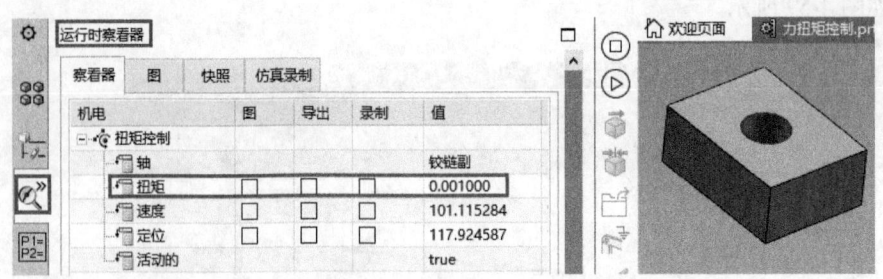

图 4-61 运行效果

图 4-62 "液压缸"入口位置

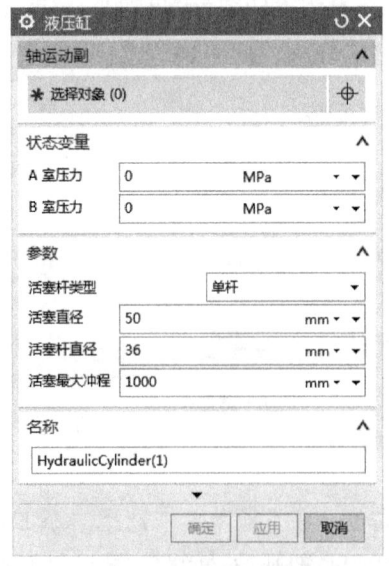

图 4-63 "液压缸"对话框

表 4-15 液压缸参数描述

序号	参数	描述
1	选择对象	选择需要添加执行机构的对象
2	A 室压力	设定内腔的压力
3	B 室压力	设定外室的压力
4	活塞杆类型	定义活塞杆类型有单杆、双杆两种： 单杆——限制运动到一个方向 双杆——允许在两个方向上运动
5	名称	设置液压缸的名称

4.2.5 液压阀

使用"液压阀"命令可将液压阀属性连接到一个或多个液压缸，可以控制传送给它们的流量。

单击功能区"主页"下"电气"组"位置控制"下拉菜单中的"液压阀"图标（图 4-64），弹出"液压阀"对话框，如图 4-65 所示，其参数描述见表 4-16。

图 4-64 "液压阀"入口位置

表 4-16 液压阀参数描述

序号	参数	描述
1	选择对象	选择一个或多个液压缸来应用阀门
2	阀类型	设置阀门类型有四通和三通两种： 四通——用于双杆液压缸 三通——用于单杆液压缸
3	供给压力	设置供应压力
4	排出压力	设定排液压力
5	公称压力	设置基础压力
6	公称流量	设定流量
7	控制输入	根据阀门类型设置流量的比例： 当阀门类型设置为四通时，将流量限制在-1 和 1 之间 当"阀门类型"设置为三通时，基于 0 和 1 限制流量
8	名称	设置液压阀的名称

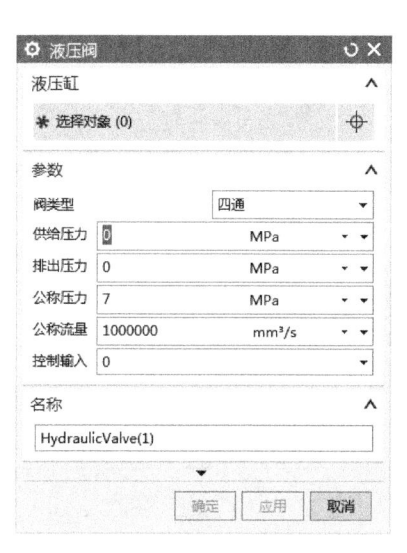

图 4-65 "液压阀"对话框

4.2.6 气缸

使用"气缸"命令可将气缸、活塞和腔室参数等气缸特性附加到滑动或圆柱形接头上。

单击功能区"主页"下"电气"组中"位置控制"下拉菜单中的"气缸"图标（图 4-66），弹出"气缸"对话框，如图 4-67 所示。其参数描述见表 4-17。

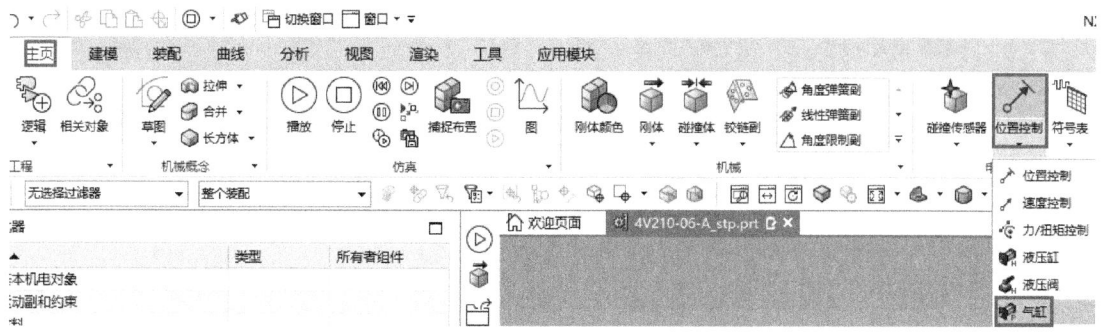

图 4-66 "气缸"入口位置

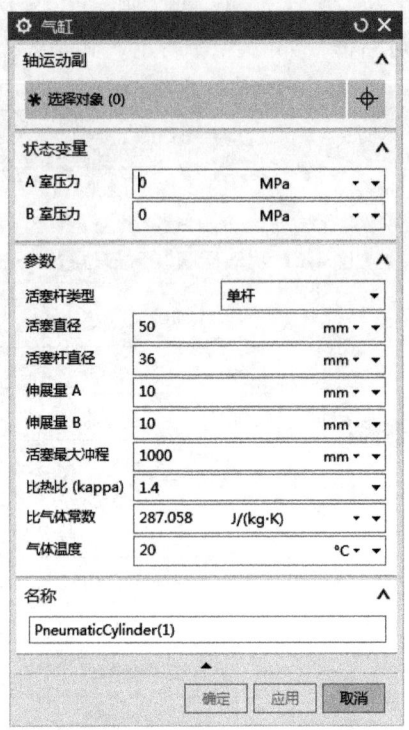

图 4-67 "气缸"对话框

表 4-17 气缸参数描述

序号	参数	描述
1	选择对象	选择一个接头作为气压缸
2	A室压力	设定内腔的压力
3	B室压力	设定外室的压力
4	活塞杆类型	设置活塞杆的运动约束有单杆、双杆两种： 单杆——限制运动到一个方向 双杆——允许在两个方向上运动
5	伸展量A	设置内腔的容积扩展
6	伸展量B	设置外室的容积扩展
7	活塞最大冲程	设置活塞的最大行程
8	比热比	设置气体的比热比
9	比气体常数	设定气体常数
10	名称	定义气缸名称

4.2.7 气动阀

使用"气动阀"命令可将气动阀的特性附加到一个或多个气压缸上，以便控制传送给它们的流量。

单击功能区"主页"下"电气"组中"位置控制"下拉菜单中的"气动阀"图标（图 4-68），弹出"气动阀"对话框如图 4-69 所示。其参数描述见表 4-18。

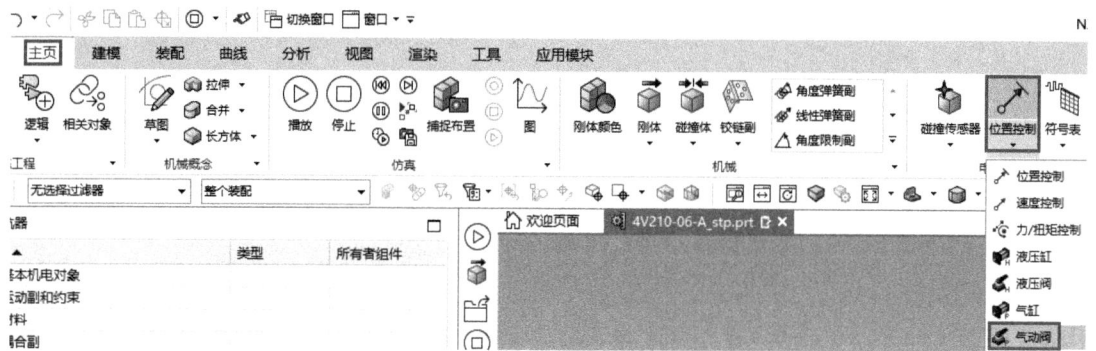

图 4-68 "气动阀"入口位置

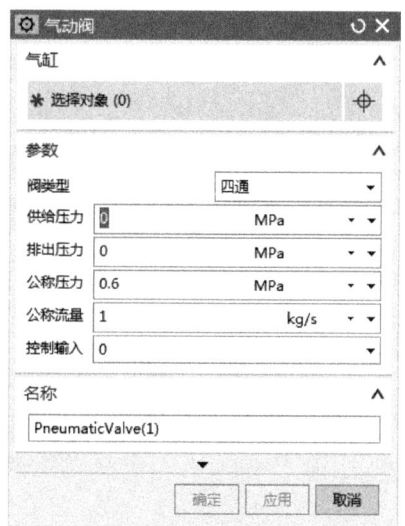

图 4-69 "气动阀"对话框

表 4-18 气动阀参数描述

序号	参数	描述
1	选择对象	选择一个或多个气动缸来应用气动阀
2	阀类型	设置阀门类型有四通、三通两种： 四通——用于双杆气压缸 三通——用于单杆气压缸
3	供给压力	设置供应压力
4	排出压力	设定排气压力

(续)

序号	参数	描述
5	公称压力	设置基础压力
6	公称流量	设定流量
7	控制输入	根据阀门类型设置流量比例： 当阀门类型设置为四通时，将流量限制在-1和1之间 当阀门类型设置为三通时，将流量限制在0和1之间
8	名称	设置气动阀的名称

4.3 传感器

信息时代如何准确可靠地获取原始信息非常关键。传感器是获取自然和生产领域中信息的主要途径与手段。具体讲，传感器可以感受到被测量物理量并将感受到的物理量大小按一定规律变换成为电信号或其他所需形式的信息输出，以满足信息的传输、处理、存储、显示、记录和控制等要求。

传感器是实现自动检测和自动控制的首要环节。通常根据其基本感知功能分为热敏元件、光敏元件、气敏元件、力敏元件、磁敏元件、湿敏元件、声敏元件、放射线敏感元件、色敏元件和味敏元件十大类。本章主要从传感器的实际测量物理量出发，讨论传感器在机电一体化中的应用，将传感器分为碰撞传感器、倾角传感器、距离传感器、位置传感器、速度传感器、加速度传感器、通用传感器、限位开关、继电器九种，本节主要介绍后七种。传感器位于功能区"主页"下"电气"组中"碰撞传感器"的下拉列表中，如图4-70所示。

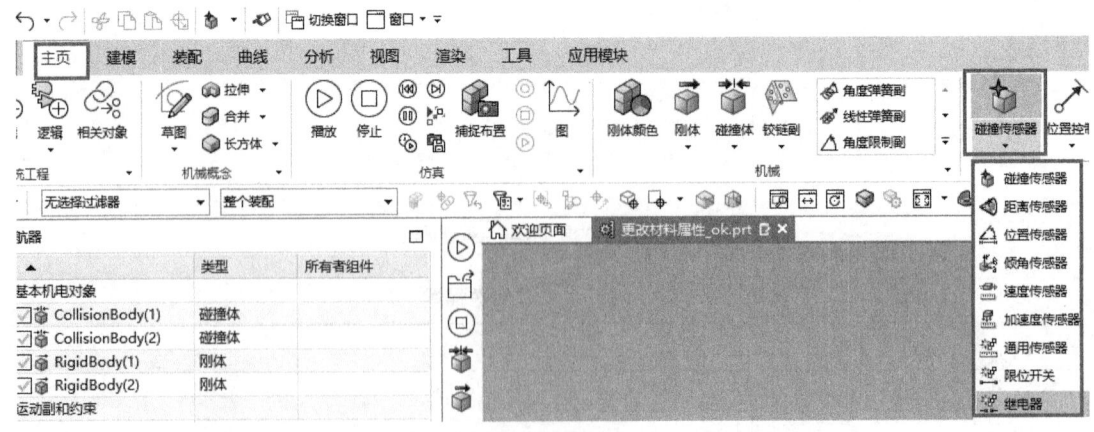

图 4-70 传感器位置

4.3.1 距离传感器

使用"距离传感器"命令可将距离传感器连接到刚体，该刚体提供从传感器到最近碰撞体的距离反馈。

单击功能区"主页"下"电气"组碰撞传感器下拉菜单中的图标，弹出"距离传感器"对话框，如图 4-71 所示，其参数描述见表 4-19。

图 4-71 "距离传感器"对话框

表 4-19 距离传感器参数描述

序号	参数	描述
1	选择对象	选择一个刚体作为距离传感器
2	指定点	指定用于测量距离的起点
3	指定矢量	指定测量的方向
4	开口角度	设置测量范围的开启角度
5	范围	设置测量范围的距离
6	类别	指定距离传感器的类别。只有相同类别的碰撞物体被检测到
7	名称	定义距离传感器的名称

[例 4-12] 对图 4-72 所示模型（第 4 章/距离传感器.prt）进行机电对象及运动控制设置，使其如文件"第 4 章/距离传感器_ok.prt"中的模型一样运动。

图 4-72 [例 4-12] 模型

解 步骤1：打开"第4章/距离传感器.prt"，进入MCD环境。

步骤2：对左边的物块定义刚体和碰撞体，两者均命名"物块1"。对右边的物块定义刚体和碰撞体，两者均命名"物块2"。

步骤3：为物块2添加固定副，名称为"固定副"。然后，对物块1添加滑动副。其中，轴矢量为图中Y轴方向，偏置为0，名称为"滑动副"，具体如图4-73所示。

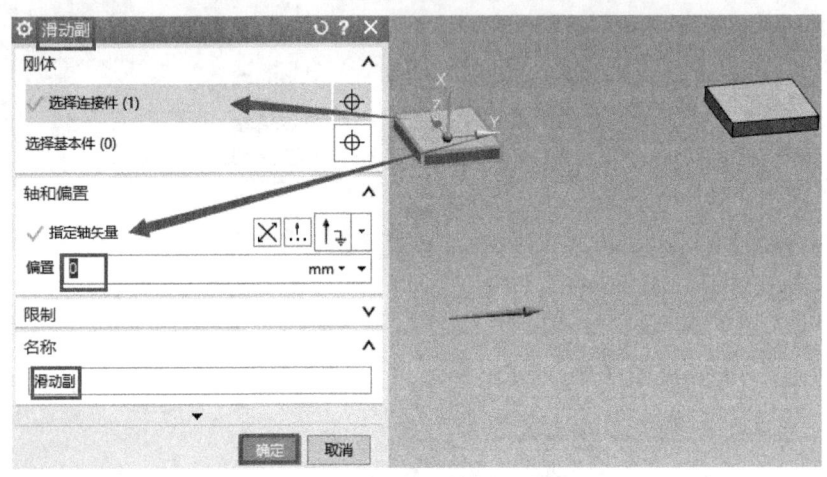

图4-73 添加"滑动副"

步骤4：为滑动副添加位置控制。在"位置控制"对话框中，机电对象选择滑动副。约束的目标设为800mm，速度设为100mm/s，名称为"位置控制"，如图4-74所示。距离设为800mm的原因在于，单击"分析"下的"测量"可以测得两个物块之间的距离为380mm左右，距离设为800mm，则物块1的滑动距离可以越过物块2。

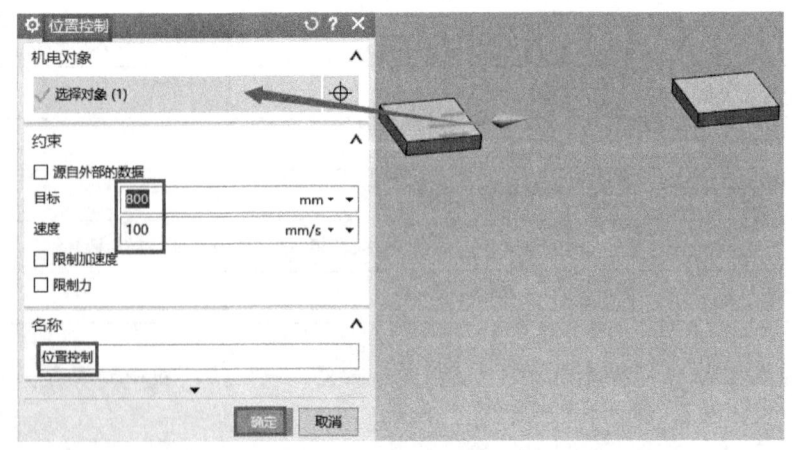

图4-74 添加"位置控制"

步骤5：添加距离传感器。对象选为物块2，开口角度设为15°，范围设为100mm，其余按默认设置，名称为"距离传感器"，如图4-75a所示。设置结果如图4-75b所示。

第4章 运动系统设计

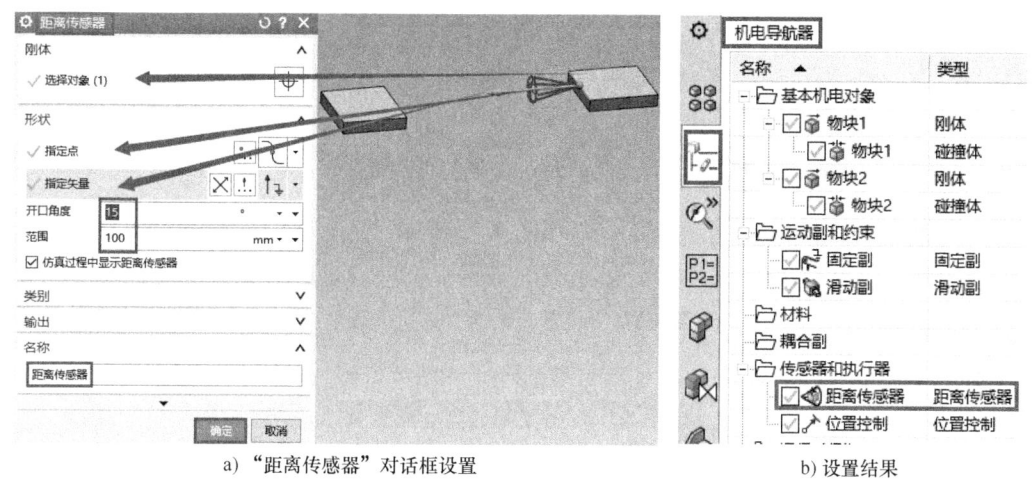

a) "距离传感器"对话框设置　　b) 设置结果

图 4-75　添加"距离传感器"

步骤6：单击图4-75b中的"距离传感器"，然后，右击，在下拉菜单中选择"添加到察看器"，将距离传感器添加至运行时察看器。

步骤7：单击"播放"按钮，观察运动行为。刚开始，距离传感器"已触发"为"false"，此时物块1和物块2的距离大于100mm，如图4-76a所示；当物块1和物块2距离小于100mm时，距离传感器"已触发"变为"true"，表示距离传感器已经探测到物块1与物块2距离小于100mm，如图4-76b所示。

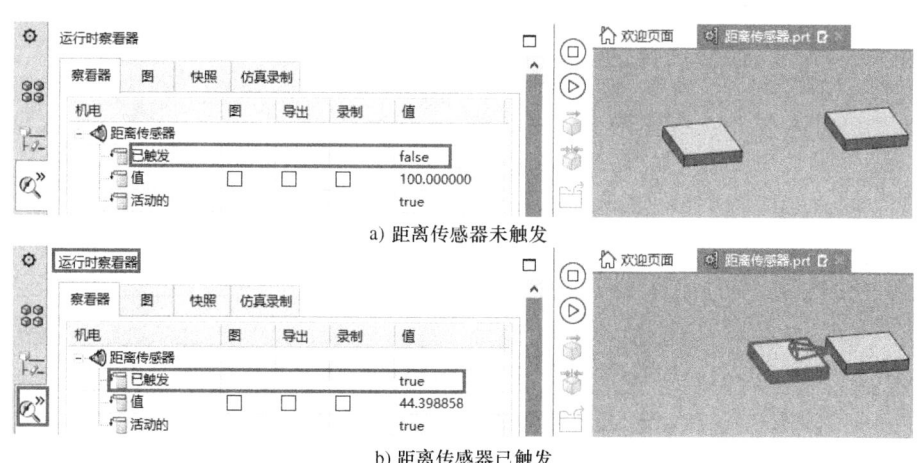

a) 距离传感器未触发

b) 距离传感器已触发

图 4-76　查看距离传感器状态

4.3.2　位置传感器

使用"位置传感器"命令将传感器连接到现有接头或位置控制执行机构，以表示接头或执行机构的角度或线性位置作为输出。

单击功能区"主页"下"电气"组"碰撞传感器"下拉菜单中图标◿（图4-77），弹出"位置传感器"对话框如图4-78所示，其参数描述见表4-20。

图 4-77 "位置传感器"入口位置

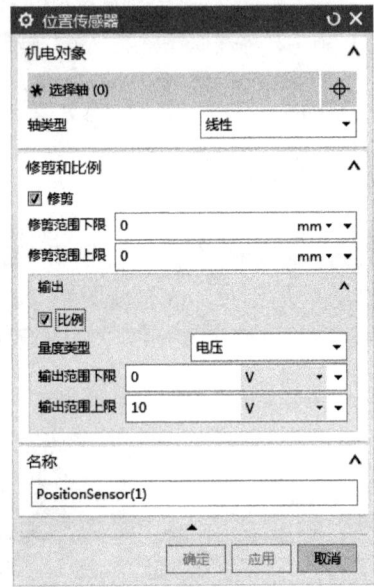

图 4-78 "位置传感器"对话框

表 4-20 位置传感器参数描述

序号	参数	描述
1	选择轴	选择接头或位置控制执行器来监控位置
2	轴类型	选择角度或线性位置
3	修剪	设置修剪值
4	修剪范围下限	设置由最小输出值表示的值
5	修剪范围上限	设置由最大输出值表示的值
6	量度类型	设置输出参数类型包括常量、电压、电流三种
7	输出范围下限	设置最小输出值以表示较低的修剪范围
8	输出范围上限	设置最大输出值以表示上部修剪范围
9	名称	设置位置传感器的名称

4.3.3 速度传感器

使用"速度传感器"命令可将传感器连接到现有接头或执行机构,以便生成角速度或线速度作为输出。

单击功能区"主页"下"电气"组"碰撞传感器"下拉菜单中的"速度传感器"图标 (图4-79),弹出"速度传感器"对话框如图4-80所示,其参数描述见表4-21。

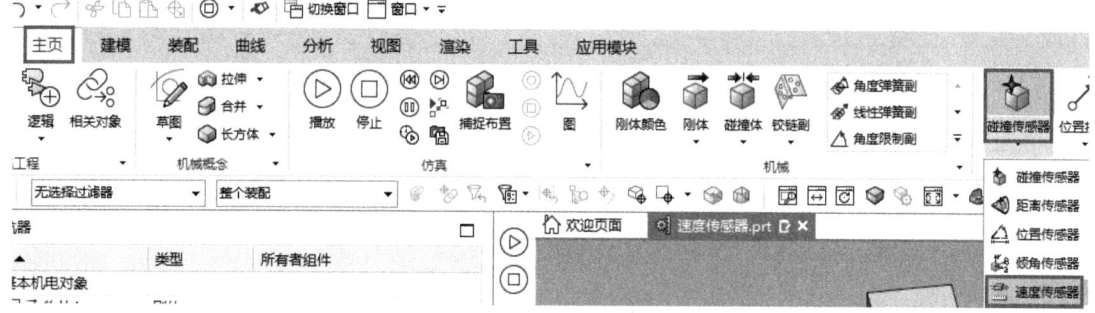

图 4-79 "速度传感器"入口位置

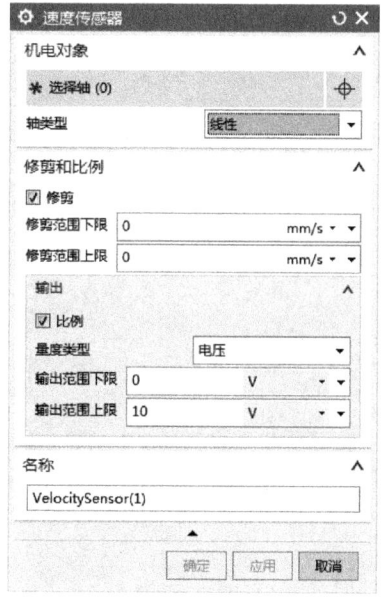

图 4-80 "速度传感器"对话框

表 4-21 速度传感器参数描述

序号	参数	描述
1	选择轴	选择接头或执行器来监控速度
2	轴类型	选择轴类型包括线性、角度两种

(续)

序号	参数	描述
3	修剪	设置修剪值
4	修剪范围下限	设置由较低输出值表示的速度值
5	修剪范围上限	设置由较高输出值表示的速度值
6	量度类型	设置输出参数类型包括常量、电压、电流三种
7	输出范围下限	设置最小输出值以表示较小的修剪范围
8	输出范围上限	设置最大输出值以表示较大的修剪范围
9	名称	设置速度传感器的名称

[例4-13] 对"第4章/速度传感器.prt"进行机电对象及运动控制,使其如文件"第4章/速度传感器_ok.prt"中的模型一样运动。(注意:本例中的建模模型与[例4-12]中的图4-72相同。)

解 本例是[例4-12]的一个延续。

步骤1:打开"第4章/距离传感器.prt",进入MCD环境。完成[例4-12]中的步骤1~步骤5。

步骤2:添加速度传感器。其中,机电对象选择加在物块1上的滑动副,其余按默认设置,名称为"速度传感器",如图4-81a所示。设置结果如图4-81b所示。

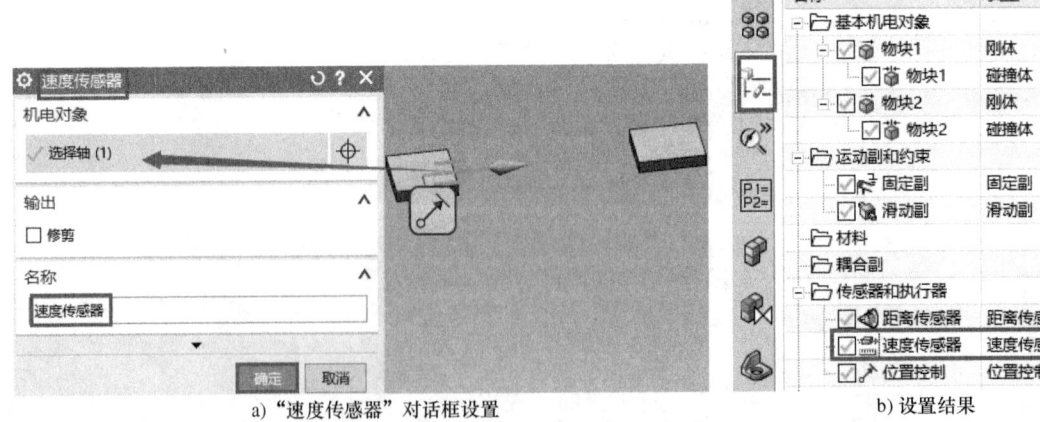

a)"速度传感器"对话框设置　　　　b)设置结果

图4-81 添加"速度传感器"

步骤3:单击图4-81b中的"速度传感器",然后右击,在下拉菜单中选择"添加到察看器",将速度传感器添加至运行时察看器。

步骤4:单击"播放"按钮,观察模型的运动行为。可以看到物块1运动时,速度传感器值显示为200mm/s,表示此时物块1运动速度为200mm/s。

第4章 运动系统设计

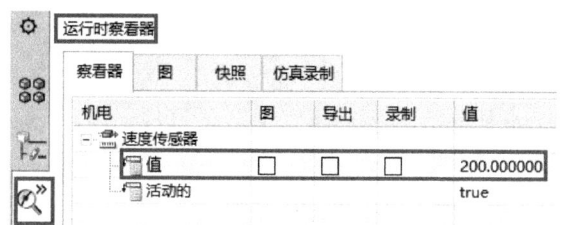

图 4-82 查看速度传感器状态

4.3.4 加速度传感器

"加速度传感器"命令可以定义加速度传感器,该命令在功能区"主页"下"电气"组"碰撞传感器"下拉菜单中,图标为 ,如图 4-83 所示。

图 4-83 "加速度传感器"入口位置

"加速度传感器"对话框如图 4-84 所示。

图 4-84 "加速度传感器"对话框

[例 4-14] 对图 4-85 所示模型(第 4 章/加速度传感器.prt)添加速度传感器,使其如文件"第 4 章/加速度传感器_ok.prt"所示模型一样运动。

解 步骤 1:打开"第 4 章/加速度传感器.prt",进入 MCD 环境,如图 4-85 所示。对方块添加刚体,名称为"刚体"。

步骤2:添加滑动副和位置控制。按图4-86a所示,为刚体添加滑动副。其中,轴矢量为X轴方向,偏置为0,名称为"滑动副"。按图4-86b所示,为滑动副添加"位置控制"。其中,约束目标为800mm,速度为100mm/s;限制加速度中最大加速度为30mm/s^2,最大减速度为-20mm/s^2。

图4-85 [例4-14]模型

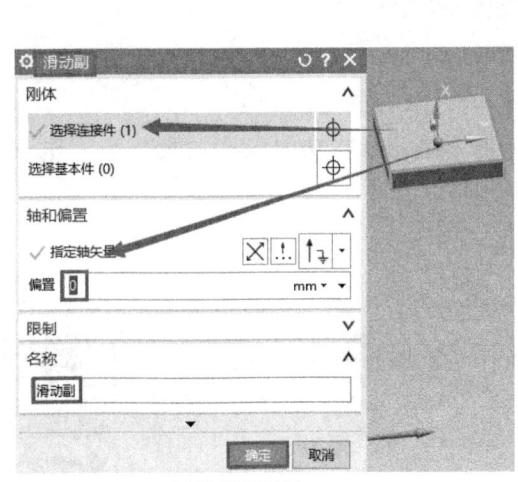

a)添加"滑动副"

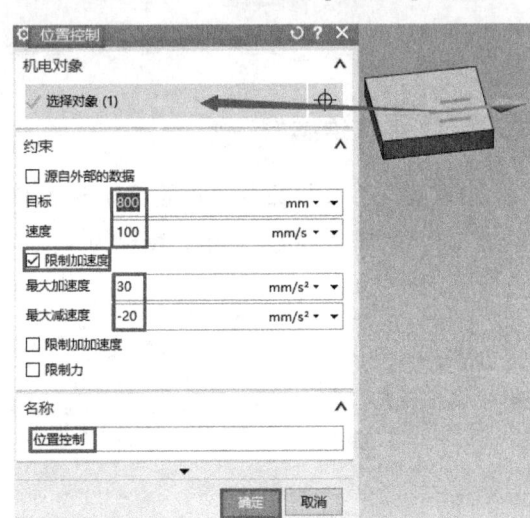

b)添加"位置控制"

图4-86 添加"滑动副"和"位置控制"

步骤3:添加加速度传感器。在"加速度传感器"对话框中,刚体选择为方块刚体,名称为"加速度传感器",如图4-87a所示。添加结果如图4-87b所示。

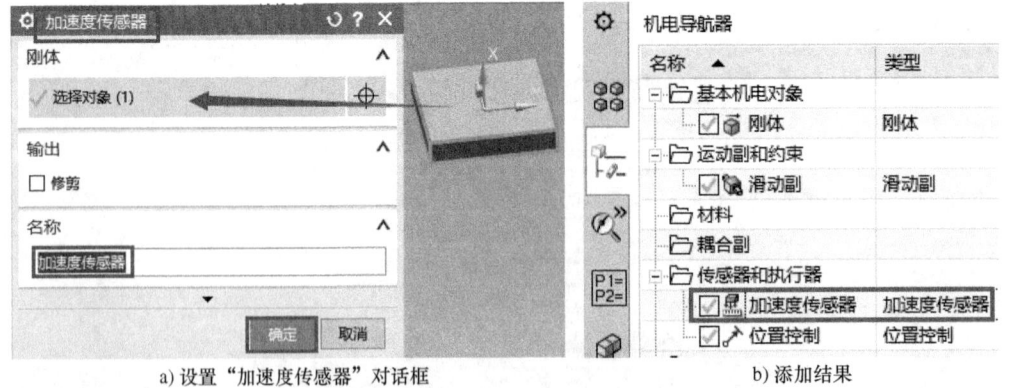

a)设置"加速度传感器"对话框　　　　　　b)添加结果

图4-87 添加"加速度传感器"

步骤4:将加速度传感器添加至运行时察看器。然后,单击"播放"按钮,观察方块运动行为。当方块开始运动时,X轴线性加速度显示为30mm/s^2,表示此时方块加速度为30mm/s^2,如图4-88a所示;当方块运动一段距离后,X轴线性加速度显示为-20mm/s^2,表示此时方块加速度为-20mm/s^2(即做减速运动),如图4-88b所示。直至方块运动停止,此时线加速计显示为0mm/s^2。

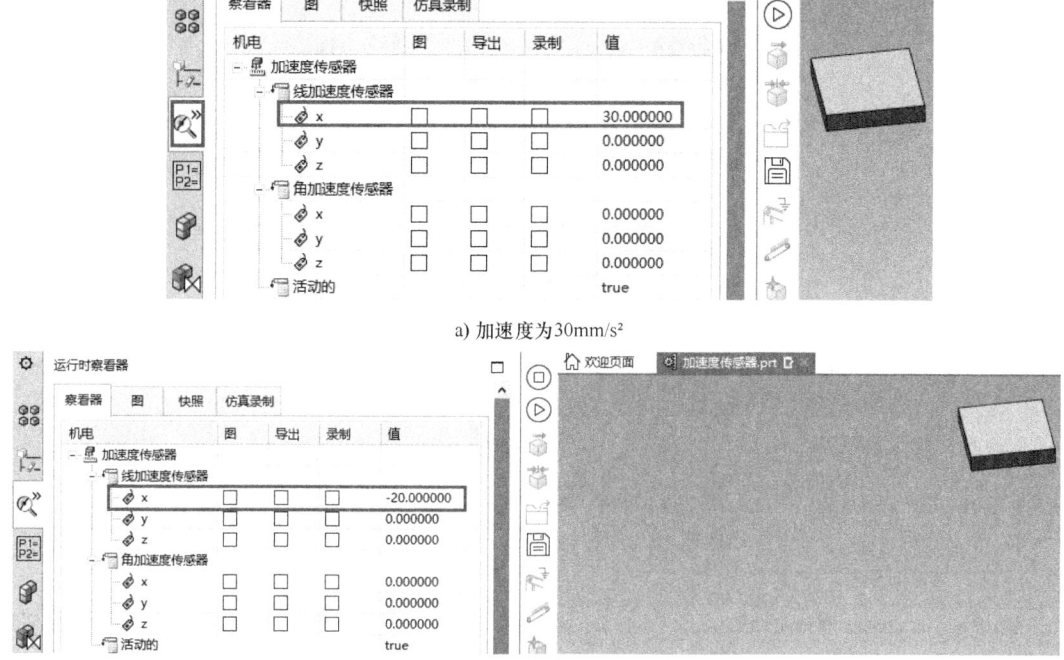

a) 加速度为30mm/s²

b) 加速度为−20mm/s²

图 4-88　运行效果查看

4.3.5　通用传感器

"通用传感器"命令可以为具有感官输出的物理对象中的任何运行时参数创建输出。单击功能区"主页"下"电气"组"碰撞传感器"下拉菜单中的"通用传感器"图标 (图 4-89)。

图 4-89　"通用传感器"入口位置

"通用传感器"对话框如图 4-90 所示。

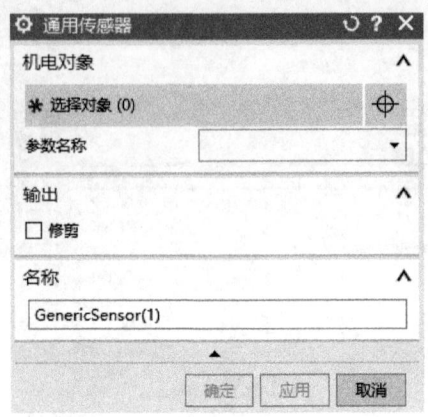

图 4-90 "通用传感器"对话框

[例 4-15] 对"第 4 章/通用传感器.prt"中的模型（图 4-85，与[例 4-14]相同）添加通用传感器，使其如文件"第 4 章/通用传感器_ok.prt"所示模型一样运动。

解 步骤 1：打开"第 4 章/通用传感器.prt"，进入 MCD 环境，如图 4-85 所示。完成[例 4-14]中步骤 1～步骤 2。

步骤 2：添加通用传感器。在"通用传感器"对话框中，机电对象选择刚体，名称为"通用传感器"，如图 4-91a 所示。添加结果如图 4-91b 所示。

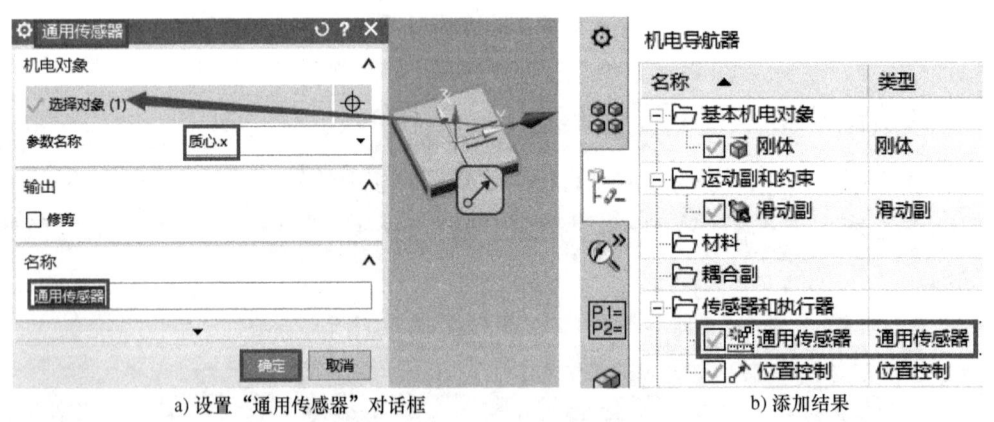

a) 设置"通用传感器"对话框　　　　　　b) 添加结果

图 4-91　添加"通用传感器"

步骤 3：将通用传感器添加至运行时察看器。然后，单击"播放"按钮，观察模型的运动行为。当方块运动时，通用传感器的值显示为 277.134000mm，表示此时方块的"质心.x"随着方块运动的距离改变而发生了改变，如图 4-92 所示。

步骤 4：将通用传感器的参数名称改为"质心.y"，如图 4-93a 所示。单击"播放"按钮，观察运动行为。当方块 1 运动时，通用传感器值显示为 580mm，但这个值是恒定的，它并不会随着方块运动距离的改变而发生改变。之所以不会发生改变，是因为方块的运动方向为 xc，并没有因为将方块参数改为质心.y 而改变，故而不会发生改变。质心.z、线速度.x、线速度.y、线速度.z、角速度.x、角速度.y、角速度.z 同理。

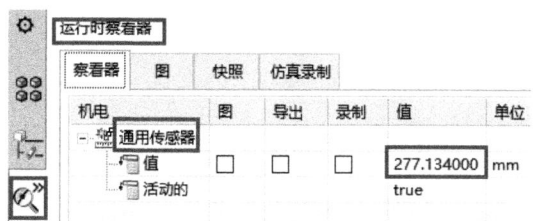

图 4-92 观察运行结果

a) 重新定义通用传感器　　　　b) 重新定义后的运行结果

图 4-93 改变质心

4.3.6 限位开关

"限位开关"命令根据有感知输出的物理对象的任何双精度类型的运行时参数可创建布尔输出。根据运行时参数的值创建限制以更改输出的状态,可以定义指定上限或下限或两者。单击功能区"主页"下"电气"组"碰撞传感器"的下拉菜单中的"限位开关"图标 (图 4-94),弹出"限位开关"对话框,如图 4-95 所示,其参数描述见表 4-22。

图 4-94 "限位开关"入口位置

图 4-95 "限位开关"对话框

表 4-22 限位开关参数描述

序号	参数	描述
1	选择对象	选择一个物件来检测零件
2	参数名称	选择触发输出信号变化的参数
3	启用下限	设置较低的触发值
4	启用上限	设置上限触发值
5	名称	设置限位开关的名称

[例 4-16] 对"第 4 章/限位开关.prt"中的模型(图 4-85,与[例 4-14]、[例 4-15]相同)添加限位开关等,使其如文件"第 4 章/限位开关_ok.prt"所示模型一样运动。

解 步骤 1:打开"第 4 章/限位开关.prt",进入 MCD 环境。给物块添加刚体,名称为"刚体"。然后给刚体添加"滑动副",如图 4-96 所示。

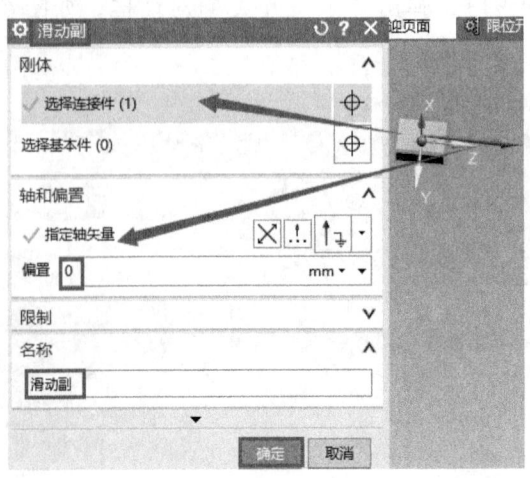

图 4-96 添加"滑动副"

步骤2：按图4-97所示为滑动副添加"位置控制"。其中，约束目标设为500mm，速度设为100mm/s。

步骤3：按照图4-98所示为刚体添加"通用传感器"。其中，机电对象选为刚体，参数名称选为"质心.y"。

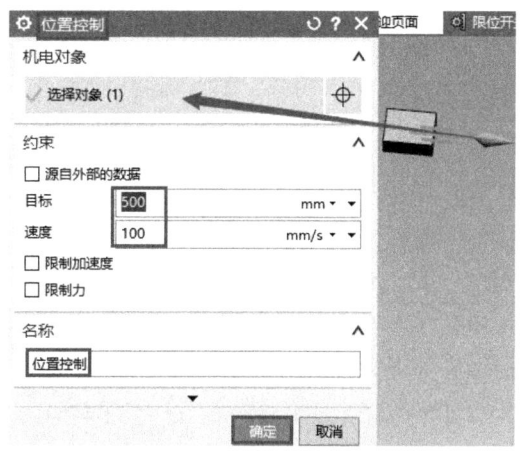
图4-97 添加"位置控制"

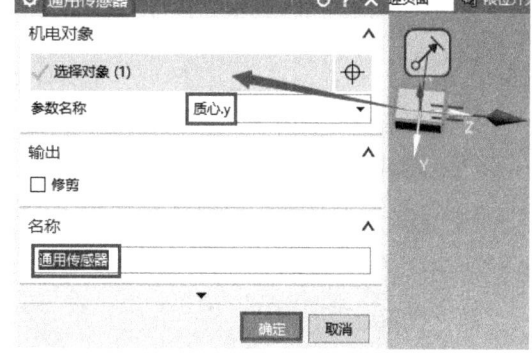
图4-98 添加"通用传感器"

步骤4：按照图4-99a所示添加"限位开关"。其中，机电对象为刚体，参数名称为"质心.y"，上限设为200mm，名称为"限位开关"。设置结果如图4-99b所示。

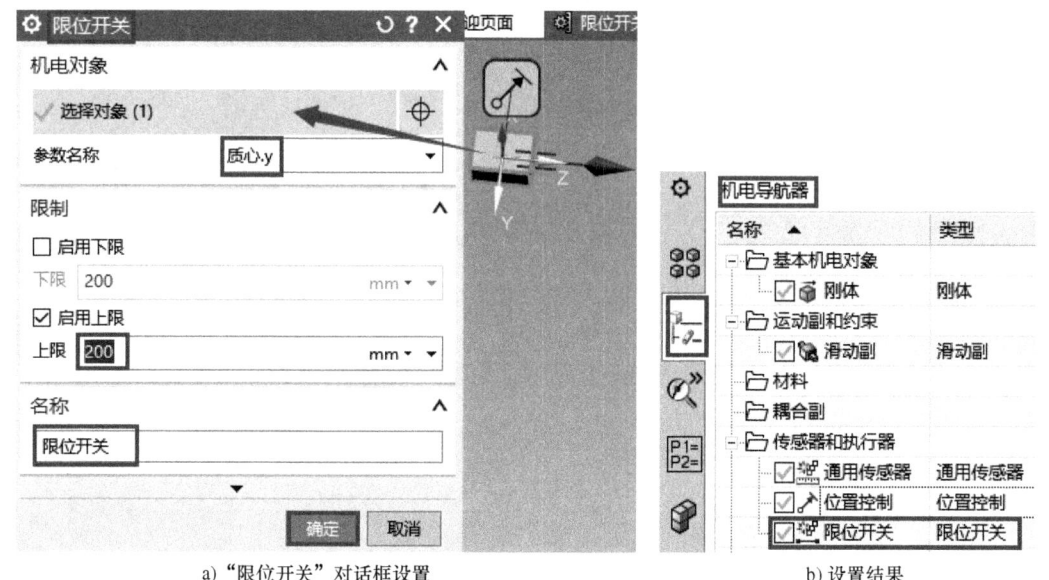
a)"限位开关"对话框设置　　　　　　　　　　b)设置结果

图4-99 添加"限位开关"

步骤5：将通用传感器和限位开关添加至运行时察看器。单击"播放"按钮，观察模型的运动行为。当物块运动的距离未超过200mm时，限位开关为"false"，如图4-100a所示；当物块运动的距离超过200mm时，限位开关为"true"，如图4-100b所示。

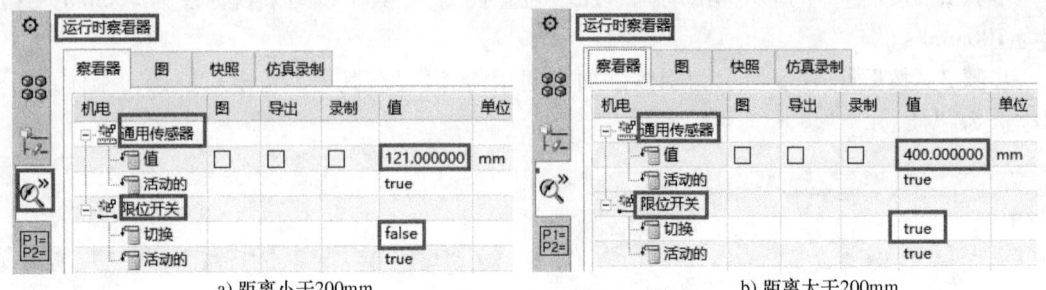

a) 距离小于200mm   b) 距离大于200mm

图 4-100　运行效果

4.3.7　继电器

"继电器"命令可将运行参数值与限制值进行比较。使用上限将输出状态更改为 true，使用下限将输出状态更改为 false。当运行参数在上限和下限之间时，输出保持不变。

单击功能区"主页"下"电气"组"碰撞传感器"下拉菜单中的图标 （图 4-101），弹出"继电器"对话框，如图 4-102 所示，其参数描述见表 4-23。

图 4-101　"继电器"入口位置

图 4-102　"继电器"对话框

第4章 运动系统设计

表 4-23 继电器参数描述

序 号	参 数	描 述
1	选择对象	选择作为中继器的物理对象
2	参数名称	选择一个浮点数据类型的运行时参数作为中继器的输入
3	下切换点	设置较低的值以触发更改
4	上切换点	设置较高的值以触发更改
5	名称	设置继电器的名称

[例 4-17] 对"第 4 章/继电器.prt"中的模型（图 4-85，与[例 4-14]~[例 4-16]相同）添加继电器等，使其如文件"第 4 章/继电器_ok.prt"中的模型一样运动。

解 步骤 1：打开"第 4 章/继电器.prt"，进入 MCD 环境。给方块添加刚体，名称为"物块"，如图 4-103 所示。

步骤 2：与[例 4-16]步骤 1~步骤 3 相同。首先给物块刚体添加滑动副，然后，给滑动副添加位置控制。其中，约束目标为 600mm，速度为 100mm/s。随后给物块刚体添加通用传感器。其中，机电对象选为物块刚体，参数名称选为"质心.y"。

步骤 3：按照图 4-104a 所示为物块刚体添加继电器。其中，机电对象为"物块"，参数名称为"质心.y"，限制的下切换点设为 50mm，上切换点设为 500mm，名称为"继电器"。设置结果如图 4-104b 所示。

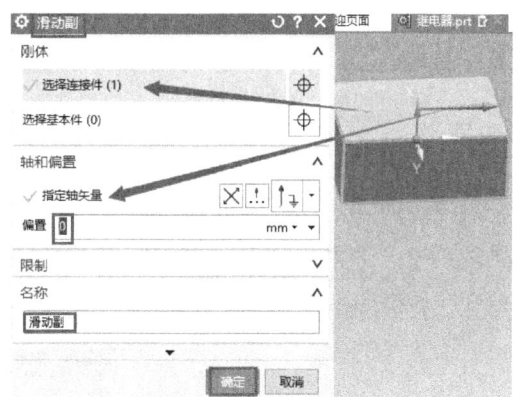

图 4-103 添加"滑动副"

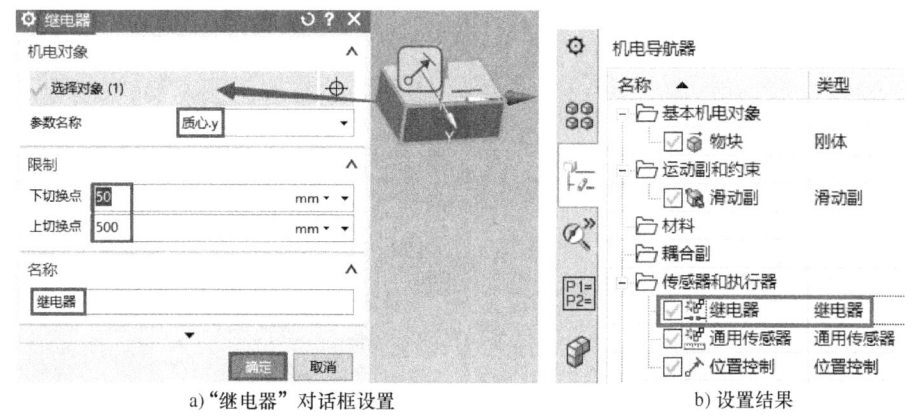

a)"继电器"对话框设置　　　　　b) 设置结果

图 4-104 添加"继电器"

步骤 4：将继电器和通用传感器添加至运行时察看器。

步骤5：单击"播放"按钮，观察运动行为。当物块的"质心.y"运动的距离未超过500mm上限时，继电器状态为"false"，如图4-105a所示。当物块的"质心.y"运动的距离超过500mm上限时，继电器状态为"true"，如图4-105b所示。

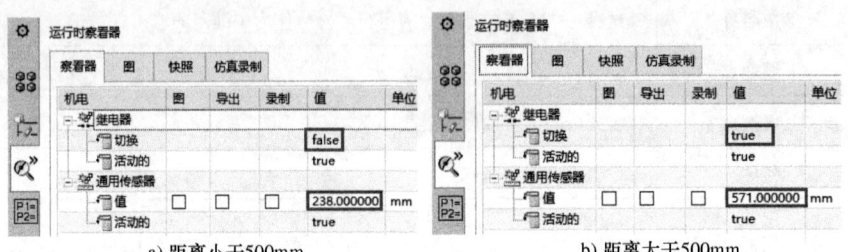

a) 距离小于500mm　　　　　　　　b) 距离大于500mm

图 4-105　运行效果

4.3.8　将传感器和执行器导出至SIMIT

使用"将传感器和执行器导出至SIMIT"命令，可将机电一体化传感器和执行器列表作为电气设备导出到SIMIT。将SIMIT图表应用于传感器和执行器，以更加真实的行为控制和模拟它们的运动。

单击功能区"主页"下"电气"组"碰撞传感器"下拉菜单中的图标 SIMIT，弹出"将传感器和执行器导出至SIMIT"对话框，如图4-106所示，其参数描述见表4-24。

图 4-106　"将传感器和执行器导出至SIMIT"对话框

表 4-24 将传感器和执行器导出至 SIMIT 参数描述

序号	参数	描述
1	选择传感器或执行器	选择需从 Physics Navigator 导出的传感器和执行器
2	添加传感器或执行器	将选定的传感器和执行器添加到列表中
3	SIMIT 模板	列出 SIMIT 模板文件夹中的模板,为所选传感器或执行器选择一个模板
4	指定 SIMIT 模板文件	找到并选择一个 SIMIT 模板文件,添加所选传感器或执行器的参数,以替换所选模板中的占位符值
5	SIMIT 模板列表	查看和编辑所选传感器或执行器的模板占位符
6	导出至	选择要将文件导出的位置

4.4 耦合副

MCD 中耦合副包括齿轮、3 联接耦合副、齿轮齿条、运动曲线、机械凸轮、电子凸轮和凸轮曲线。其中,运动曲线、机械凸轮、电子凸轮和凸轮曲线是与凸轮设计相关的命令。

4.4.1 齿轮

"齿轮"为两个相啮合的齿轮组成的基本机构。"齿轮"命令可以为两个轴创建一个耦合器件,使这两个轴以固定比例转动。也就是说,定义为"齿轮"的物体可以使两个旋转的轴保持一个恒定的转动比。可以看出,"齿轮"是由恒定速度的运动曲线定义的一种特殊凸轮。

单击功能区"主页"下"机械"组中的图标 ![icon](图 4-107),弹出"齿轮"对话框,如图 4-108 所示。其参数描述见表 4-25。

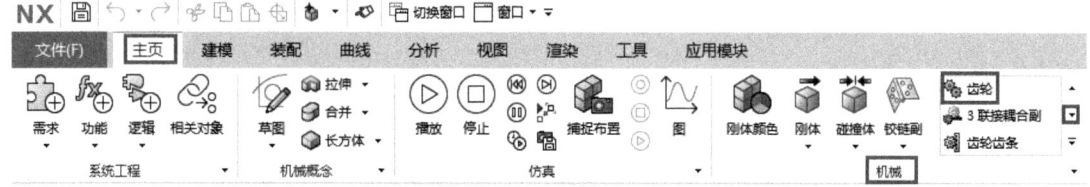

图 4-107 "齿轮"入口位置

图 4-108 "齿轮"对话框

表 4-25 齿轮参数描述

序 号	参 数	描 述
1	选择主对象	选择一个轴运动副
2	选择从对象	选择一个轴运动副。注意：从对象选择的运动副类型必须和主对象一致
3	约束	定义齿轮传动比：包括主倍数和从倍数
4	滑动	齿轮副允许轻微的滑动，如带传动
5	名称	定义齿轮的名称

[例 4-18] 根据"第 4 章/齿轮.prt"中的模型（图 4-109），完成"第 4 章/齿轮_ok.prt"中的运动控制。

解 步骤 1：打开零件"第 4 章/齿轮.prt"，进入 MCD 环境。分别为图 4-109 中的四个齿轮按照图中的名字添加刚体，分别命名为"齿轮 1""齿轮 2""齿轮 3"和"齿轮 4"。

步骤 2：分别为四个齿轮添加铰链副，依次命名为"齿轮 1 铰链副""齿轮 2 铰链副""齿轮 3 铰链副"和"齿轮 4 铰链副"。其中，齿轮 1 铰链副按图 4-110 所示进行设置，连接件选"齿轮 1"刚体，基本件悬空，轴矢量为齿轮 1 的旋转轴，锚点为旋转轴的圆柱的一个圆心点，起始角为 0。"齿轮 2 铰链副""齿轮 3 铰链副"和"齿轮 4 铰链副"用相似的办法设置。

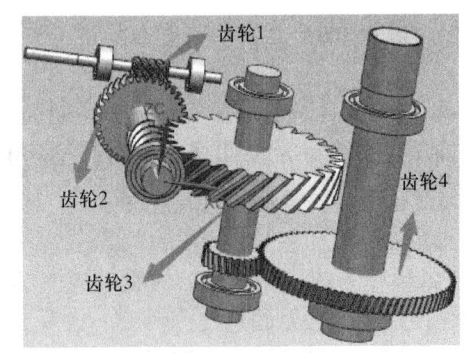

图 4-109 [例 4-18] 模型图

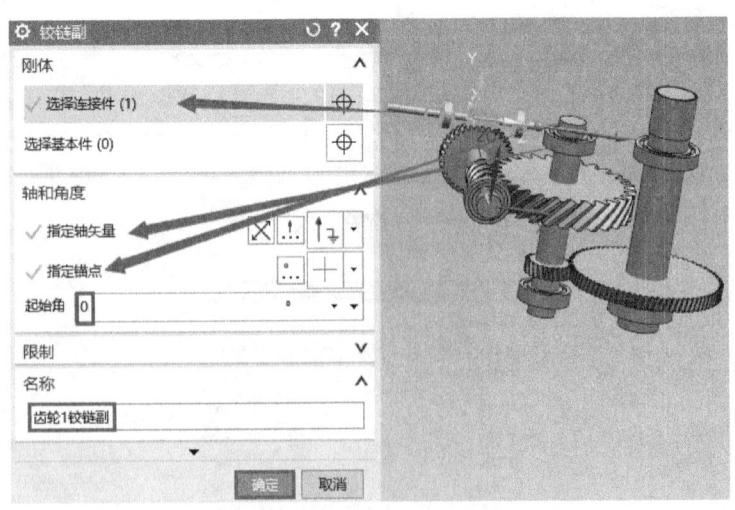

图 4-110 设置"齿轮 1 铰链副"

步骤 3：添加"齿轮"，让齿轮两两啮合。在"Gear（1）"中，主对象为齿轮 1 铰链副,从对象为齿轮2铰链副,约束的主倍数为6,从倍数为1,如图4-111所示。在Gear(2)中,主对象为齿轮2铰链副,从对象为齿轮3铰链副,约束的主倍数为7,从倍数为1。在Gear(3)中,主对象为齿轮3铰链副,从对象为齿轮4铰链副,约束的主倍数为82,从倍数为23。

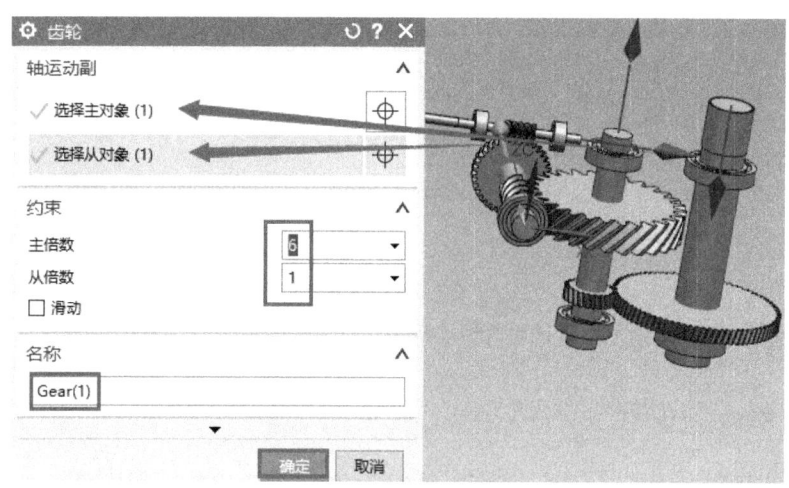

图4-111 添加"齿轮"

步骤4:为"齿轮1铰链副"添加速度控制,如图4-112a所示。设置结果如图4-112b所示。

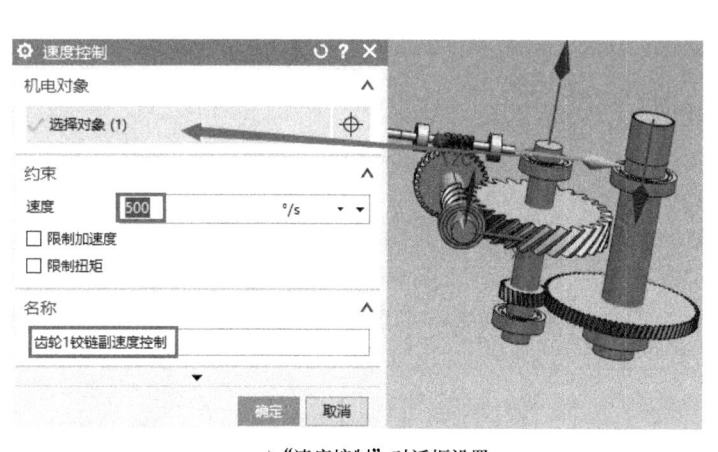 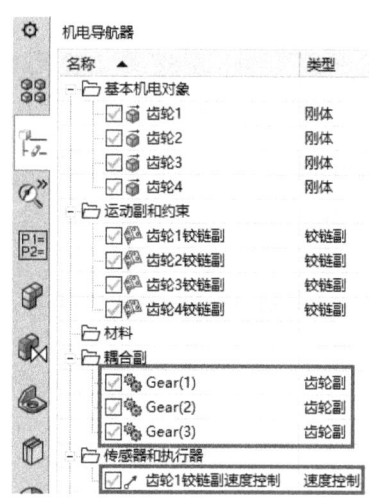

a)"速度控制"对话框设置　　　　　　　　　b)设置结果

图4-112 添加"速度控制"

步骤5:将"齿轮1铰链副速度控制"添加至运行时察看器。单击"播放"按钮,观察运动行为。可以看到齿轮1的运行速度始终为500°/s(图4-113),播放结果与文件"第4章/齿轮_ok.prt"中的运动一样。

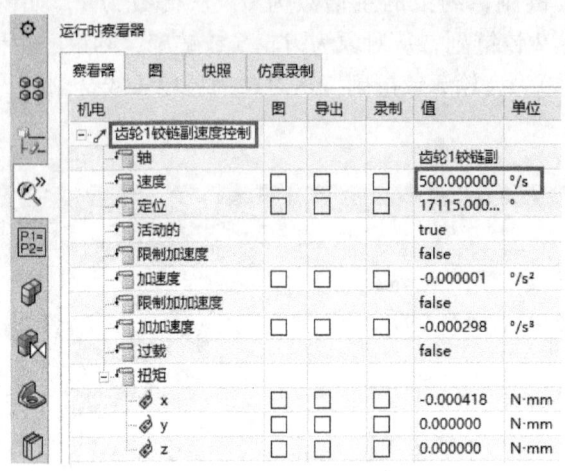

图 4-113 [例 4-18] 运行结果

4.4.2 3 联接耦合副

使用"3 联接耦合副"命令可连接三个轴的运动,使它们按固定比率移动,该比率按它们的指派比例值定义。该命令还可以连接铰链副、滑动副和柱面副的任意组合。图 4-114 所示为"3 联接耦合副"命令的典型应用。其中,两个铰链副①、③随着传送带②向外延伸而旋转。

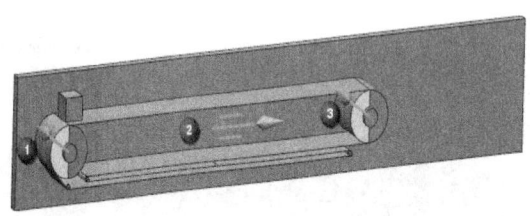

图 4-114 "3 联接耦合副"命令的典型应用

注意:耦合副的运动取决于影响它们的电动机的数量;首先要满足有三个运动副,使用这个命令可使三个运动副按比例运动。

单击功能区"主页"下"机械"组中图标 (图 4-115),弹出"3 联接耦合副"对话框,如图 4-116 所示。其参数描述见表 4-26。

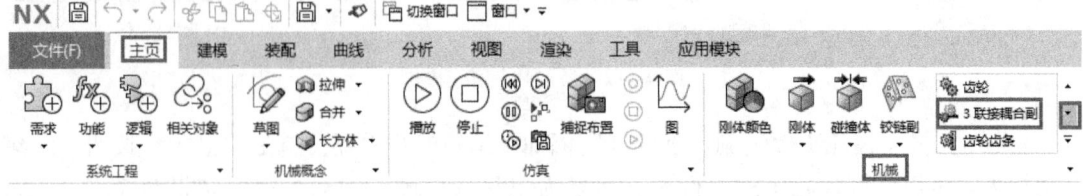

图 4-115 "3 联接耦合副"入口位置

第4章 运动系统设计

图 4-116 "3 联接耦合副"对话框

表 4-26 3 联接耦合副参数描述

序 号	参 数	描 述
1	第一个运动副	选择第一个运动副 比例：根据需求调节比例 类型：根据需求选择线性或角度
2	第二个运动副	选择第二个运动副 比例：根据需求调节比例 类型：根据需求选择线性或角度
3	第三个运动副	选择第三个运动副 比例：根据需求调节比例 类型：根据需求选择线性或角度
4	名称	定义 3 联接耦合副的名称

4.4.3 齿轮齿条

使用"齿轮齿条"命令可将线性轴连接到旋转轴，这样它们可以按固定比率移动刚体。图 4-117 为"齿轮齿条"命令的一个典型应用。

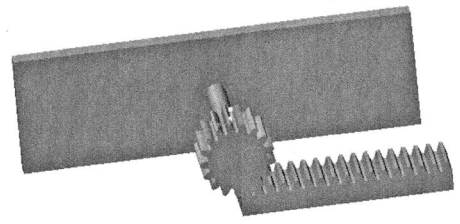

图 4-117 "齿轮齿条"命令典型应用

单击功能区"主页"下"机械"组中的图标（图 4-118），弹出"齿轮齿条副"对话框，如图 4-119 所示，其参数描述见表 4-27。

图 4-118 "齿轮齿条"入口位置

图 4-119 "齿轮齿条副"对话框

表 4-27 齿轮齿条副参数描述

序号	参数	描述
1	选择主对象	选择一个轴为主对象
2	选择从对象	选择一个轴为从对象
3	接触点	指定齿条和齿轮之间的接触点
4	半径	指定齿轮的半径
5	滑动	齿轮齿条副允许轻微的滑动
6	名称	设置齿条齿轮副的名称

4.4.4 运动曲线

使用"运动曲线"命令可以创建一个函数，该函数可定义从轴相对于主轴运动的运动。运动曲线用于定义系统中的一个或多个凸轮耦合器。

单击功能区"主页"下"自动化"组或"机械"组中的图标（图 4-120），弹出"运动曲线"对话框，如图 4-121 所示。其参数描述见表 4-28。

第4章 运动系统设计

图 4-120 "运动曲线"入口位置

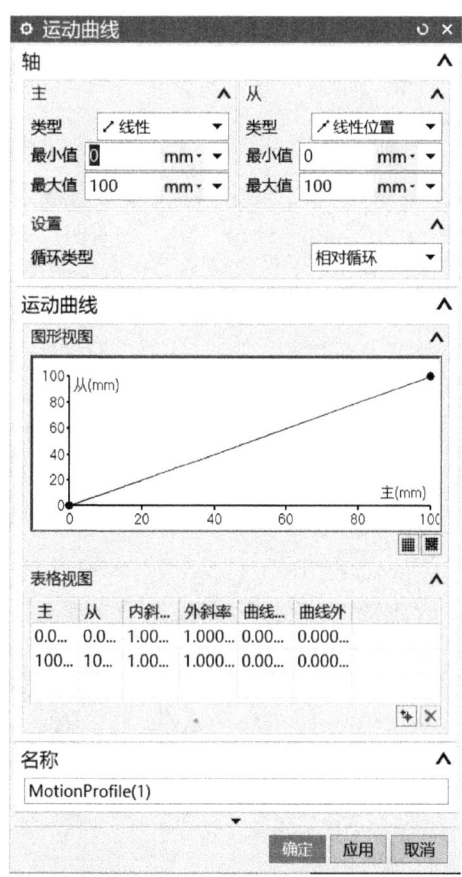

图 4-121 "运动曲线"对话框

表 4-28 运动曲线参数描述

序 号	参 数	描 述
1	主	选择主轴类型,包括线性、旋转、时间,并设置其最小值和最大值
2	从	选择从轴类型,包括线性位置、旋转位置、线性速度、旋转速度,并设置其最小值和最大值
3	循环类型	非循环——凸轮只循环一次 循环——凸轮连续循环并从同一绝对从动位置开始 相对循环——凸轮连续循环,相对于从动装置上一个循环的结束位置开始

105

(续)

序号	参数	描述
4	图形视图	显示定义凸轮的曲线 可以拖动图形上的点来形成曲线
5	表格视图	显示曲线上所有点的信息，可双击一个单元格以修改其值
6	名称	定义运动曲线名称

注意：可以右击图形视图并选择添加点。

4.4.5 机械凸轮

利用"机械凸轮副"可以使两个运动副按照一定义好的曲线运动。单击功能区"主页"下"机械组"中的图标 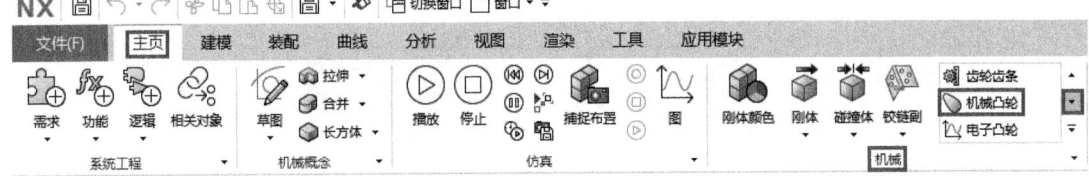（图4-122），弹出"机械凸轮"对话框，如图4-123所示，其参数描述见表4-29。

图 4-122 "机械凸轮"入口位置

图 4-123 "机械凸轮"对话框

表 4-29 机械凸轮参数描述

序号	参数	描述
1	选择主对象	选择一个铰链副或者滑动副作为主轴
2	选择从对象	选择一个铰链副或者滑动副作为从轴
3	曲线	为凸轮选择定义好的运动曲线
4	新运动曲线	新创建运动曲线
5	主偏移	设置主轴上凸轮的起点
6	从偏移	设置从轴上凸轮的起点
7	主比例因子	设置主轴的动态比例因子
8	从比例因子	设置从轴的动态比例因子
9	滑动	凸轮副允许轻微的滑动
10	名称	定义凸轮副的名称

[例 4-19] 对"第 4 章/机械凸轮.prt"中的模型(图 4-124)进行机电模型设计,使其按照"第 4 章/机械凸轮_ok.prt"中的模型运动。

图 4-124 [例 4-19] 模型

解 步骤 1:打开"第 4 章/机械凸轮.prt"中的零件,进入 MCD 环境,如图 4-124 所示。为套添加刚体,名称为"套",如图 4-125a 所示;为套刚体添加固定副,名称为"套固定副",如图 4-125b 所示。

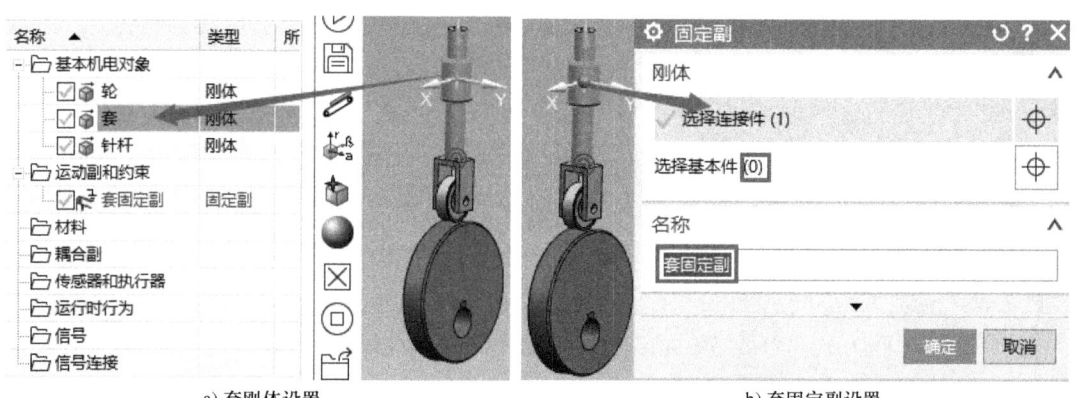

a) 套刚体设置 b) 套固定副设置

图 4-125 为套添加"刚体"与"固定副"

步骤 2：为模型添加针杆刚体和轮刚体，如图 4-126 所示。

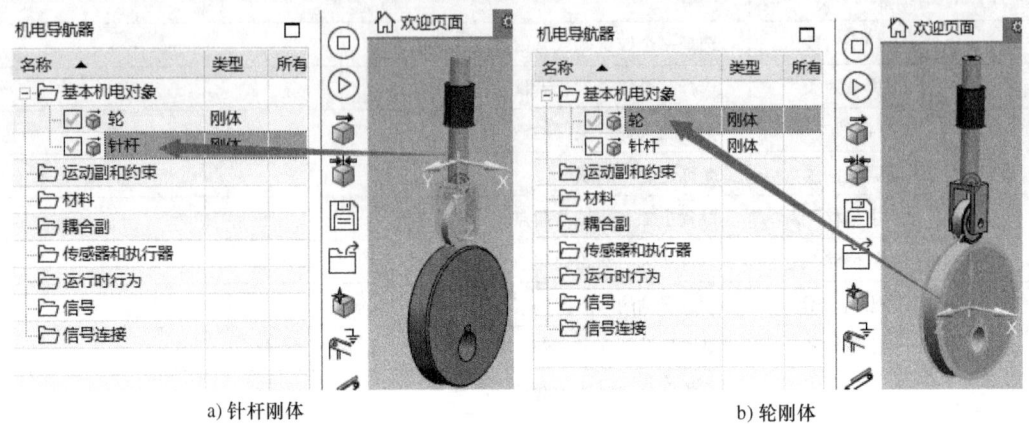

a) 针杆刚体　　　　　　　　　　　　b) 轮刚体

图 4-126　添加刚体

步骤 3：为针杆刚体创建滑动副，其中基本件为套刚体，轴矢量为针杆的中心轴，名称为"针杆滑动副"，如图 4-127 所示；为轮刚体创建铰链副，其中连接件为轮刚体，基本件悬空，轴矢量为轮中空心圆柱的中心轴，锚点为空心圆柱的中心点，名称为"轮铰链副"，如图 4-128 所示。

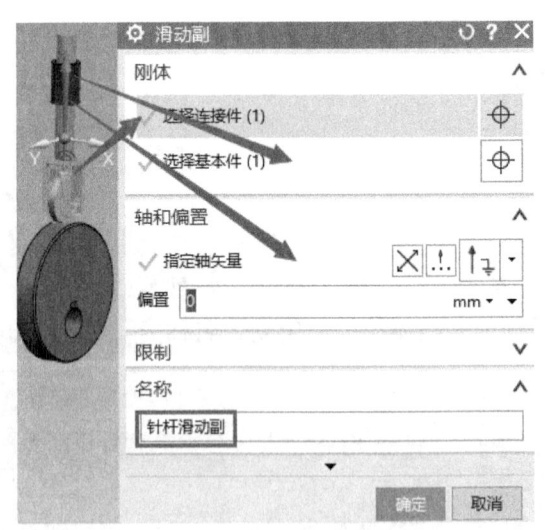
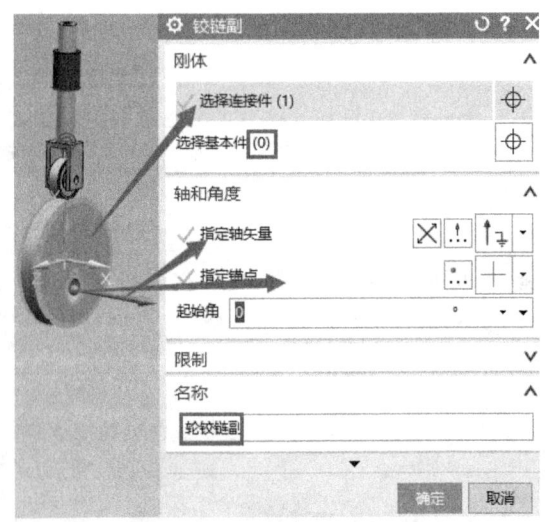

图 4-127　添加"滑动副"　　　　　　　图 4-128　添加"铰链副"

步骤 4：为轮铰链副添加"速度控制"，如图 4-129 所示。其中，速度设为 500°/s。

步骤 5：添加运动曲线，如图 4-130 所示。其中，主类型为"旋转"，最小值为 0°，最大值为 360°；从类型为"线性位置"，最小值为 -30mm，最大值为 0mm；循环类型为"循环"，如图 4-130a 所示。单击"运动曲线"中表格视图下面的值可以设置运动曲线上的点，同时单击右下角的 图标可以添加新的点，如图 4-130b 所示。依次按照表 4-30 所示的运动点详细信息设置运动点。

第4章 运动系统设计

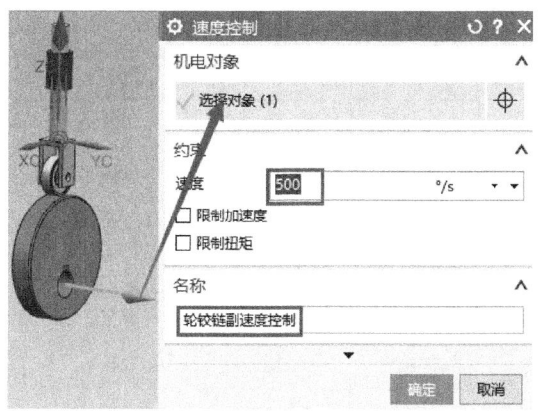

图 4-129 添加"速度控制"

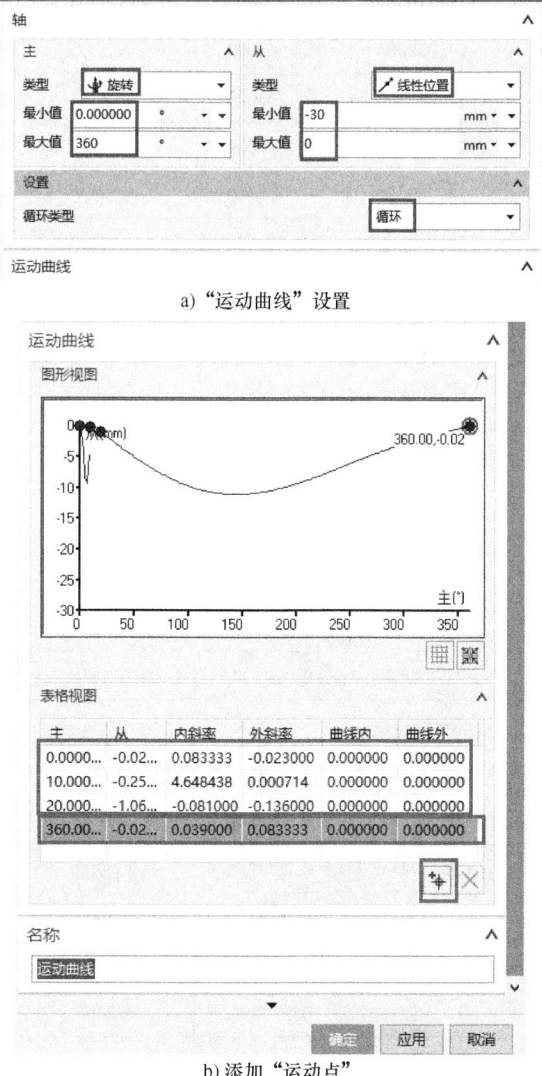

a)"运动曲线"设置

b) 添加"运动点"

图 4-130 添加运动曲线

表 4-30 运动点详细信息

点序号	主	从	内斜率	外斜率	曲线内	曲线外
点 1	0.000000	−0.020000	0.083333	−0.023000	0.000000	0.000000
点 2	10.000000	−0.250000	−0.023000	0.000714	0.000000	0.000000
点 3	20.000000	−1.060000	−0.081000	−0.136000	0.000000	0.000000
点 4	30.000000	−2.420000	−0.136000	−0.181000	0.000000	0.000000
点 5	40.000000	−4.230000	−0.181000	−0.225000	0.000000	0.000000
点 6	50.000000	−6.480000	−0.225000	−0.245000	0.000000	0.000000
点 7	60.000000	−8.930000	−0.245000	−0.264000	0.000000	0.000000
点 8	70.000000	−11.570000	−0.264000	−0.274000	0.000000	0.000000
点 9	80.000000	−14.310000	−0.274000	−0.265000	0.000000	0.000000
点 10	90.000000	−16.960000	−0.265000	−0.263000	0.000000	0.000000
点 11	100.000000	−19.590000	−0.263000	−0.223000	0.000000	0.000000
点 12	110.000000	−21.820000	−0.223000	−0.194000	0.000000	0.000000
点 13	120.000000	−23.760000	−0.194000	−0.200000	0.000000	0.000000
点 14	130.000000	−25.760000	−0.200000	−0.148000	0.000000	0.000000
点 15	140.000000	−27.240000	−0.148000	−0.093000	0.000000	0.000000
点 16	150.000000	−28.170000	−0.093000	−0.089000	0.000000	0.000000
点 17	160.000000	−29.060000	−0.089000	−0.062000	0.000000	0.000000
点 18	170.000000	−29.680000	−0.062000	−0.030000	0.000000	0.000000
点 19	180.000000	−29.980000	−0.030000	0.000000	0.000000	0.000000
点 20	190.000000	−29.980000	0.000000	0.031000	0.000000	0.000000
点 21	200.000000	−29.670000	0.031000	0.060000	0.000000	0.000000
点 22	210.000000	−29.070000	0.060000	0.124000	0.000000	0.000000
点 23	220.000000	−27.830000	0.124000	0.113000	0.000000	0.000000
点 24	230.000000	−26.700000	0.113000	0.172000	0.000000	0.000000
点 25	240.000000	−24.980000	0.172000	0.216000	0.000000	0.000000
点 26	250.000000	−22.820000	0.216000	0.227000	0.000000	0.000000
点 27	260.000000	−20.550000	0.227000	0.245000	0.000000	0.000000
点 28	270.000000	−18.100000	0.245000	0.275000	0.000000	0.000000
点 29	280.000000	−15.350000	0.275000	0.279000	0.000000	0.000000
点 30	290.000000	−12.560000	0.279000	0.273000	0.000000	0.000000
点 31	300.000000	−9.830000	0.273000	0.262000	0.000000	0.000000

（续）

点序号	主	从	内斜率	外斜率	曲线内	曲线外
点 32	310.000000	-7.210000	0.262000	0.235000	0.000000	0.000000
点 33	320.000000	-4.860000	0.235000	0.197000	0.000000	0.000000
点 34	330.000000	-2.890000	0.197000	0.151000	0.000000	0.000000
点 35	340.000000	-1.380000	0.151000	0.097000	0.000000	0.000000
点 36	350.000000	-0.410000	0.097000	0.039000	0.000000	0.000000
点 37	360.000000	-0.020000	0.039000	0.083333	0.000000	0.000000

步骤6：如图4-131所示添加"机械凸轮"。其中，主对象为"轮铰链副"，从对象为"针杆滑动副"，曲线选择"运动曲线"，主偏移设为0，从偏移设为0，主比例因子设为1，从比例因子设为1。

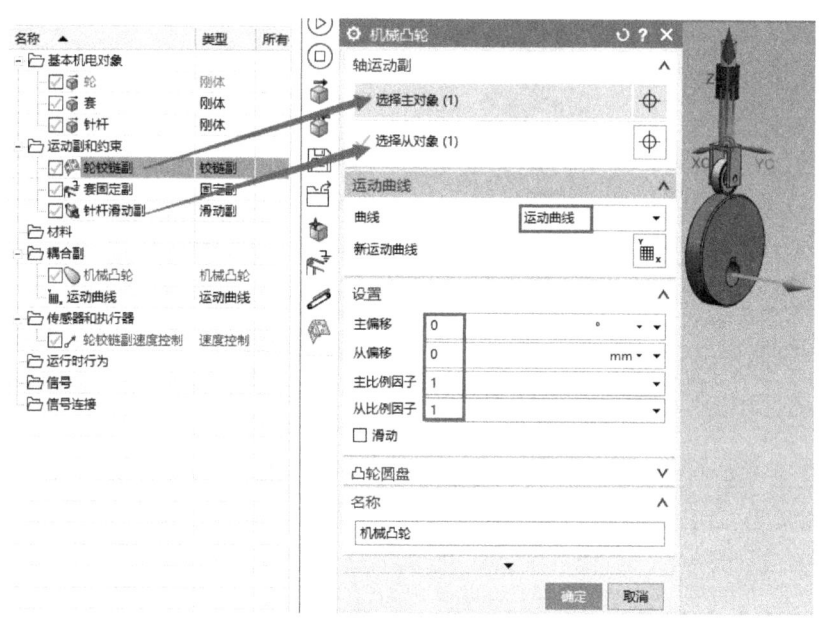

图4-131 设置"机械凸轮"属性

步骤7：单击"播放"按钮，可以看到模型如"第4章/机械凸轮_ok.prt"中的模型所示运动。

4.4.6 电子凸轮

使用"电子凸轮"命令可以创建一个耦合器。该耦合器使用基于时间、信号或轴的主轴和从轴链接运动，使它们根据运动曲线或凸轮曲线定义的轨迹运动。

单击功能区"主页"下"机械"组或"自动化"组中的图标（图4-132），弹出"电子凸轮"对话框，如图4-133所示。其参数描述见表4-31。

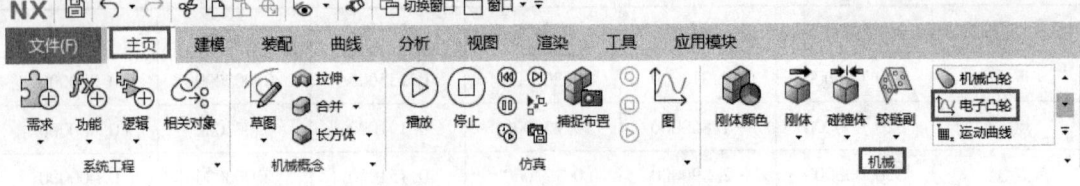

图 4-132 "电子凸轮"入口位置

图 4-133 "电子凸轮"对话框

表 4-31 电子凸轮参数描述

序号	参数	描述
1	主类型	选择一个基于"时间""轴"或"信号"的主类型
2	选择主轴运动副	选择主轴的运动副。只有在主类型为"轴"时,才需要设置主轴运动副
3	选择主信号	选择主轴的信号。只有在主类型为"信号"时,才需要选择主信号
4	选择从轴控制	为电子凸轮选择从轴
5	曲线	为凸轮选择预定义的运动曲线
6	新运动曲线	打开"运动曲线"对话框,为凸轮定义新的运动曲线
7	初始时间	设置主轴上凸轮的起始时间。仅当主类型设置为"时间"时才需要设置
8	主偏置	设置主轴的偏移
9	从偏置	为从轴设置速度偏移
10	主比例因子	为主轴设置动态缩放比例因子
11	从比例因子	为从轴设置动态缩放比例因子
12	名称	设置电子凸轮的名称

4.4.7 凸轮曲线

使用"凸轮曲线"命令创建一个函数,该函数可定义从轴相对于主轴的运动。运动曲线用于定义系统中的一个或多个凸轮耦合器。

单击功能区"主页"下"机械"组或"自动化"组中的图标（图4-134）,弹出"凸轮曲线"对话框,如图4-135所示。其参数描述见表4-32。

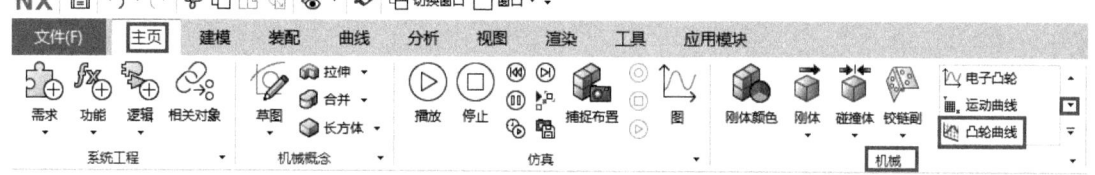

图 4-134 "凸轮曲线"入口位置

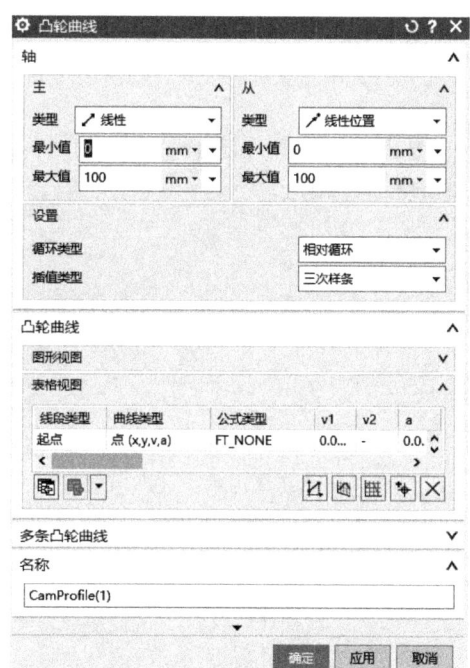

图 4-135 "凸轮曲线"对话框

表 4-32 凸轮曲线参数描述

序号	参数	描述
1	主	选择主轴类型,包括线性、旋转、时间,并设置其最小值和最大值
2	从	选择从轴类型,包括线性位置、旋转位置、线性速度、旋转速度,并设置其最小值和最大值
3	循环类型	非循环——凸轮只循环一次 循环——凸轮连续循环并从同一绝对从动位置开始 相对循环——凸轮连续循环,相对于从动装置上一个循环的结束位置开始

(续)

序 号	参 数	描 述
4	图形视图	显示定义凸轮的曲线 可以拖动图形上的点来形成曲线
5	表格视图	显示曲线上所有点的信息,可双击一个单元格以修改其值
6	名称	定义凸轮曲线名称

4.5 约束

NX MCD 中约束主要包括角度弹簧副、线性弹簧副、角度限制副、线性限制副、断开约束和弹簧阻尼器六种,本节主要介绍前五种约束。

4.5.1 角度弹簧副

当铰链副的两个对象之间的角度发生变化时,"角度弹簧副"命令可以给这两个对象之间添加一个扭矩。

单击功能区"主页"下"机械"组中的图标 (图 4-136),弹出"角度弹簧副"对话框,如图 4-137 所示。其参数描述见表 4-33。

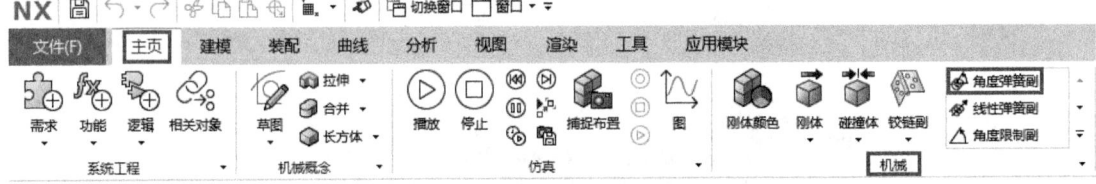

图 4-136 "角度弹簧副"入口位置

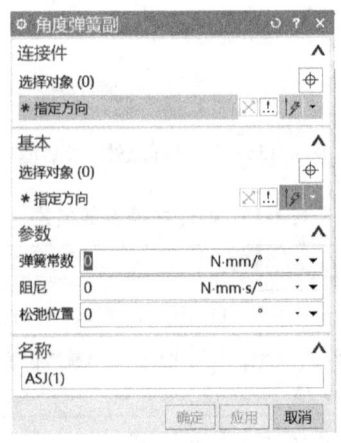

图 4-137 "角度弹簧副"对话框

第4章 运动系统设计

表 4-33 角度弹簧副参数描述

序号	参数	描述	
1	连接件	选择对象：选择连接件，一般为刚体	
		指定方向：为连接件指定一个矢量，用于测量连接件和基本件之间的角度	
2	基本	选择对象：选择基本件，一般为刚体	
		指定方向：为基本件指定一个矢量，用于测量连接件和基本件之间的角度	
3	参数	弹簧常数：设置弹簧常数	
		阻尼：设置弹簧的阻尼系数	
		松弛位置：设置松弛位置的角度	
4	名称	定义角度弹簧副的名称	

[例 4-20] 对"第 4 章/角度弹簧副.prt"中的零件（图 4-138）进行运动控制，使其按照"第 4 章/角度弹簧副_ok.prt"中的模型运动。

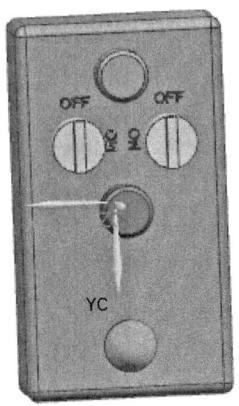

图 4-138 [例 4-20] 图

解 步骤 1：打开装配"第 4 章/角度弹簧副.prt"，进入 MCD 环境。分别添加两个刚体"盒子"和"左旋钮"，如图 4-139 所示。

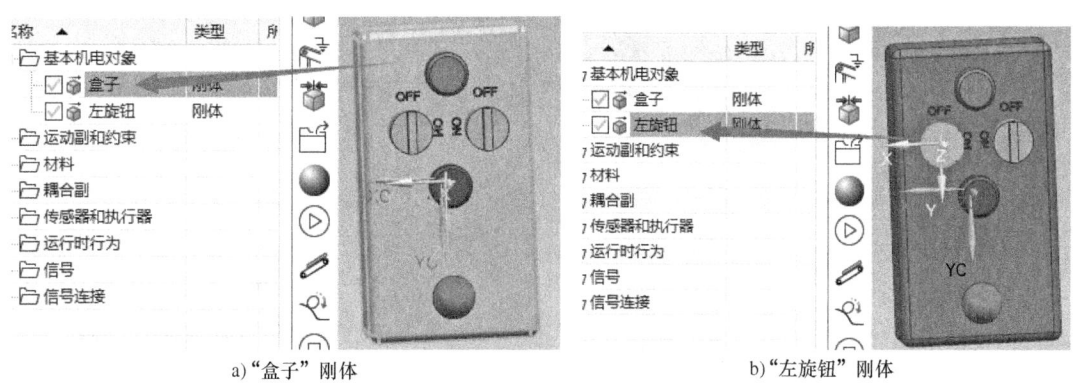

a)"盒子"刚体　　　　　　　　　　b)"左旋钮"刚体

图 4-139 添加"刚体"

步骤2：为"盒子"刚体添加固定副，名称为"盒子固定副"。其中，连接件为"盒子"刚体，基本件悬空。

步骤3：为"左旋钮"刚体添加铰链副，如图4-140所示。其中，连接件为"左旋钮"刚体，基本件悬空或者指定为"盒子"刚体，轴矢量为ZC轴，锚点为左旋钮的圆心，名称为"左旋钮铰链副"。

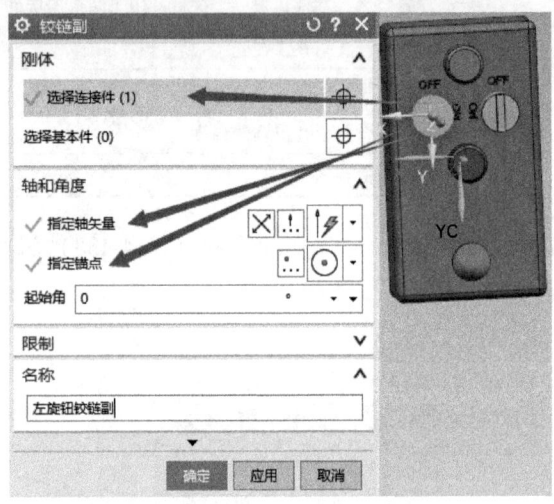

图4-140 添加"左旋钮铰链副"

步骤4：如图4-141a所示添加"角度弹簧副"。其中，连接件为"左旋钮"刚体，指定方向为-XC方向，基本件为"盒子"刚体，指定方向为-YC方向，弹簧常数为0.5N·mm/°，阻尼为0.1N·mm·s/°，松弛位置为90°。设置结果如图4-141b所示。

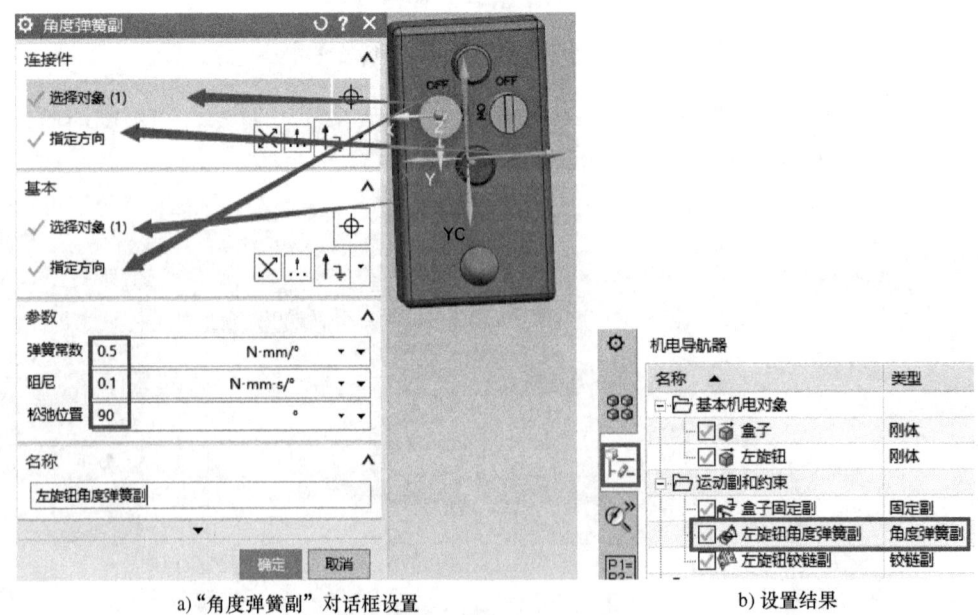

a)"角度弹簧副"对话框设置　　　　　　　　b)设置结果

图4-141 添加"角度弹簧副"

步骤 5：单击"播放"按钮，用鼠标左键按住物体"左旋钮"不放，向右旋转拖动鼠标，使物体"左旋钮"做右旋转运动，可以看到本模型的运动与"第 4 章/角度弹簧副_ok.prt"中的模型运动相同。

4.5.2 线性弹簧副

当滑动副的两个对象之间的位置发生变化时，线性弹簧副给这两个对象之间添加一个力矩。

单击功能区"主页"下"机械"组中的图标 （图 4-142），弹出"线性弹簧副"对话框，如图 4-143 所示。其参数描述见表 4-34。

图 4-142 "线性弹簧副"入口位置

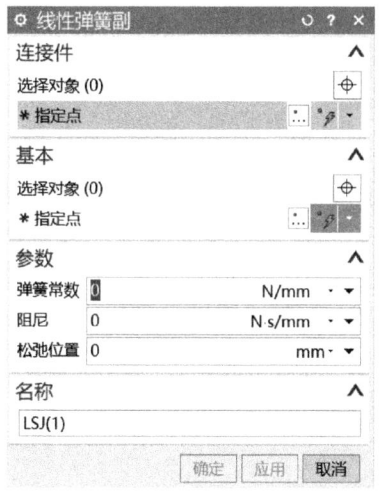

图 4-143 "线性弹簧副"对话框

表 4-34 线性弹簧副参数描述

序 号	参 数	描 述
1	连接件	选择对象：选择连接件，一般为刚体
		指定点：为连接件指定一个点，以用于测量连接件与基本件之间的距离
2	基本	选择对象：选择基本件，一般为刚体
		指定点：为基本件指定一个点，用于测量连接件和基本件之间的距离

(续)

序号	参 数	描 述
3	参数	弹簧常数：设置弹簧的弹簧常数
		阻尼：设置阻尼系数
		松弛位置：设置松弛位置的距离
4	名称	定义线性弹簧副的名称

[例 4-21] 对"第 4 章/线性弹簧副 . prt"中的零件（图 4-138，本例中模型图与[例 4-20] 相同）进行运动控制使其按照"第 4 章/线性弹簧副_ok. prt"中的模型运动。

解 步骤 1：打开装配"第 4 章/线性弹簧副 . prt"，进入 MCD 环境。分别添加两个刚体 "盒子"和"开按钮"，如图 4-144 所示。

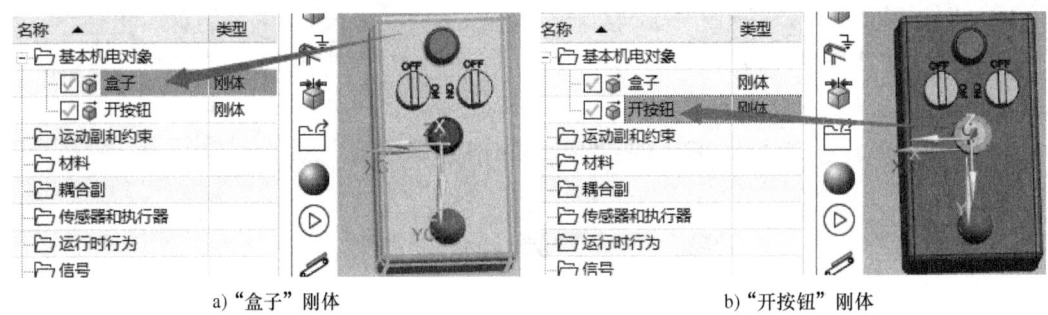

a)"盒子"刚体　　　　　　　　　　b)"开按钮"刚体

图 4-144　添加刚体

步骤 2：为"盒子"刚体添加固定副，名称为"盒子固定副"。其中，连接件为"盒子"刚体，基本件悬空。

步骤 3：为"开按钮"刚体添加"滑动副"，如图 4-145 所示。其中，连接件为"开按钮"刚体，基本件为"盒子"刚体，轴矢量为 ZC 轴，名称为"开按钮滑动副"。

图 4-145　添加"开按钮滑动副"

步骤4：如图4-146a所示添加线性弹簧副。其中，连接件为"开按钮"刚体，指定点为开按钮下表面圆心，基本件为"盒子"刚体，指定点为开按钮上表面圆心，弹簧常数设为0.9N/mm，阻尼设为0.1N·s/mm，松弛位置设为10mm。设置结果如图4-146b所示。

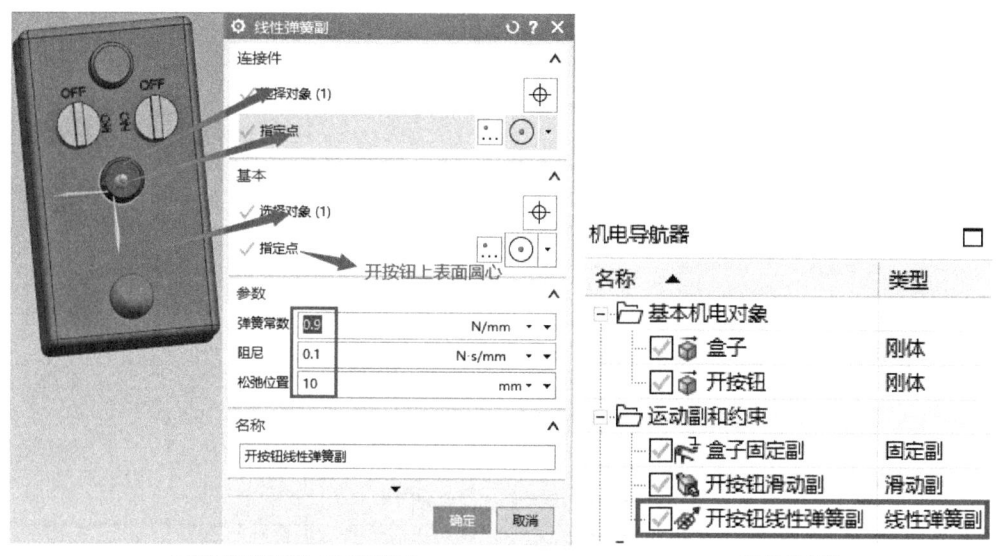

a)"线性弹簧副"对话框设置　　　　　　　　b)设置结果

图4-146　添加"线性弹簧副"

步骤5：单击"播放"按钮，用鼠标左键按住"开按钮"不放，往下拖动鼠标，使"开按钮"往下运动，结果与文件"第4章/线性弹簧副_ok.prt"相同。

4.5.3　角度限制副

使用"角度限制副"命令可防止实体旋转超过给定角度。该角度由两个相对于每个被附着物体的矢量确定。矢量方向位于全局绝对坐标系（CSYS）中。当受约束的对象移动时，指定的向量将保持其与对象的相对位置。

单击功能区"主页"下"机械"组中的图标△（图4-147），弹出"角度限制副"对话框，如图4-148所示。其参数描述见表4-35。

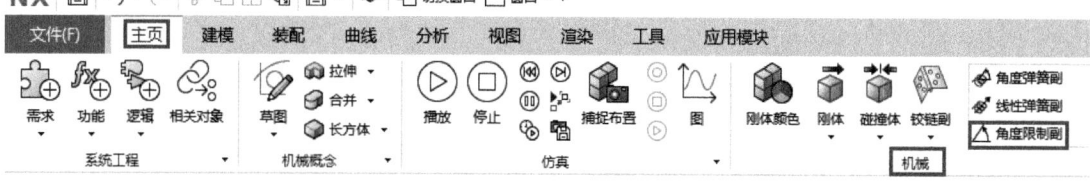

图4-147　"角度限制副"入口位置

图 4-148 定义"角度限制副"对话框

表 4-35 角度限制副参数描述

序号	参数	描述
1	连接件	选择对象：选择连接件，一般为刚体
		指定方向：为连接件指定一个矢量，用于测量连接件和基本件之间的角度
2	底数	选择对象：选择基本件，一般为刚体
		指定方向：为基本件指定一个矢量，用于测量连接件和基本件之间的角度
3	参数	最小位置：设置连接件与基本件之间的最小可能角度
		最大位置：设置连接件与基本件之间的最大可能角度
4	名称	定义角度限制副的名称

[例 4-22] 对"第 4 章/角度限制副.prt"中的零件（图 4-138，本例中模型与 [例 4-20] 和 [例 4-21] 中相同）进行运动控制使其按照"第 4 章/角度限制副_ok.prt"中的模型运动。

解 步骤 1：打开装配"第 4 章/角度限制副.prt"，进入 MCD 环境。与 [例 4-20] 步骤 1 相同，分别添加两个刚体"盒子"和"左旋钮"。

步骤 2：与 [例 4-20] 步骤 2 相同，为"盒子"刚体添加固定副，名称为"盒子固定副"。其中，连接件为"盒子"刚体，基本件悬空。

步骤 3：与 [例 4-20] 步骤 3 相同，为"左旋钮"刚体添加铰链副。其中，连接件为"左旋钮"刚体，基本件为"盒子"刚体，轴矢量为 ZC 轴，锚点为左旋钮上表面的圆心，名称为"左旋钮铰链副"。

步骤 4：如图 4-149a 所示添加角度限制副。其中，连接件为"左旋钮"刚体，指定方向为"XC"方向，基本对象为"盒子"刚体，指定方向为"-YC"方向，最小位置和最大位置均为 0。设置结果如图 4-149b 所示。

第4章 运动系统设计

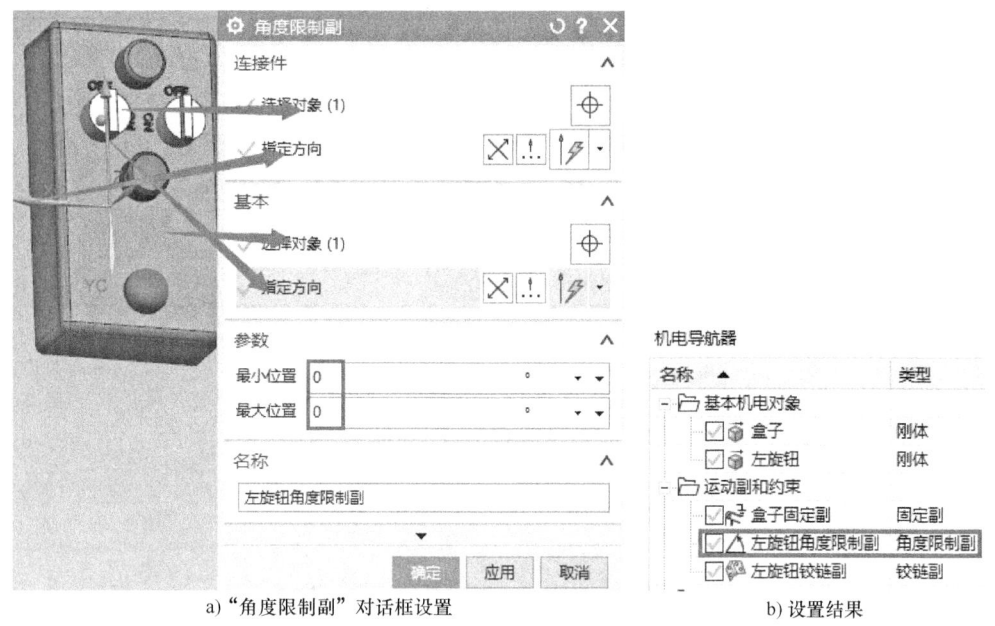

a)"角度限制副"对话框设置　　　　b)设置结果

图 4-149 添加"角度限制副"

步骤5：单击"播放"按钮，可以看到左旋钮向左转到90°位置，与"第4章/角度限制副_ok.prt"中的模型运动相同。

4.5.4 线性限制副

使用"线性限制副"命令可防止物体移动超出给定距离。要使用线性限制副，需要给每个刚体选择一个点。当约束体移动时，指定的点保持它们与对象的相对位置。也就是说，对象可以在任一方向上移动以获得最大值或最小值。

单击功能区"主页"下"机械"组中的图标 ![icon]（图 4-150），弹出"线性限制副"对话框，如图 4-151 所示。其参数描述见表 4-36。

图 4-150 "线性限制副"入口位置

表 4-36 线性限制副参数描述

序号	参数	描述
1	连接件	选择对象：选择连接件，一般为刚体
		指定点：为连接件指定一个点，以用于测量连接件与基本件之间的距离

(续)

序号	参数	描述
2	基本	选择对象：选择基本件，一般为刚体 指定点：为基本件指定一个点，用于测量连接件和基本件之间的距离
3	参数	最小位置：设置连接件与基本件之间的最小可能距离 最大位置：设置连接件与基本件之间的最大可能距离
4	名称	定义线性限制副的名称

图 4-151 "线性限制副"对话框

[例 4-23] 对"第 4 章/线性限制副.prt"中的零件（图 4-138，本例中模型图与 [例 4-20]、[例 4-21] 和 [例 4-22] 相同）进行运动控制使其按照"第 4 章/线性限制副_ok.prt"中的模型运动。

解 步骤 1：打开装配"第 4 章/线性限制副.prt"，进入 MCD 环境。与 [例 4-21] 中步骤 1 相同，分别添加两个刚体"盒子"和"开按钮"。

步骤 2：与 [例 4-21] 中步骤 2 相同，为"盒子"刚体添加固定副，名称为"盒子固定副"。其中，连接件为"盒子"刚体，基本件悬空。

步骤 3：与 [例 4-21] 中步骤 3 相同，为"开按钮"刚体添加滑动副。其中，连接件为"开按钮"刚体，基本件为"盒子"刚体，轴矢量为 ZC 轴，名称为"开按钮滑动副"。

步骤 4：如图 4-152a 所示添加"线性限制副"。其中，连接件为"开按钮"刚体，指定点为开按钮上表面圆心，基本件为"盒子"刚体，指定点为开按钮下表面圆心，最小位置为 5mm，最大位置为 55mm。设置结果如图 4-152b 所示。

步骤 5：单击"播放"按钮，可以看到"开按钮"按下，结果与文件"第 4 章/线性限制副_ok.prt"相同。

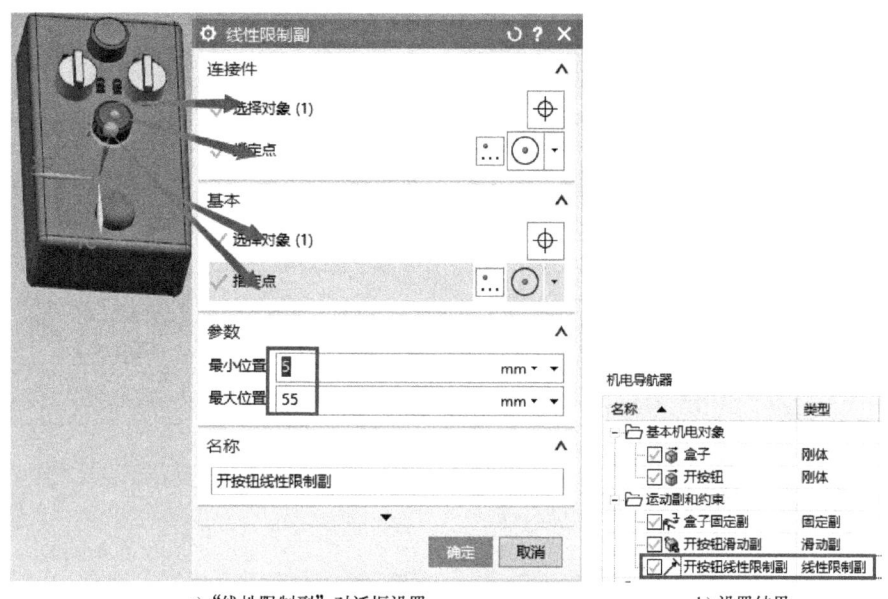

a)"线性限制副"对话框设置　　　　　　　　　b)设置结果

图 4-152　添加"线性限制副"

4.5.5　断开约束

"断开约束"命令是为指定的运动副添加一个最大力/扭矩的约束,超过该约束,被指定的运动副失去功能。单击功能区"主页"下"机械"组中的图标（图 4-153),弹出"断开约束"对话框如图 4-154 所示。其参数描述见表 4-37。

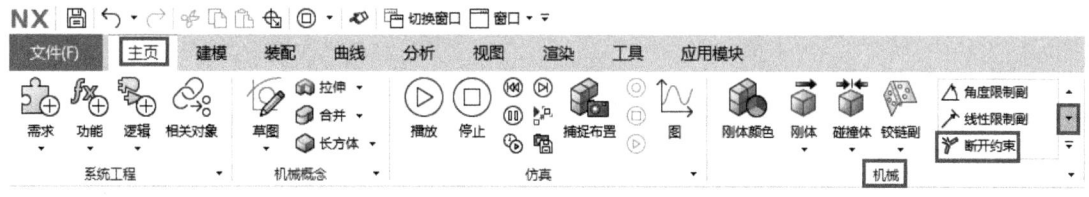

图 4-153　"断开约束"入口位置

图 4-154　"断开约束"对话框

表 4-37 断开约束参数描述

序号	参数	描述
1	选择对象	选择应用约束的运动副
2	断开模式	指定断开约束的方法，有力和扭矩两种方式： 1) 力：可以断开运动副约束的最大力 2) 扭矩：可以断开运动副约束的最大扭矩
3	最大幅值	设置破坏运动副定义的关节的力或扭矩的最大值
4	方向	指定力的施加方向，只有在"固定"复选框选中后，才需要设置方向
5	名称	定义断开约束的名称

[例 4-24] 对"第 4 章/断开约束.prt"中的零件（图 4-155）进行运动控制，使其按照"第 4 章/断开约束_ok.prt"中的模型运动。

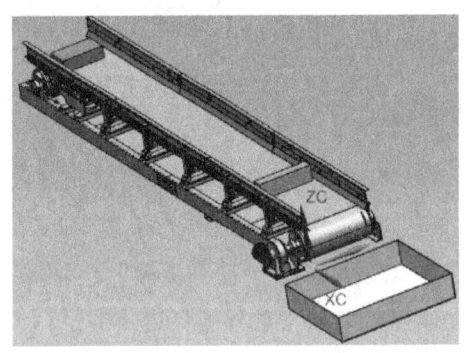

图 4-155 [例 4-24] 装配图

解 步骤 1：打开"第 4 章/断开约束.prt"文件，进入 MCD 环境。按照图 4-156 所示添加"传输面"碰撞体和传输面。传输面中，运动类型为"直线"，指定矢量为"XC 方向"，平行速度为 500mm/s，其余按默认设置。

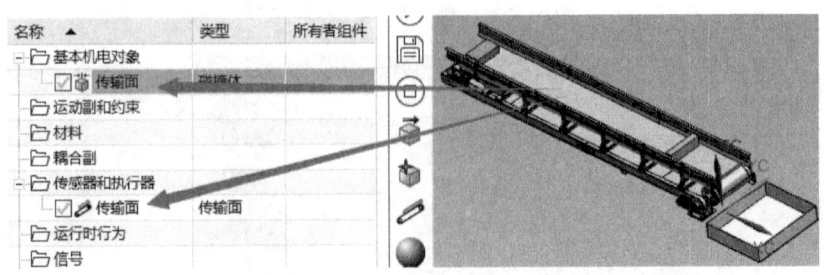

图 4-156 为传输面添加刚体和传输面

步骤 2：按照图 4-157 所示，为物块 1 添加刚体、碰撞体和对象源。碰撞体中碰撞形状为"方块"。对象源中，触发为"基于时间"，时间间隔为"5s"，起始偏置为 0，名称为"物块 1 对象源"。

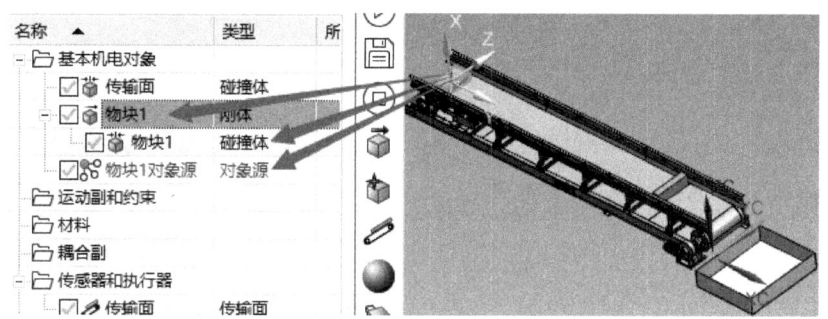

图 4-157 为物块 1 添加刚体、碰撞体和对象源

步骤 3：按照图 4-158 所示，为收集器添加碰撞体、碰撞传感器和对象收集器。碰撞体中形状为"网格面"。碰撞传感器中碰撞形状为"方块"。对象收集器中，源为"任意"。

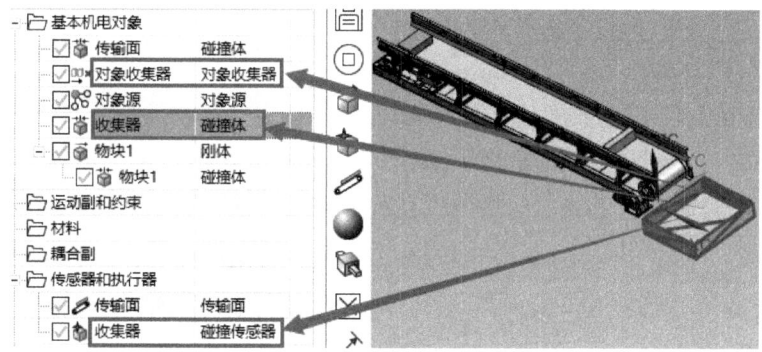

图 4-158 为收集器添加碰撞体、碰撞传感器和对象收集器

步骤 4：按照图 4-159 所示，为物块 2 添加刚体、碰撞体和固定副。碰撞体中形状为"方块"。固定副的基本件悬空，名称为"物块 2 固定副"。

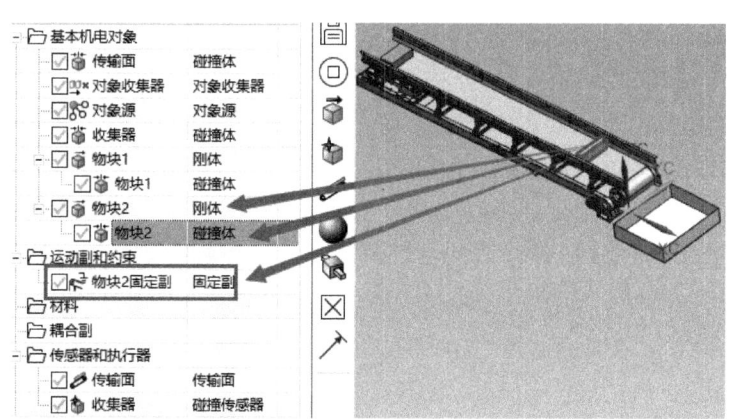

图 4-159 为物块 2 添加刚体、碰撞体和固定副

步骤 5：添加"断开约束"。其中，选择对象为"物块 2 固定副"；断开模式为"力"，最大幅值为 1500N；指定矢量为"+XC"矢量，如图 4-160 所示。

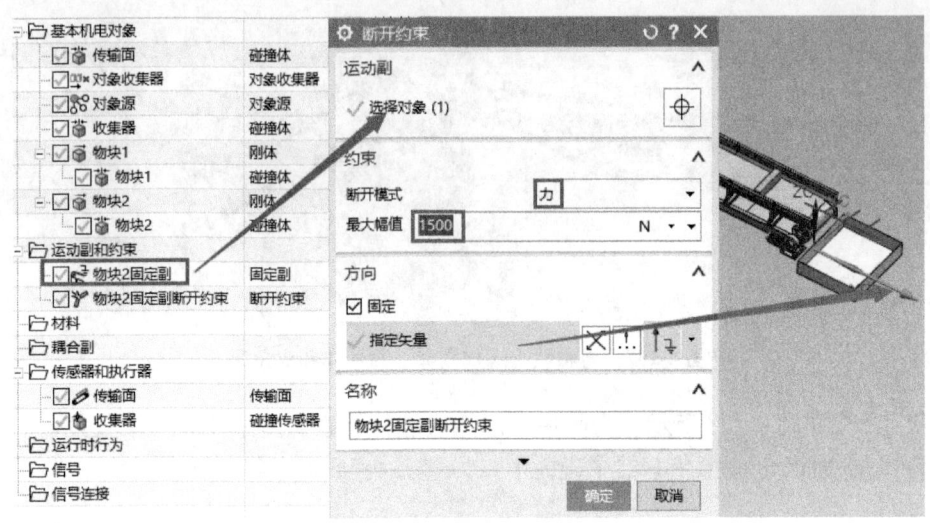

图 4-160 添加"断开约束"

步骤 6：单击"播放"按钮，可以看到对象源和固定副工作正常。当改变传输面速度为"1000mm/s"时，物块 1 对固定副的冲击力变大，固定副不起作用，被对象源产生的物块 1 冲出去，如图 4-161 所示。与文件"第 4 章/断开约束_ok.prt"中的仿真结果相同。

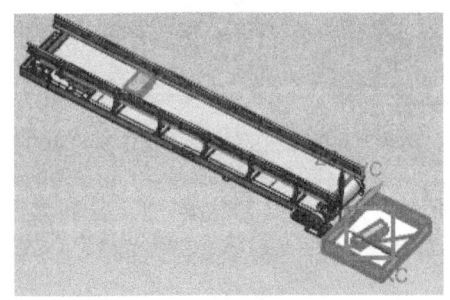

图 4-161 固定副失去作用

4.6 定制行为

NX MCD 中，定制行为主要包括：运行时行为、运行时参数、运行时表达式、代理对象、表达式块、标记表单、标记表、读写设备、显示更改器、对齐体、动态对象实例化、轨迹生成器和链运动副等。

4.6.1 运行时行为

使用"运行时行为"命令将用户编写的 C#语言对象链接到机电系统的对象，它可以定义系统中对象的行为。

单击功能区"主页"下"机械"组中的图标 ab（图 4-162），弹出"运行时行为代码"

对话框，如图 4-163 所示，其参数描述见表 4-38。

图 4-162 "运行时行为"入口位置

图 4-163 "运行时行为代码"对话框

表 4-38 运行时行为代码参数描述

序号	参数	描述
1	行为源	显示活动源文件的名称 打开：选择要加载的源文件 新建：打开一个嵌入式运行时行为编辑器，它允许创建一个新的源文件
2	机电属性	参数列表：显示源文件中可用的参数列表 选择：从图形窗口中选择一个对象，并将其链接到列表中选择的源文件参数
3	名称	定义运行时行为的名称

4.6.2 运行时参数

运行时参数的基本目标是创建可重用的、功能型的高级别设计对象，该对象包含了物理参数，在数字化模型中，这些参数可以被其他对象引用。

在装配中添加包含了运行时参数的组件，如果在装配层修改运行时参数，会生成一个运行时参数重载对象，此时所修改的参数将影响到对应的组件参数，但不会对其他组件产生影响。图 4-164 所示为运行时参数的一个实例说明。

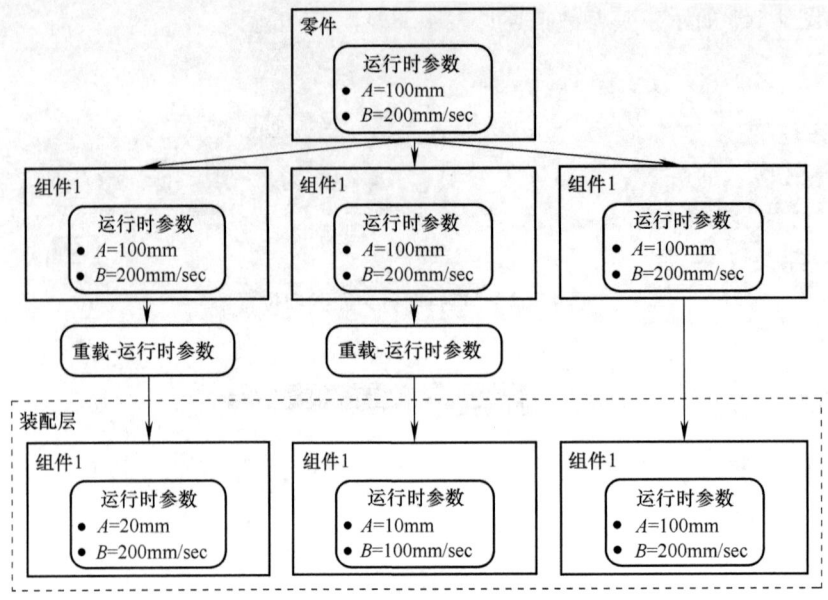

图 4-164　运行时参数的实例说明

单击功能区"主页"下"机械"组中的图标 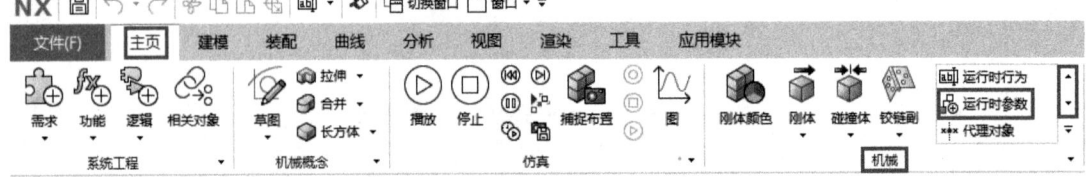（图 4-165），弹出"运行时参数"对话框，如图 4-166 所示。其参数描述见表 4-39。

图 4-165　"运行时参数"入口位置

图 4-166　"运行时参数"对话框

表 4-39　运行时参数的参数描述

序　号	参　　数	描　　述
1	参数列表	显示运行时参数所包含的参数
2	参数属性	添加参数，包括其名称、类型和值 1）名称：新添加参数的名称 2）类型：新添加参数的类型，NX CAD 可以添加布尔型、整型、双精度型参数 3）值：新添加参数的取值
3	名称	定义运行时参数的名称

4.6.3　运行时表达式

"运行时表达式"命令用于创建仿真过程中用于计算的表达式。例如，在模型中使用一个"速度控制"来控制一个"铰链副"的运动，并有一个"运行时参数"含有一个角速度参数，此时可以创建运行时表达式，将"运行时参数"内的角速度赋值给"速度控制"。

单击功能区"主页"下"机械"组中的图标 $f(x)$（图 4-167），弹出"运行时表达式"对话框，如图 4-168 所示。其参数描述见表 4-40。

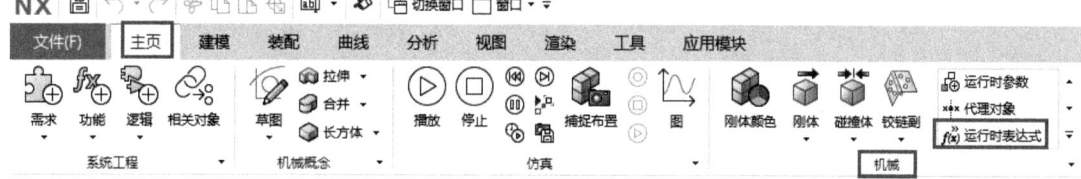

图 4-167　"运行时表达式"入口位置

图 4-168　"运行时表达式"对话框

表 4-40 运行时表达式参数描述

序 号	参 数	描 述
1	要赋值的参数	选择需要赋值的对象,并在 Property 中选择需要赋值的参数
2	输入参数	选择输入对象,并选择输入对象的参数名称,单击"添加参数"则输入参数会添加到参数列表 3 中
3	参数列表	显示添加的输入参数
4	表达式名称	指定该运行时表达式名称
5	公式	输入用于运算的表达式,例如,2＊RP_Speed

[例 4-25] 对"第 4 章/运行时表达式.prt"的装配(图 4-169)进行运动控制,使其按照"第 4 章/运行时表达式_ok.prt"中的模型运动。

解 步骤 1:打开装配"第 4 章/运行时表达式.prt",进入 MCD 环境。分别为底板添加碰撞体,名称为"底板";为物块添加刚体,名称为"物块"。

图 4-169 [例 4-25] 模型

步骤 2:为物块刚体添加滑动副。其中,连接件为"物块"刚体,基本件悬空,轴矢量为 YC 方向。

步骤 3:为滑动副添加速度控制。其中,机电对象选择"滑动副",速度设为"100mm/s"。

步骤 4:添加"运行时参数"。其中,参数属性中,名称为"a",类型为"布尔型",值为"false",运行时参数名称为"P",然后单击参数属性中的 ☑,如图 4-170a 所示,添加结果如图 4-170b 所示,然后单击"确定",结果如图 4-170c 所示。

a) 设置运行时参数1　　　b) 设置运行时参数2　　　c) 设置结果

图 4-170 "运行时参数"设置

步骤 5:添加"运行时表达式"将运行时参数"P"赋值给速度控制中的速度。按照图 4-171a 所示添加运行时表达式。其中,要复制的参数对象选择"速度控制",随后可以看到在属性(位置 1)出现"速度";随后,输入参数对象,选择运行时参数"P",单击添加参数"位置2"中的 ✛ 图标后,"位置3"会出现方框内的内容,然后在"位置4"输入"if P then 100 else-100"后,在"位置5"输入表达式名称"RuntimeExpression_1",最后单击"确定"按钮。可以看到,图4-171b所示内容。

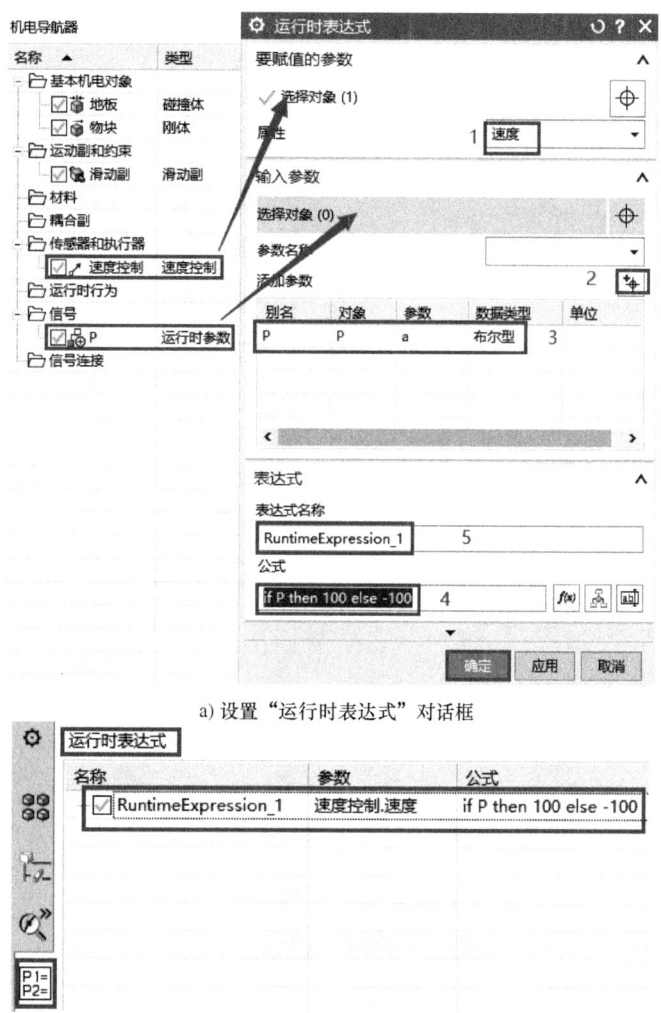

a) 设置"运行时表达式"对话框

b) 设置结果

图4-171 "运行时表达式"设置

步骤6:将运行时参数"P"添加至运行时察看器。然后,单击"运行"可以看到"P"中"a"的初始值为"FLASE",双击后,"a"的初始值为"FLASE",物块向相反的方向运动。播放现象如同"第4章/运行时表达式_ok.prt"所示。

4.6.4 代理对象

代理对象的基本目标是创建可重用的、功能型的高级别设计对象。该对象包含了可依附到其他刚体上且跟随刚体运动的几何体和可被数字化模型中的其他对象引用的参数。相对于"运行时参数",代理对象比运行时参数多一个几何体的选择,并且在装配层,可将代理对象选择的几何体依附到其他刚体上。图4-172所示为代理对象的简单说明图例。

注意：代理对象选择的几何体不能与刚体冲突，即在定义时，一个几何体上只能添加刚体或者代理对象中的一种。

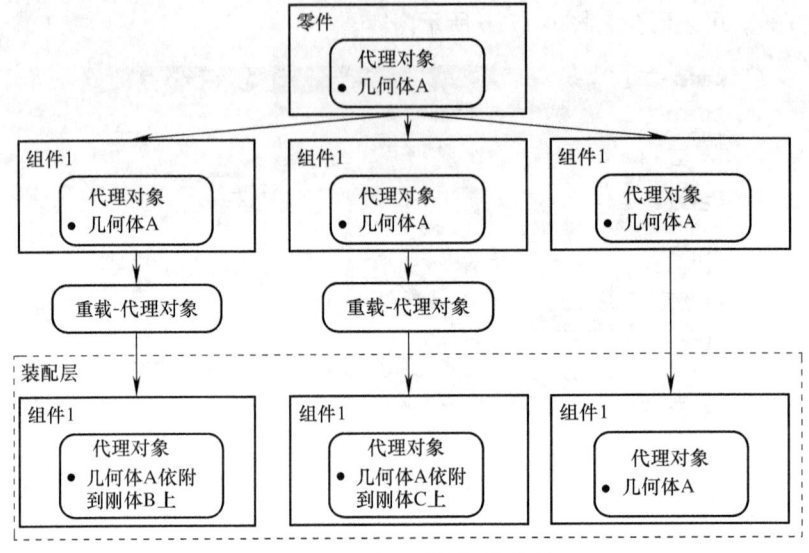

图 4-172　代理对象简单说明

单击功能区"主页"下"机械"组中的图标 (图 4-173)，弹出"代理对象"对话框，如图 4-174 所示，其参数描述见表 4-41。

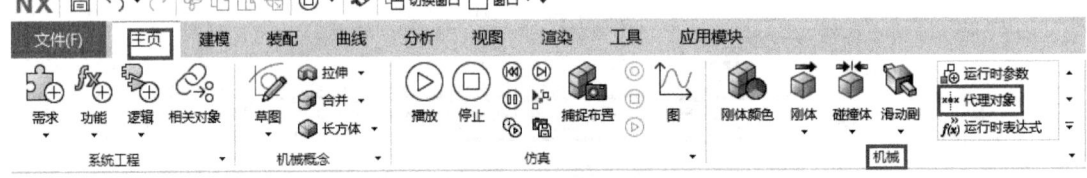

图 4-173　"代理对象"入口位置

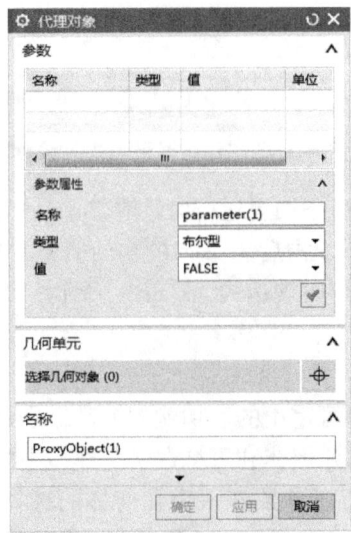

图 4-174　"代理对象"对话框

表 4-41 代理对象参数描述

序 号	参 数	描 述
1	参数列表	显示运行时参数所包含的参数
2	参数属性	添加参数 名称 类型，包括布尔型、整型、双精度型三种 量纲 值
3	几何单元	选择几何对象
4	名称	定义代理对象的名称

4.6.5 表达式块

使用"表达式块"命令可创建表达式块模板实例。使用表达式块可以实现如下操作：加载通过表达式块模板创建的模板 XML 文件、分组和管理要协作的运行时表达式、将输入和输出连接到机电对象的运行时参数。

单击功能区"主页"下"机械"组中的图标 （图 4-175），弹出"表达式块"对话框，如图 4-176 所示，其参数描述见表 4-42。

图 4-175 "表达式块"入口位置

图 4-176 "表达式块"对话框

表 4-42 表达式块参数描述

序号	参数	描述
1	从模板文件加载	选择一个模板文件
2	描述	为表达式块输入一个描述
3	输入	添加和删除输入
4	输出	添加和删除输出
5	参数	添加和删除参数
6	状态	添加和删除状态
7	表达式	添加和删除表达式。让用户设置表达式的公式。公式格式与一般的 NX 软件表达式相同
8	连接	选择物理对象作为输入、输出、参数、状态或表达式
9	名称	定义表达式块的名称

4.6.6 标记表单

使用"标记表单"命令来定义对象源实例和刚体的属性，可以在仿真过程中更改属性值或分配不同的物理参数。

单击功能区"主页"下"机械"组中的图标 （图 4-177），弹出"标记表单"对话框，如图 4-178 所示，其参数描述见表 4-43。

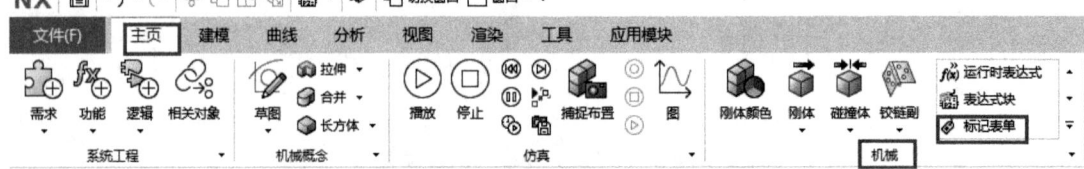

图 4-177 "标记表单"入口位置

图 4-178 "标记表单"对话框

表 4-43 标记表单参数描述

序号	参数	描述
1	参数表	显示参数和属性
2	参数属性	添加参数 名称 类型，包括布尔型、整型、双精度型三种 值
3	名称	定义标记表单的名称

4.6.7 标记表

使用"标记表"命令可创建一个标签表单的多个实例，可以为每个标记表单实例设置不同的值，也可使用此方法来交替标记表单值或创建参数序列。

单击功能区"主页"下"机械"组中的图标 ![icon]（图 4-179），弹出"标记表"对话框，如图 4-180 所示，其参数描述见表 4-44。

图 4-179 "标记表"入口位置

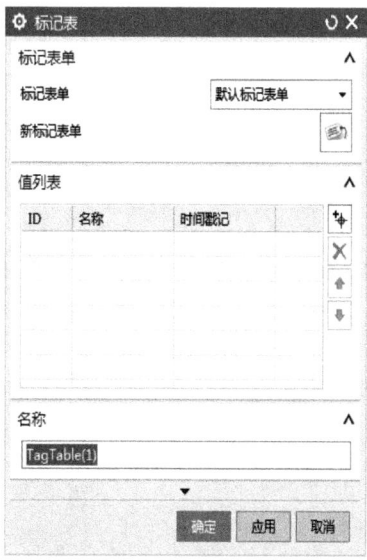

图 4-180 "标记表"对话框

表 4-44 标记表参数描述

序号	参数	描述
1	标记表单	指定添加到标记表的标记表单 1) 标记表单：指定添加到标记表的标记表单 2) 新标记表单：创建一个新的标签表单来分配到碰撞传感器
2	值列表	1) ID、名称与时间戳记：设置一个基于标记表的过滤器，用于定位标签表单 2) ✚：用于向记表添加所选标记表单的实例，可以改变表格中每个实例的参数值
3	名称	定义标记表的名称

4.6.8 读写设备

使用"读写设备"命令分配由标签形式和标签表确定的值。在读取模式下触发设备以从刚体中检索标签值。在写模式下触发设备以将值分配给刚体。单击功能区"主页"下"机械组"中的图标 ![图标]（图 4-181），弹出"读写设备"对话框，如图 4-182 所示，其参数描述见表 4-45。

图 4-181 "读写设备"入口位置

图 4-182 "读写设备"对话框

表 4-45　读写设备参数描述

序号	参数	描述
1	传感器	选择要应用读写设备命令的碰撞传感器
2	标记	标记表单：指定一个现有的标记表单应用于碰撞传感器 新标记表单：创建一个新的标记表单来分配碰撞传感器 标记表：指定一个现有的标记表应用于碰撞传感器 新标记表：创建一个新的标记表
3	设备类型	指定要读或写标记的设备，包括读取设备和写入设备两种
4	执行模式	指定读或写函数发生的频率，包括无、始终、一次三种
5	名称	定义读写设备的名称

4.6.9　显示更改器

在仿真过程中使用"显示更改器"命令可以改变刚体的显示属性，例如，可以将一个显示更改器附加到一个触发的物体，如碰撞传感器、刚体或几何图形，来设置它的显示属性，包括颜色、透明度和可见性。

单击功能区"主页"下"机械"组中的图标 ✎（图4-183），弹出"显示更改器"对话框，如图4-184所示，其参数描述见表4-46。

图 4-183　"显示更改器"入口位置

图 4-184　"显示更改器"对话框

表 4-46　显示更改器参数描述

序号	参数	描述
1	对象	设置一个碰撞传感器来触发显示更改器
2	设置	执行模式：指定显示更改发生的频率 颜色 透明度 可见性
3	名称	定义显示更改器的名称

4.6.10　对齐体

使用"对齐体"命令在单独的刚体上创建校准点。在仿真过程中，当它们接近时，刚体将在校准点对齐。通过"对齐体"命令，用户可在一个刚体上创建一个源角色的点，并在第二个刚体上创建另一个具有目标特色的点。在仿真过程中，源点向目标点刚体的方向移动。如果想让碰撞体在它们对齐时连接，那么在设定碰撞选项时使用碰撞体。可以使用此命令模拟零件对齐或机械手臂夹紧物品。图 4-185 所示为"对齐体"命令的一个典型应用。

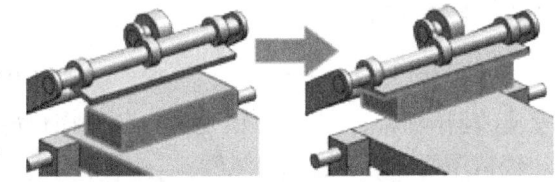

图 4-185　"对齐体"命令典型应用

单击功能区"主页"下"机械"组中的图标 (图 4-186)，弹出"对齐体"对话框，如图 4-187 所示，其参数描述见表 4-47。

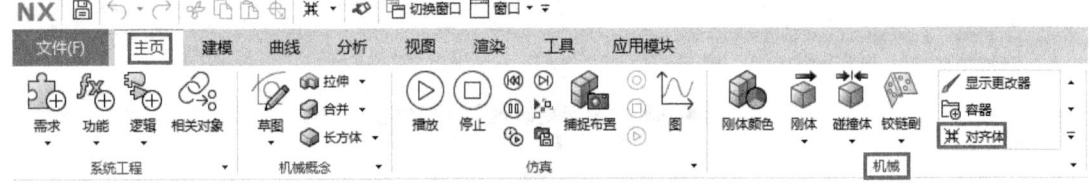

图 4-186　"对齐体"入口位置

图 4-187　"对齐体"对话框

表 4-47 对齐体参数描述

序号	参数	描述
1	关联体	选择应用对齐体命令的刚体
2	指定点	指定源或目标体上与另一个刚体上的对应点对齐的点
3	指定坐标系	指定关联主体的绝对坐标系。默认情况下，在选择一个点后系统会自动推断绝对坐标系
4	邻近度	指定在对象对齐之前的对齐点之间的最小距离
5	角色	指定选定刚体是源体还是目标体 1）源：移动选定的刚体以与目标体对齐 2）目标：将选定的体指定为目标体，而源体运动以与目标体对齐
6	类别	设置源或目标主体的类别号。为了使源和目标体对齐，它们必须具有相同的类别号
7	名称	定义对齐体的名称

4.6.11 动态对象实例化

使用"动态对象实例化"命令，可在基于其对齐点的表中映射刚体的移动。可以使用"对齐体"命令创建的现有校准点，也可以直接从"动态对象实例化"对话框中创建新的校准点。当开始仿真时，所有列出的对象都对齐。此外，还可以使用此命令立即配置机床或启动组装线机制。

单击功能区"主页"下"机械"组中的图标 （图 4-188），弹出"动态对象实例化"对话框，如图 4-189 所示，其参数描述见表 4-48。

图 4-188 "动态对象实例化"入口位置

图 4-189 "动态对象实例化"对话框

表 4-48　动态对象实例化参数描述

序号	参数	描述
1	动态对象实例表	查看、重命名和选择对齐实例，以在定义的对齐体和动态对象组中使用选项进行编辑 新事例：增加一个对齐实例 删除：删除选定的对齐实例
2	定义对齐体	对齐体：选择一个现有的源对齐体 新建对齐体：定义一个新的源体，目标体将与之对齐
3	动态对象	选择对象：选择一个刚体 符合对齐体：选择一个现有的目标对齐体，它将移动到与源对齐体对齐 新建符合对齐体：定义一个新的目标对齐体
4	名称	定义动态对象实例的名称

4.6.12　轨迹生成器

使用"轨迹生成器"命令可在整个仿真过程中追踪刚体上点的路径。选择刚体上的某个点后，运行仿真，直到刚体移动至穿过要跟踪的区域。停止仿真后，显示路径，并在部件导航器中创建样条。但该命令不能追踪正用作对象源的对象上的点的路径。

单击功能区"主页"下"机械"组中的图标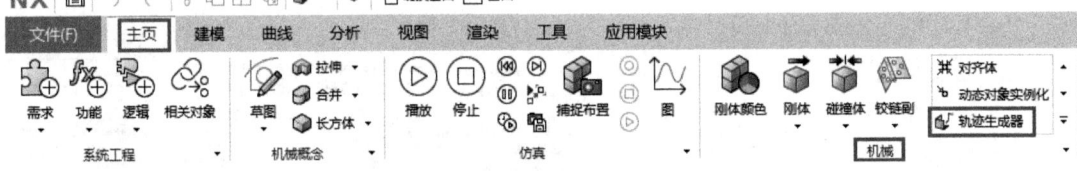（图 4-190），弹出"轨迹生成器"对话框，如图 4-191 所示，其参数描述见表 4-49。

图 4-190　"轨迹生成器"入口位置

图 4-191　"轨迹生成器"对话框

表 4-49 轨迹生成器参数描述

序 号	参 数	描 述
1	选择对象	选择需要追踪的点的刚体
2	指定点	选择追踪点
3	追踪率	配置追踪速率，可以提高追踪精度
4	名称	定义追踪器的名称

4.6.13 链运动副

使用"链运动副"命令，可通过铰链副实例将同一组件的多个实例连接起来。必须使用组件中的现有点作为运动副的锚点。每个组件实例中的等效点用作生成的运动副的锚点。当创建链运动副时，连杆组件和组件实例被指派为刚体，并在每一对连杆之间创建一个铰链副实例。可在机电导航器中查看结果，该导航器将所有生成的刚体和铰链副作为子节点列在链运动副节点下。

单击功能区"主页"下"机械"组中的图标 △（图 4-192），弹出"链运动副"对话框，如图 4-193 所示，其参数描述见表 4-50。

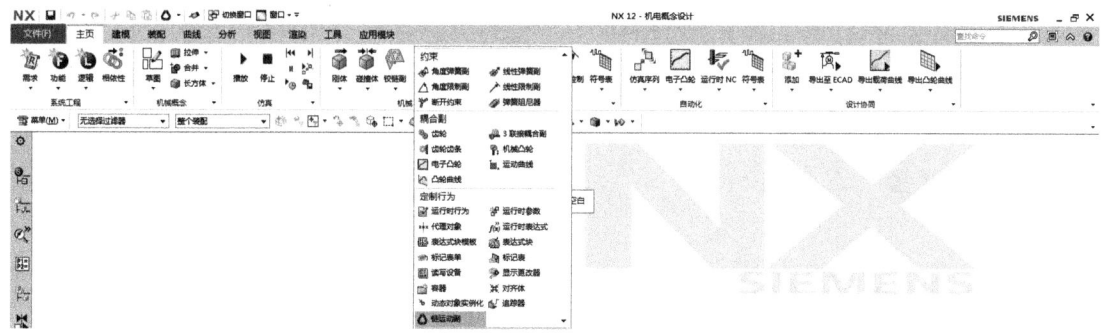

图 4-192 "链运动副"入口位置

图 4-193 "链运动副"对话框

表 4-50　链运动副参数描述

序号	参数	描述
1	选择对象	选择链接组件和组件实例来形成链循环
2	指定轴矢量	指定关节应该旋转的矢量方向
3	指定锚点	指定链接旋转的锚点
4	启用第二个锚点	为非对称链接选择第二个锚点
5	起始角	在模拟仿真还没有开始之前，链接组件的角度
6	限制	上限：为关节和每个关节实例设置一个旋转上极限 下限：为关节和每个关节实例设定一个旋转下极限
7	名称	定义链运动副的名称

本章小结

本章主要对 NX MCD 软件中的运动系统设计进行介绍，对基本机电对象的复杂运动进行设置，主要包括各种运动副、执行器、传感器、耦合副、约束和定制行为。通过本章的学习，可以完成基本机电对象的电气化设计工作。

思考与练习题

1. 对［例 4-4］的模型（第 4 章/柱面副.prt），设置机电对象，用速度控制其运动，要求旋转速度为 720°/s，平移速度为 10mm/s。

2. 对图 4-194 中的装配体（第 4 章/题 2.prt）中，设置机电对象及滑动副，使模型如"第 4 章/题 2_ok.prt"中所示运动。

3. 对"第 4 章/题 3.prt"中的模型（图 4-195）进行机电模型设计，使其按照"第 4 章/题 4-3_ok.prt"中的模型运动。

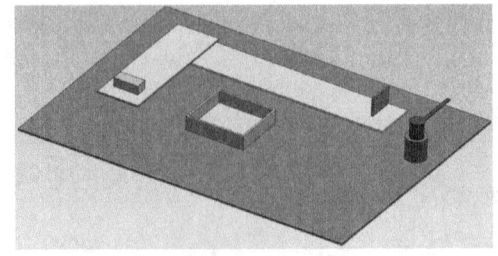

图 4-194　装配体

图 4-195　题 3 模型

第 5 章

MCD仿真过程控制

机电一体化设计基于机械对象和电气化对象，使物理系统在自动化工程师的控制下能自如运动。本章基于前面四章的内容，对 MCD 中的仿真序列、运动时 NC 和信号配置 3 类机电对象在仿真过程中的行为进行设计。

5.1 仿真序列

使用仿真序列命令创建可访问机电一体化系统中任何对象的控制元素。可以使用仿真序列来进行如下操作：创建条件语句以确定何时触发参数更改、将对象参数的值更改为用户在操作中设置的值、根据指定的事件暂停运行时模拟。

单击停靠功能区"主页"下的"自动化"组中的"仿真序列"图标（图 5-1），弹出"仿真序列"对话框，如图 5-2 所示。仿真序列参数描述见表 5-1。

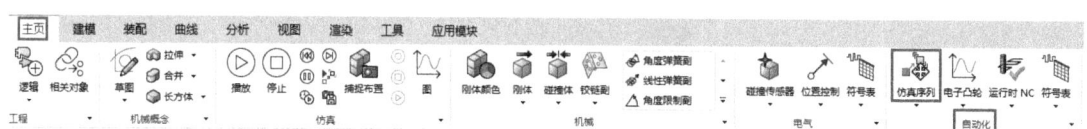

图 5-1 "仿真序列"入口位置

表 5-1 仿真序列参数描述

序 号	参 数	描 述
1	类型	指定创建的操作的类型：仿真序列、暂停仿真序列、显示快捷方式
2	选择对象	设置要由仿真序列控制的对象
3	持续时间	设置要由仿真序列持续的时间
4	运行时参数列表	显示可访问的运行时参数或标记表单的列表 要使操作可以访问参数，在参数列表中选中参数的复选框
5	条件列表	选择条件对象时可用
6	编辑条件参数	指定条件列表中所选参数的值

(续)

序号	参数	描述
7	选择条件对象	选择一个提供运行时参数的条件对象,以确定仿真序列的开始条件
8	名称	定义仿真序列的名称

图 5-2 "仿真序列"对话框

[例 5-1] 对图 5-3 中的模型("第 5 章/液压阀仿真序列.prt")进行机电对象、液压阀与仿真序列等配置,使红色物体(T 形活塞)如文件"第 5 章/液压阀仿真序列_ok.prt"中来回运动。

解 步骤 1:打开"第 5 章/液压阀仿真序列.prt"文件,进入 MCD 环境,如图 5-3 所示。

步骤 2:添加刚体。首先,为缸体添加刚体,质量属性为"自动",名称为"缸体"。然后,为活塞添加刚体,质量属性为"自动",名称为"活塞"。

步骤 3:为缸体添加固定副。其中,连接件选择"缸体"刚体,基本件悬空,名称为"缸体固定副"。

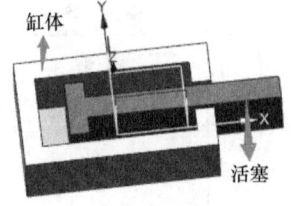

图 5-3 [例 5-1] 配图

步骤 4:为活塞添加滑动副。其中,"连接件"选择"活塞"刚体,基本件选择"缸体"刚体,轴矢量为 X 方向。选中限制中"上限"和"下限",并且分别设置为 55mm 和 0mm。名称为"活塞滑动副"。具体设置如图 5-4 所示。

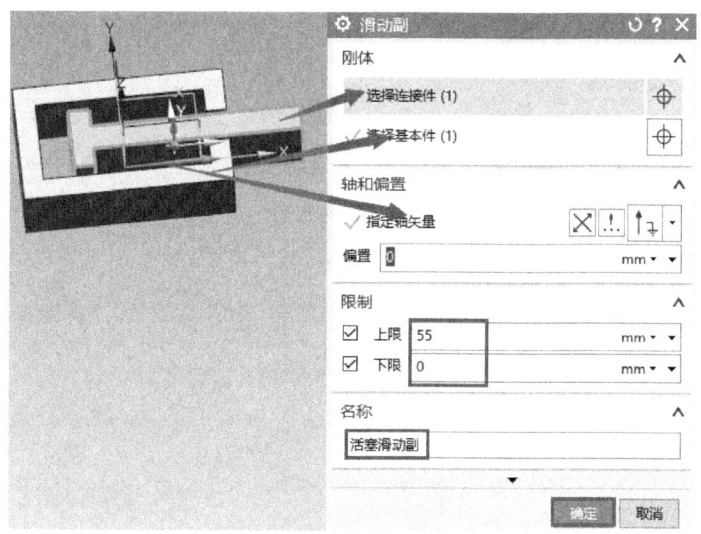

图5-4 添加滑动副

步骤5:添加液压缸。其中,轴运动副的选择对象为"活塞滑动副";状态变量中A室压力为2MPa,B室压力为0MPa;活塞杆类型为单杆,活塞直径为50mm,活塞杆直径为36mm,活塞最大冲程为52mm,名称为"液压缸"。具体设置如图5-5所示。

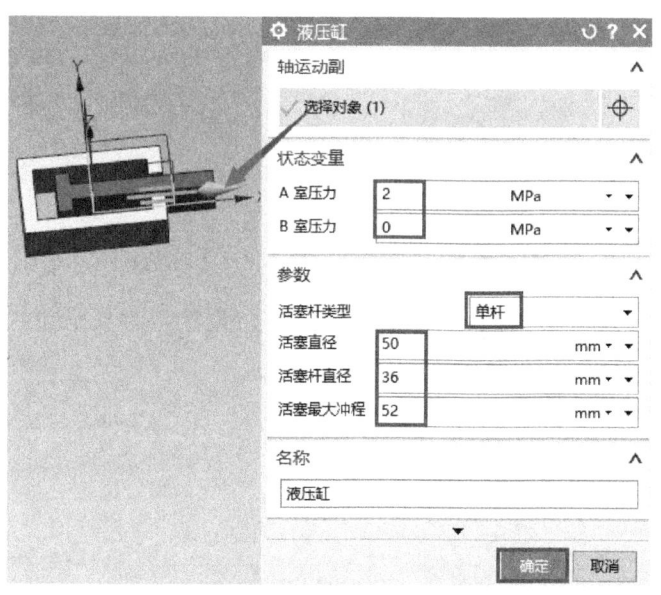

图5-5 添加液压缸参数

步骤6:添加液压阀。其中,液压缸选择对象为步骤5创建的"液压缸";阀类型为四通,供给压力为2MPa,排出压力为0MPa,公称压力为2MPa,公称流量为2L/min,控制输入为0,名称为"液压阀"。具体设置如图5-6所示。

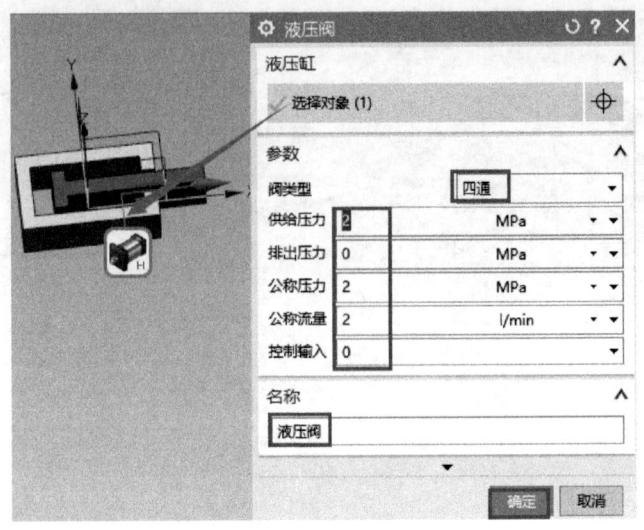

图 5-6 添加液压阀参数

步骤 7：添加仿真序列。

1）按图 5-7 所示添加仿真序列 1。其中，机电对象选择对象为上一步创建的"液压阀"，持续时间为 2s。运行时参数中，名称为"控制输入"，运算符为"：="，值为"1"。名称为"仿真序列 1"。"仿真序列"对话框的设置如图 5-7a 所示，设置结果如图 5-7b 所示。

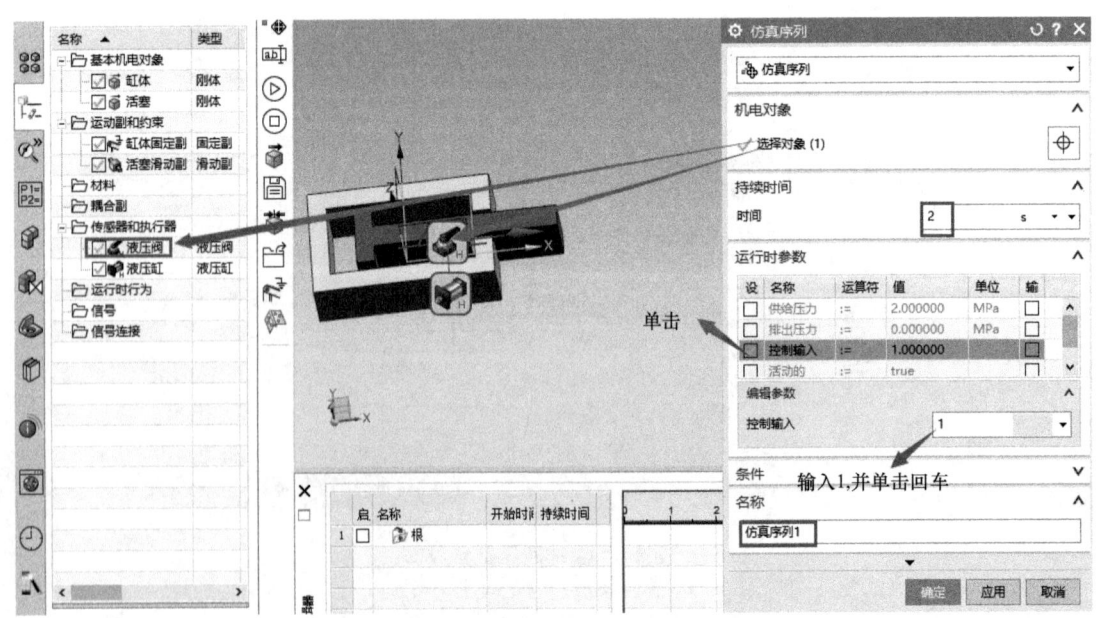

a) 设置"仿真序列"对话框

图 5-7 添加仿真序列 1

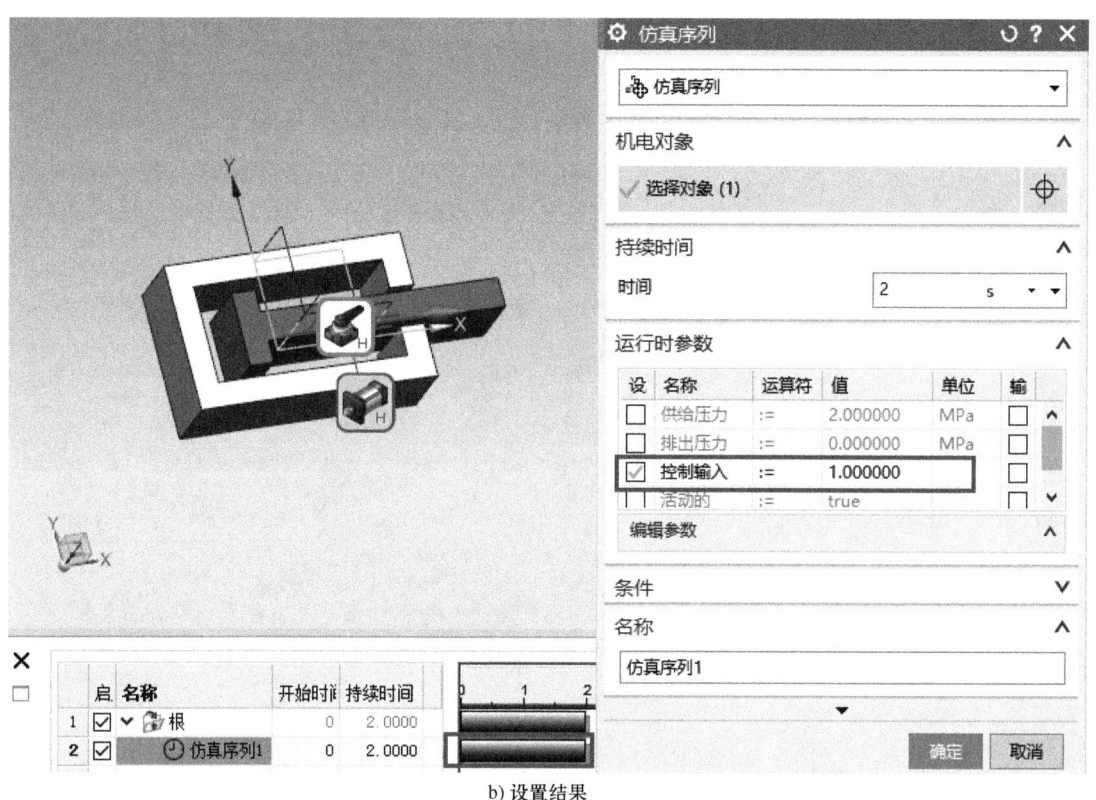

b) 设置结果

图 5-7 添加仿真序列 1（续）

2）按图 5-8 所示添加仿真序列 2。其中，机电对象选择对象为"液压阀"，持续时间为 2s。运行时参数中，名称为"控制输入"，运算符为"：="，值为"-1"。名称为"仿真序列 2"，并与"仿真序列 1"用链接器链接起来（即把鼠标放在"仿真序列 1"上，会出现一个黑色左转 90 的"T"字图标，然后单击鼠标左键并拖动鼠标到"仿真序列 2"上，然后放开鼠标左键）。

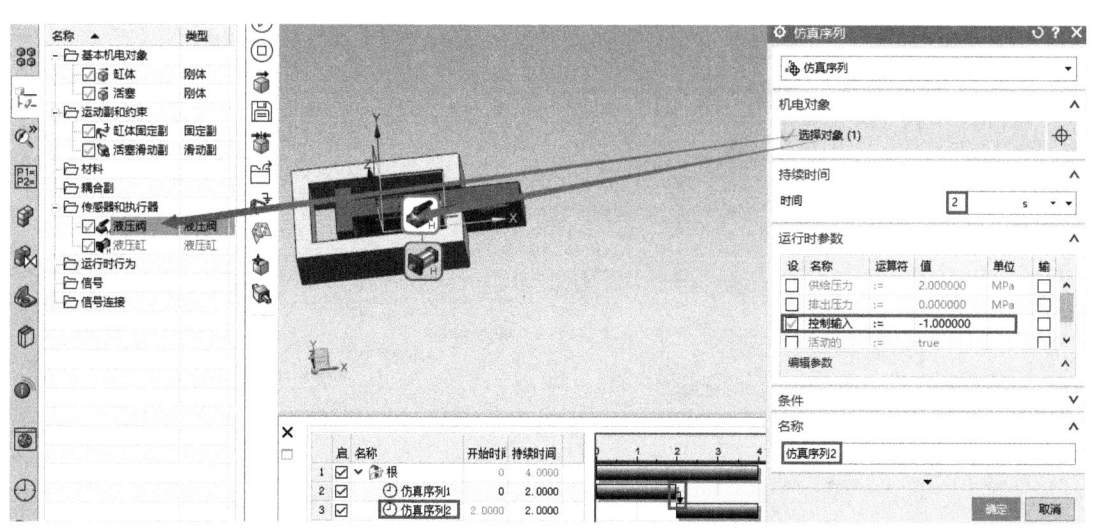

图 5-8 添加仿真序列 2

3）按图 5-9 所示添加仿真序列 3。其中，机电对象选择对象为"液压阀"，持续时间为 2s。运行时参数中，名称为"控制输入"，运算符为"：="，值为"10"。名称为"仿真序列 3"，并与"仿真序列 2"用链接器链接起来。

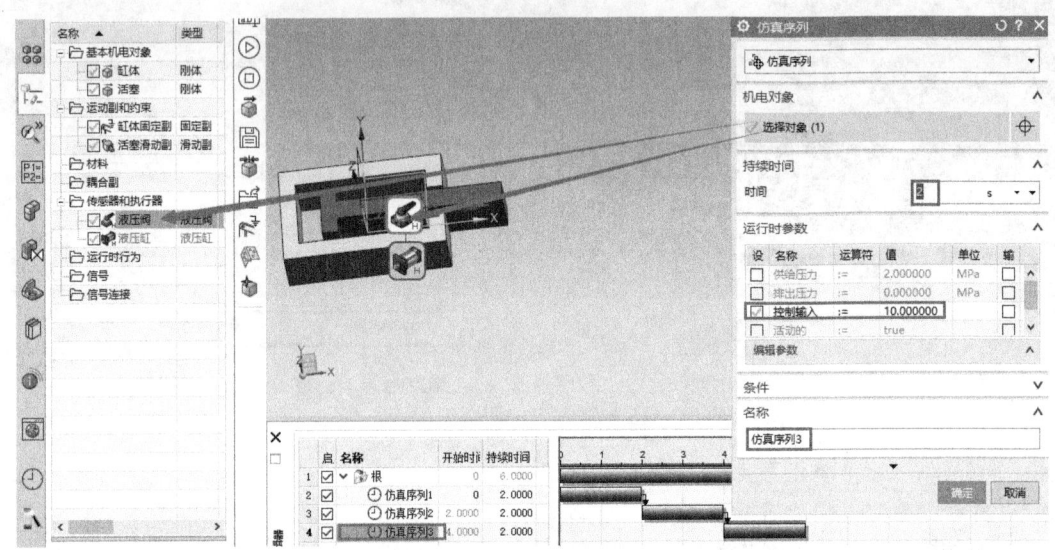

图 5-9　添加仿真序列 3

4）与前三个仿真序列添加方法相同，添加仿真序列 4。其中，机电对象选择对象为"液压阀"，持续时间为 2s。运行时参数中，名称为"控制输入"，运算符为"：="，值为"-10"。然后，将仿真序列 4 与仿真序列 3 用链接器链接起来，如图 5-10 所示。

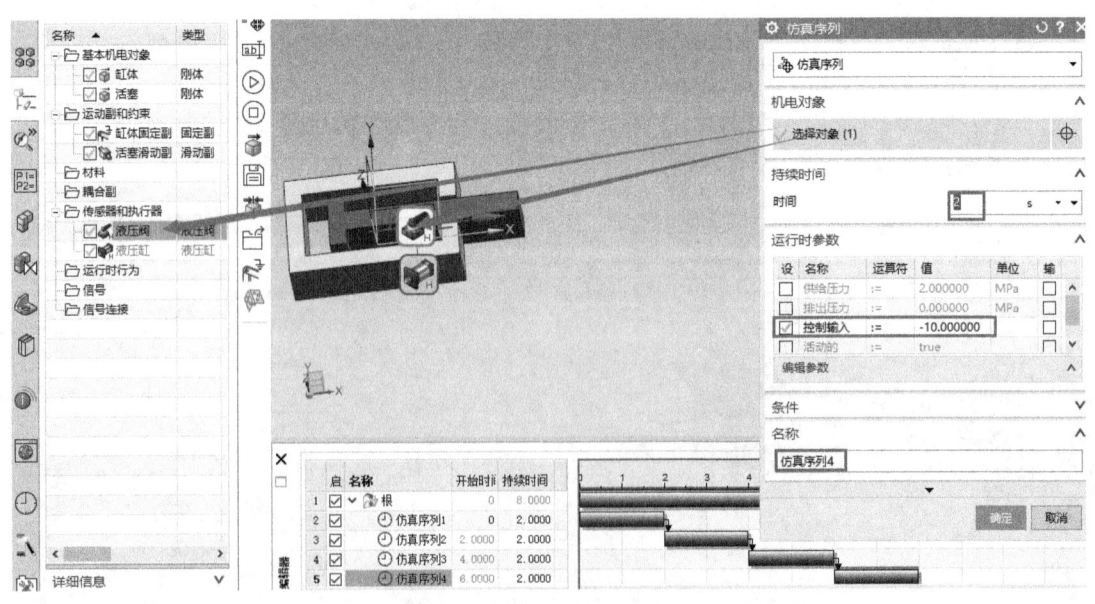

图 5-10　添加仿真序列 4

步骤 8：单击"播放"按钮，可以看到活塞首先拉伸然后压缩，随后又拉伸，最后又压缩回来，如文件"第 5 章/液压阀仿真序列_ok.prt"中模型一样运动。

5.2 运行时 NC

使用运行时 NC 命令模拟机电一体化 Concept Designer 中的数控,可以使用机电一体化操作将 NC 仿真与 PLC 逻辑相结合。运行时 NC 命令使用通用模拟引擎(CSE)将机电一体化 Concept Designer 应用程序中的轴映射到机电一体化中的位置控制,因此需要在机电一体化和机床制造中都有机器运动。

单击停靠功能区"主页"下的"自动化"组中的"运行时 NC"图标 (图 5-11),弹出"运行时 NC"对话框,如图 5-12 所示。"运行时 NC"参数描述见表 5-2。

图 5-11 "运行时 NC"入口位置

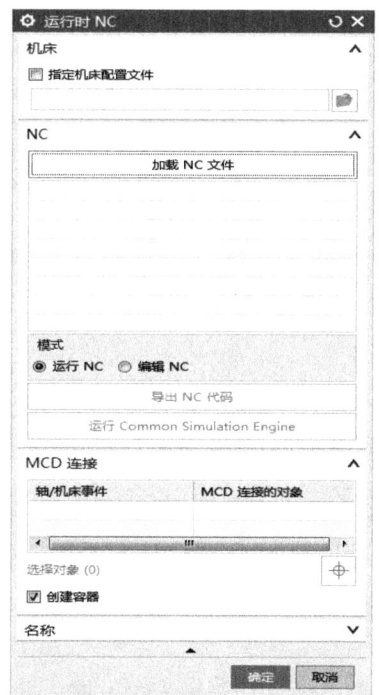

图 5-12 "运行时 NC"对话框

表 5-2 "运行时 NC"参数描述

序 号	参 数	描 述
1	机床	指定一个非默认的机床配置文件
2	NC	加载 NC 文件

(续)

序号	参数	描述
3	模式	设置 NC 代码所处的状态 当显示的 NC 代码是用户想要模拟的代码时，选择 Run NC 当想编辑显示的 NC 代码时，选择编辑 NC
4	MCD 连接表	在执行 Run Common Simulation Engine 后显示机器或轴事件及其对应的机电一体化对象 机床事件：让用户从序列编辑器中为机床事件选择一项操作 注意：典型的机器事件是刀具安装，刀具拆卸和刀具更换 在执行 NC 程序之前，这样的事件会触发一系列操作，即删除当前刀具并将其替换为刀具库中所需的刀具 轴事件：可让用户为轴事件选择位置控制 注意：当选择运行通用仿真引擎按钮时，位置控制自动映射到轴事件。如果模拟引擎选择了除用户想要的以外的其他模式，用户应该只选择一个位置控制
5	选择对象	选择表中的任何行来突出显示连接到机器事件的机电一体化对象。当在 MCD 连接表中选择一行时可用
6	创建容器	在 Physics Navigator 中创建一个 Runtime NC 容器，其中包含连接到机器事件的机电一体化对象 注意：如果用户未选择创建容器，位置控件将保留在传感器和执行器文件夹中
7	名称	定义运行时 NC 的名称

注意：如果不选择指定机床配置文件，那么系统使用默认文件。使用机器构建器创建 .mcf 文件。定义机床轴详细信息并包含控制器配置文件。在概念设计阶段，如果 .mcf 文件没有完成，机电一体化将提供一个默认文件。

5.3 信号配置

5.3.1 符号表

使用符号表命令可创建或导入用于命名信号的符号。可以从外部源（如 STEP7）或 Teamcenter 字典中以 .asc 或 .txt 格式导入符号表。

单击停靠功能区"主页"下的"电气"或"自动化"组中的符号表图标 (图 5-13)，弹出"符号表"对话框，如图 5-14 所示。符号表参数描述见表 5-3。

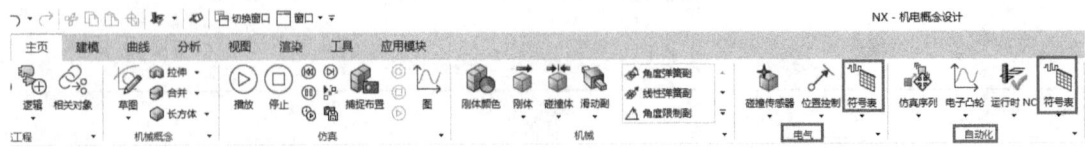

图 5-13 "符号表"入口位置

第5章 MCD仿真过程控制

图 5-14 "符号表"对话框

表 5-3 符号表参数描述

序 号	参 数	描 述
1	添加	添加一个符号
2	删除	删除选定的符号
3	导入符号表	从外部文件中导入符号的标准列表
4	名称	定义符号表的名称

[**例 5-2**] 在空白的 MCD 模板上,新建符号表 SymbolTable-A。

解 步骤 1:单击停靠功能区"主页"下的"电气"或"自动化"组中的符号表图标,弹出符号表对话框,如图 5-14 所示。

步骤 2:新建符号。其中,符号的名称为"Symbol_0",IO 类型为"输出",数据类型为"布尔型",也可改为"整型"或"双精度型"。具体设置如图 5-15 所示。

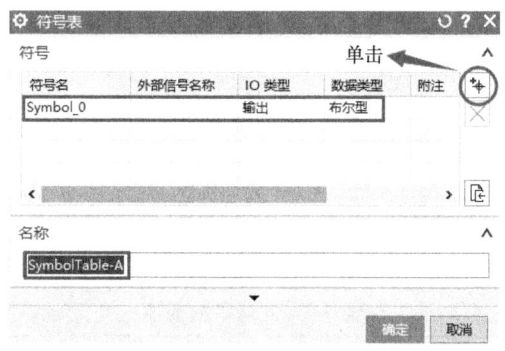

图 5-15 新建符号表参数设置

步骤 3:单击确定,最后符号表就会出现在左边信号栏下,符号表添加结果如图 5-16 所示。

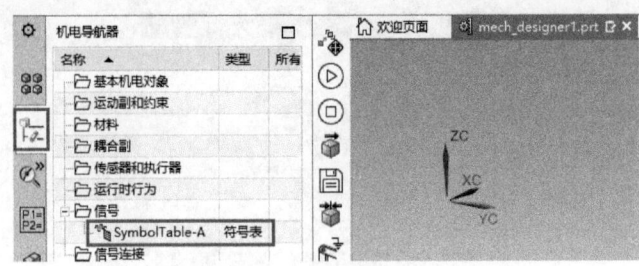

图 5-16 符号表添加结果

5.3.2 信号

使用信号命令可创建机电一体化 Concept Designer 信号。可以将信号连接到物理对象以控制运行时参数。可以创建布尔、整数和双字信号,并在内部使用信号来控制机电一体化。

单击停靠功能区"主页"下的"电气"组中的"信号"图标 (图 5-17),弹出"信号"对话框,如图 5-18 所示。信号参数描述见表 5-4。

图 5-17 "信号"入口位置

图 5-18 "信号"对话框

表 5-4 信号参数描述

序 号	参 数	描 述
1	选择机电对象	选择一个机电对象
2	参数名称	定义参数名称

(续)

序号	参数	描述
3	IO类型	定义类型为输入或输出
4	数据类型	定义数据类型：布尔型、整型、双精度型
5	初始值	定义初始状态
6	信号名称	定义信号的名称

[例5-3] 对"第5章/信号.prt"中的模型（图5-19）进行运动控制与信号配置，使其如文件"第5章/信号_ok.prt"中的模型一样运动。

解 步骤1：打开"第5章/信号.prt"，进入MCD环境。

步骤2：为底板添加碰撞体，碰撞形状为"方块"，名称为"底板"；为物块1添加刚体和碰撞体，均命名为"物块1"。其中，碰撞体中碰撞形状为"方块"。

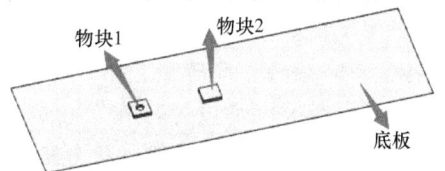

图 5-19 [例5-3]模型图

步骤3：为底板添加传输面。其中运动类型为"直线"，指定矢量为沿着底板的长边往右，速度中"平行"为100mm/s，名称为"底板传输面"。为物块2添加碰撞传感器，其中，碰撞形状为"方块"，名称为"物块2碰撞传感器"。

步骤4：为底板传输面添加信号。单击"信号"命令，在信号对话框中，勾选"连接运行时参数"前的方框，选择机电对象为"底板传输面"，参数名称选为"平行速度"，IO类型选为"输入"，初始值设为"100mm/s"，信号名称采用默认"Signal_0"，如图5-20a所示。单击"应用"后，弹出图5-20b所示的"将信号名称添加到符号表"对话框，单击右下角的 ，弹出图5-20c所示的"符号表"对话框，采用默认设置单击"确定"后，返回"将信号名称添加到符号表"对话框，可以看到出现了5-20c中的符号表名称，采用默认设置单击"确定"。

a) 设置"信号"对话框

图 5-20 为底板传输面添加信号

b) 添加信号到符号表　　　　　c) 设置符号表　　　　　d) 确认添加信号到符号表

图 5-20　为底板传输面添加信号（续）

步骤 5：为碰撞传感器添加信号。如图 5-21a 所示设置"信号"对话框。其中，勾选"连接运行时参数"前的复选框，"选择机电对象"选为"物块 2 碰撞传感器"，参数名称选"已触发"，信号名称设为默认"Signal_1"。随后弹出"将信号名称添加到符号表"对话框，可以看到"符号表"为步骤 4 创建的"SymbolTable（1）"，采用默认设置单击"确定"，如图 5-21b 所示。最后，弹出"符号表"对话框，可以看到步骤 4 创建的 Siganl_0 和步骤 5 创建的 Signal_1 都出现在"符号表"对话框中，如图 5-21c 所示。

a) 设置"信号"对话框

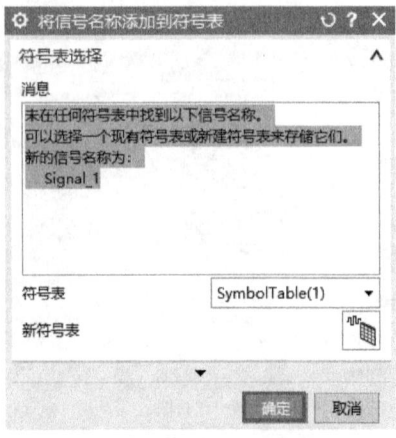

b)"将信号名称添加到符号表"对话框

图 5-21　为碰撞传感器添加信号

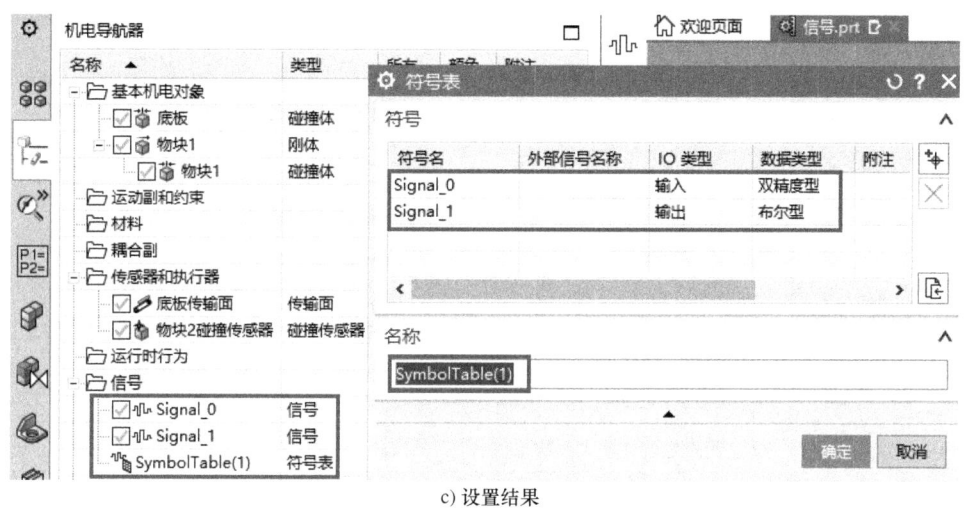

c) 设置结果

图 5-21 为碰撞传感器添加信号（续）

步骤 6：将 Signal_0 和 Signal_1 添加到运行时察看器。单击"播放"，可以看到 Signal_0 的运行速度为 100mm/s，双击 100 将其改为 200，可以看到物块 1 的运行速度加快。同时可以看到到物块 1 和碰撞传感器相碰撞时，Signal_1 的值由 false 变为 true。

5.3.3 信号适配器

信号适配器使用 Signal Adapter 命令来封装运行时公式和信号。可以在一个信号适配器中包含多个信号和运行时公式。可以使用符号表中的标准列表中的名称来命名信号。

在创建包含信号的信号适配器后，会在 Physics Navigator 中创建一个信号对象。可以使用该信号连接到外部信号，如 OPC 服务器信号。

单击停靠功能区"主页"下的"电气"组中的"信号适配器"图标 (图 5-22)，弹出"信号适配器"对话框，如图 5-23 所示。信号适配器参数描述见表 5-5。

图 5-22 "信号适配器"入口位置

表 5-5 信号适配器参数描述

序号	参数	描述
1	选择机电对象	选择包含要添加到信号适配器的参数的物理对象
2	参数名称列表	显示所选物理对象中的参数
3	添加参数	将参数名称列表中选择的参数添加到参数表中

(续)

序号	参数	描述
4	参数表	显示添加的参数及其所有属性值,并允许更改这些值
5	信号添加	给信号表添加一个信号
6	信号表	显示添加的信号及其所有属性值,并允许更改这些值
7	公式表	当选中其各自表格中信号或参数旁边的复选框时,信号或参数将添加到此表中
8	添加公式	添加一个新公式,以便可以在另一个函数中将公式用作变量
9	公式框	选择,键入或编辑公式
10	插入函数	为选定的参数或信号添加一个新功能
11	插入条件	为选定的参数或信号添加一个新的条件语句
12	扩展文本输入	显示一个大的文本框来输入冗长的公式
13	名称	定义信号适配器的名称

图 5-23 "信号适配器"对话框

注意:输出信号可以是一个或多个参数或信号的函数。输入信号只能用于公式中,不能指定公式。参数可以是一个或多个参数或信号的函数。

[例 5-4] 对"第 5 章/信号适配器.prt"中的模型(图 5-19,与[例 5-3]模型相同)进行运动控制与信号配置,使其如文件"第 5 章/信号适配器_ok.prt"中的模型一样运动。

解 步骤 1:打开"第 5 章/信号适配器.prt",进入 MCD 环境,如图 5-19 所示。

步骤 2:为底板添加碰撞体,碰撞形状为"方块",名称为"底板";为物块 1 添加刚体和碰撞体，均命名为"物块1"。其中，碰撞体中碰撞形状为"方块"。

步骤3：为底板添加传输面。其中运动类型为"直线"，指定矢量为沿着底板的长边往右，速度中"平行"为100mm/s，名称为"底板传输面"。为物块2添加碰撞传感器，其中，碰撞形状为"方块"，名称为"物块2碰撞传感器"。

步骤4：按照图5-24所示添加信号适配器。

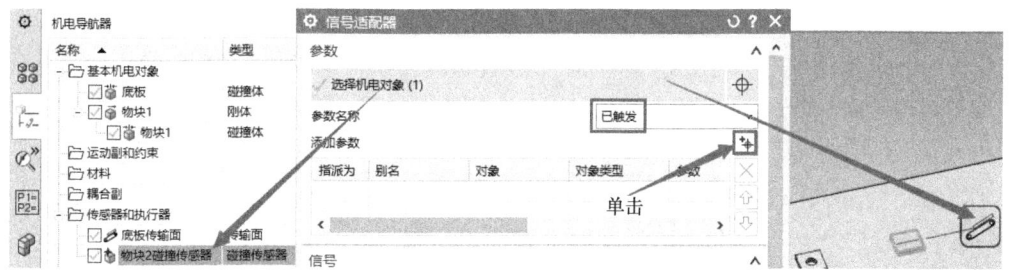

a) 选择机电对象

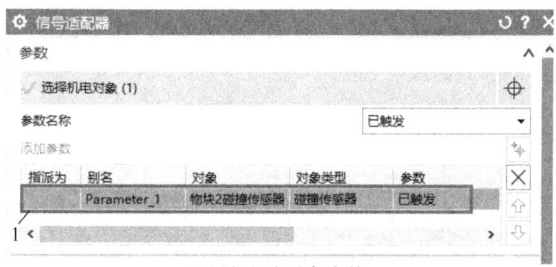

b) 添加机电对象参数

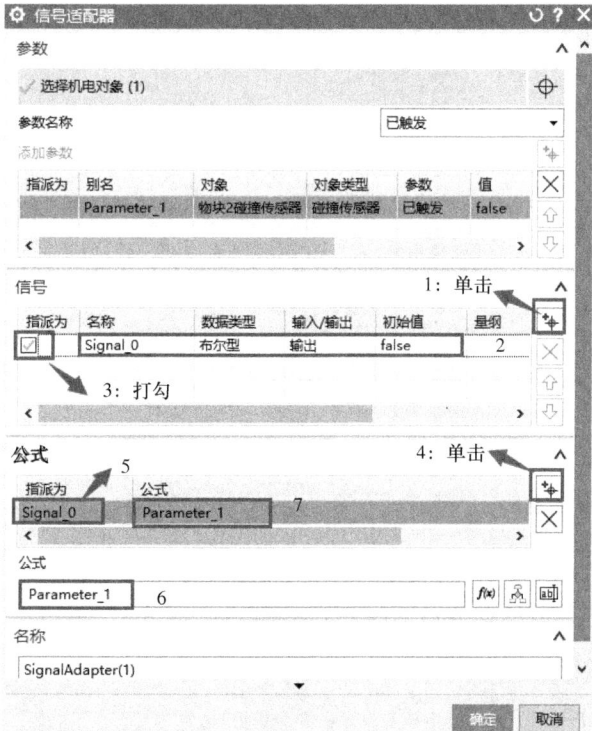

c) 设置信号与公式

图 5-24　添加信号适配器

1）选择机电对象为"物块2碰撞传感器"碰撞传感器的方块2，参数名称中选择"已触发"，然后单击添加参数右边的 ✚，如图5-24a所示。

2）完成1）后，会出现图5-24b中方框1内的参数信息，可以看到参数别名为"Parameter_1"，对象为"物块2碰撞传感器"，对象类别为"碰撞传感器"，参数为"已触发"。

3）设置信号与公式。首先，单击1处的 ✚ 会出现2处深色方框内的信号Signal_0，随后在3处的方框内打上"√"完成信号添加。其次，单击4处的 ✚ 会出现5处的Signal_0，然后，单击Signal_0，并在6处输入Parameter_1（即碰撞传感器的参数），然后确认，可以看到7处出现相同的公式，即：Signal_0=Parameter_1，其余采用默认设置，最后单击"确定"。

步骤5：在图5-24中单击"确定"后，会弹出如图5-25a所示"将信号名称添加到符号表"对话框，单击右下角的 ▤ 弹出图5-25b所示的"符号表"对话框，采用默认设置单击"确定"后，返回"将信号名称添加到符号表"对话框，可以看到出现了图5-25b中的符号表名称，采用默认设置单击"确定"（图5-25c）。最终会看到，设置结果如图5-25d所示。

a）新建符号表　　　　b）设置符号表名称　　　　c）信号添加到符号表

d）设置结果

图5-25　添加信号到符号表

步骤6：将Signal_0添加到运行时察看器。单击"播放"，可以看到当物块1与碰撞传感器碰撞时，Signal_0的值由false变为true。

5.3.4　从仿真序列创建信号

从仿真序列创建信号使用Create Signals from Operations命令创建基于仿真引用的运行时

参数的信号。创建信号后,可以命名它们并将它们添加到新的或现有的符号表中。

单击停靠功能区"主页"下的"电气"组中的"从仿真序列创建信号"图标(图5-26),调出"从仿真序列创建信号"对话框,如图5-27所示。

图 5-26 "从仿真序列创建信号"入口位置

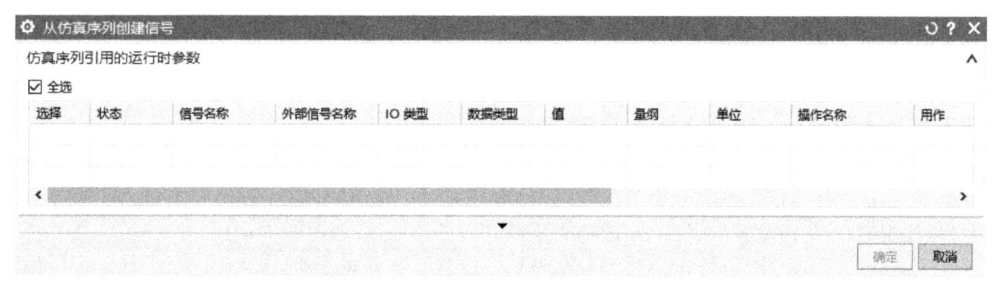

图 5-27 "从仿真序列创建信号"对话框

[例5-5] 对"第5章/从仿真序列创建信号.prt"中的模型(图5-19,与[例5-3]和[例5-4]模型相同)进行运动控制与信号配置,使其如文件"第5章/从仿真序列创建信号_ok.prt"中的模型一样运动。

解 步骤1:打开"第5章/从仿真序列创建信号.prt",进入 MCD 环境,如图5-28所示。此时已经完成了[例5-4]中步骤2与步骤3。

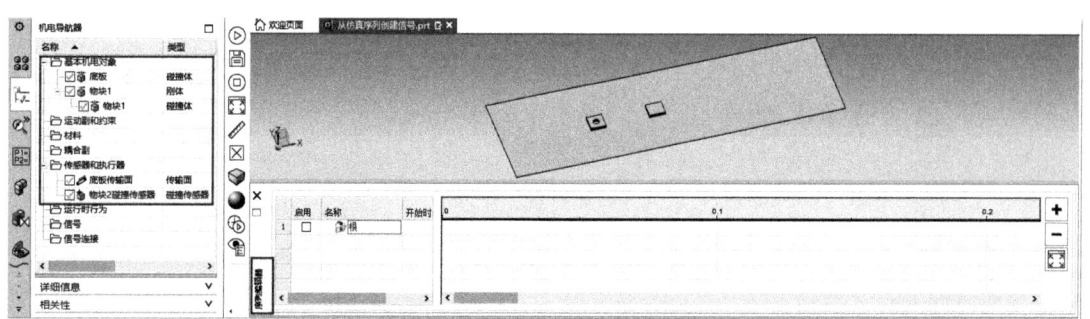

图 5-28 [例 5-5] 初始状态

步骤2:添加仿真序列。右击序列编辑器里的"根",然后在弹出的列表中单击"添加仿真序列",如图5-29a所示。随后,弹出"仿真序列"对话框。在"仿真序列"对话框中,"机电对象"选择"底板传输面","持续时间"中"时间"设为"0.2s",单击"运行时参数"中勾选"平行速度"前面的复选框,在位置4处填入期望的传输面速度为100mm/s。随后,在"条件"中位置5处的"选择对象"设为"物块2碰撞传感器",可以看到此时位置6处出现了红色方框1中的判断条件,将值改为"true"。最后,位置7处为默认的仿真序列名称Operation(1),如图5-29b所示。设置结果如图5-29c所示。

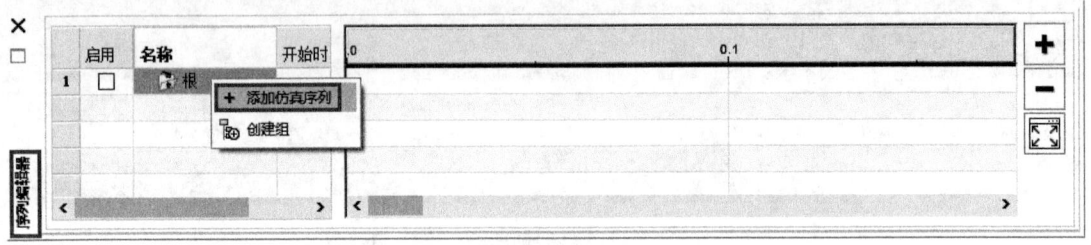

a) 单击"添加仿真序列"

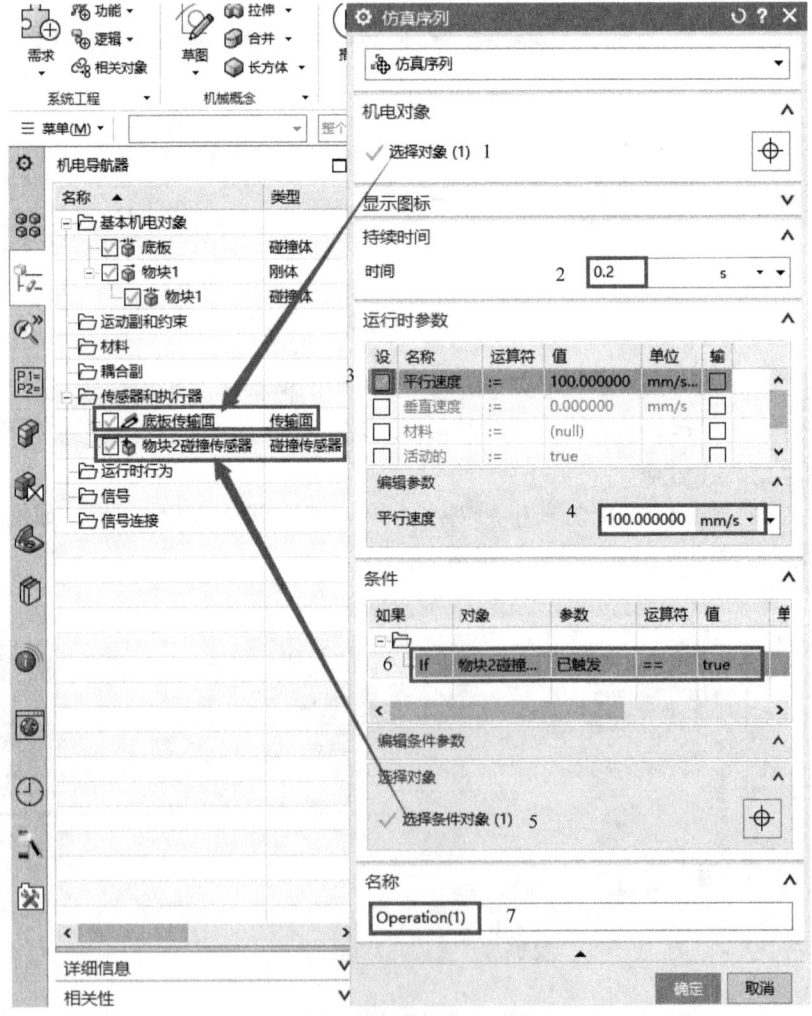

b) 设置"仿真序列"对话框

图 5-29　添加仿真序列

第5章　MCD仿真过程控制

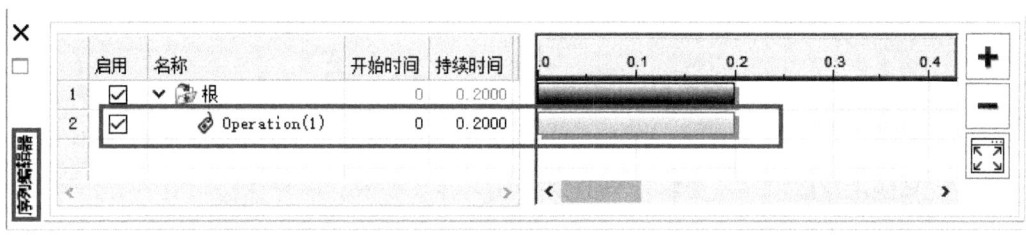

c) 设置结果

图 5-29　添加仿真序列（续）

步骤3：单击停靠功能区"主页"下的"电气"组中的"从仿真序列创建信号"图标，弹出图 5-30a 所示的"从仿真序列创建信号"对话框。可以出现默认的两个信号，单击"确定"，弹出图 5-30b 所示的"将信号名称添加到符号表"对话框，单击"新建符号表"。依次在弹出的"符号表"和"将信号名称添加到符号表"对话框中单击"确定"。最后，设置结果如图 5-30e 所示。可以看到机电导航器中出现了"Signal_0""Signal_1"和"SymbolTable（1）"。

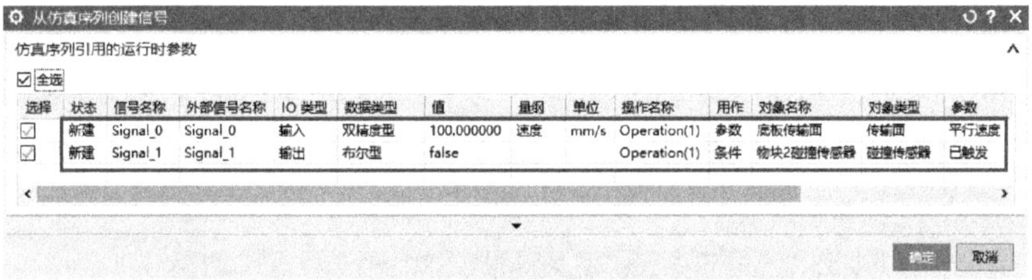

a) 确认从仿真序列创建信号

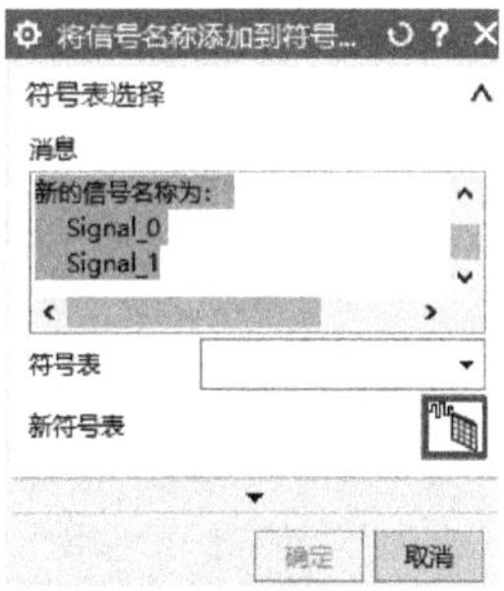

b) 新建符号表 　　c) 设置符号表名称 　　d) 信号名称添加到符号表

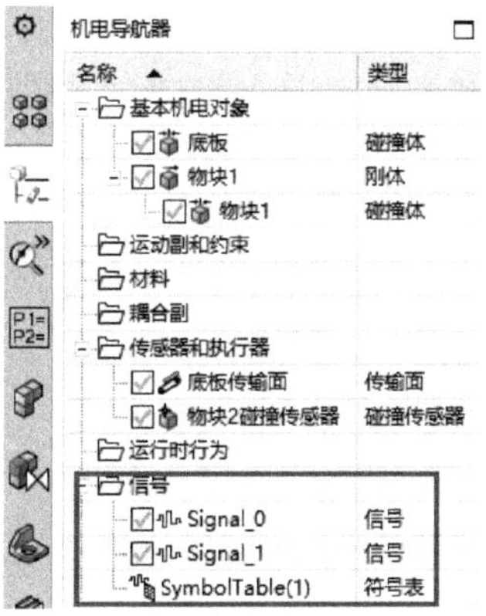

e) 设置结果

图 5-30　从仿真序列创建信号

步骤 4：单击"播放"可以看到与"第 5 章/从仿真序列创建信号_ok.prt"中的模型相同的运动。

5.3.5 导出信号

导出信号使用导出信号命令将信号数据（如名称、类型、地址及初始值）导出到 SIMIT 文本文件或 .csv 文件。

单击停靠功能区"主页"下的"电气"组中的"导出信号"图标 （图 5-31），弹出"导出信号"对话框，如图 5-32 所示。导出信号参数描述见表 5-6。

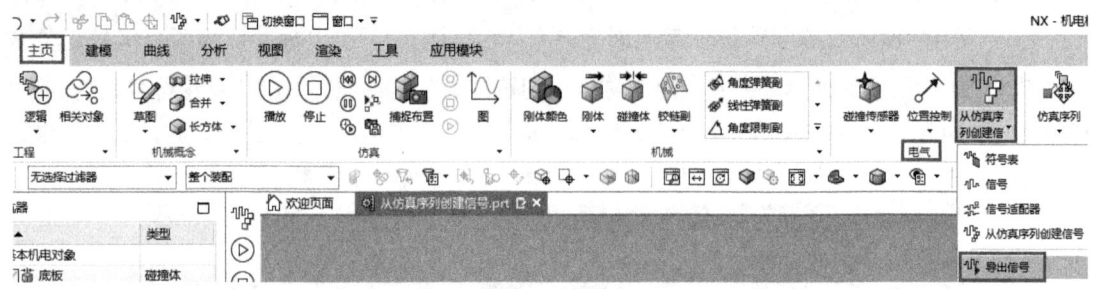

图 5-31 "导出信号"入口位置

图 5-32 "导出信号"对话框

表 5-6 导出信号参数描述

序号	参数	描述
1	信号——全选	选择信号列表中的所有信号以输出
2	信号列表	显示所有可用于输出的信号。在选择列中，可以单独选择或清除要导出的信号
3	文件类型	信号数据导出为 .CSV 或 SIMIT 文本文件
4	导出至	指定将信号导出的位置

5.3.6 导入信号

导入信号使用导入信号命令从 SIMIT 导出的 SIMIT 文本文件，STEP7 导出的 STEP7 文本文件或 TIA Portal 导出的 .xlsx 文件导入信号及其数据。该信号数据包括导入的名称、I/O 类型、数据类型及注释。

单击停靠功能区"主页"下的"电气"组中的"导入信号"图标 ╢ （图 5-33），弹出"导入信号"对话框，如图 5-34 所示。导入信号参数描述见表 5-7。

图 5-33 "导入信号"入口位置

图 5-34 "导入信号"对话框

表 5-7 导入信号参数描述

序号	参数	描述
1	文件类型	选择要导入的信号类型。选择 SIMIT，STEP7 或 TIA Portal 类型
2	导入	根据设置的文件类型，查找并选择包含信号数据的 .txt 或 .xlsx 文件
3	创建信号适配器复选框	导入的信号创建一个新的信号适配器
4	信号适配器名称	填写信号所在信号适配器的名称
5	导入信号的状态	显示导入的信号及其参数

163

5.3.7 MCD 信号服务器配置

使用 MCD 信号服务器配置命令设置 MCD 信号服务器,以便用户可以在本地运行协同仿真。其中,用户可以配置共享内存(SHM)、TCP 和 UDP 三种协议。其中,共享内存使用本地内存地址来存储和传输信号和数据;TCP 建立一个 IP 地址在主机之间传输数据包,TCP 使用收据来确保数据的完整性;UDP 建立一个 IP 地址在主机之间传输数据包,UDP 在不等待收据的情况下发送数据流,以支持更快的数据传输。

单击停靠功能区"主页"下的"自动化"组中的"MCD 信号服务器配置"图标(图 5-35),弹出"MCD 信号服务器配置"对话框,如图 5-36 所示。MCD 信号服务器配置参数描述见表 5-8。

图 5-35 "MCD 信号服务器配置"入口位置

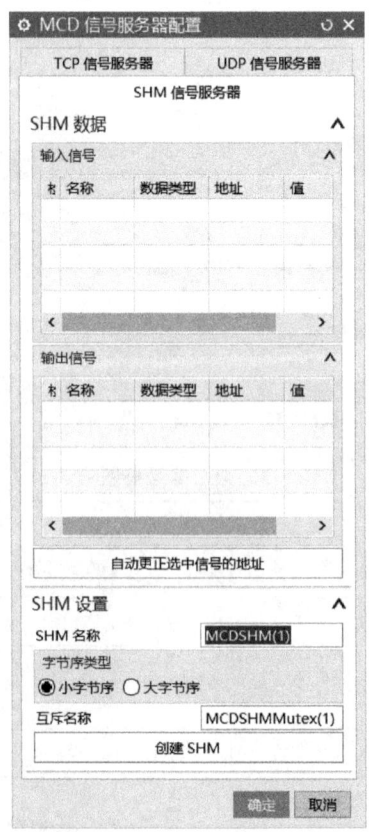

图 5-36 "MCD 信号服务器配置"对话框

表 5-8　MCD 信号服务器配置参数描述

序号	参数	描述
1	输入信号或输出信号表	显示工作部件中的信号，并设置以下内容： 检查-选择在 MCD 模拟开始时创建哪些 SHM 信号 名称、数据类型、地址、值
2	自动更正选中信号的地址	设置信号输入和输出的 SHM 地址，以便它们具有正确的大小和位置
3	SHM 名称	为 SHM 服务器定义唯一的名称
4	字节序类型	设置传输多字节数据类型的顺序
5	互斥名称	为写入位置定义唯一名称以防止冲突。该写入位置一次只能由一个程序访问
6	创建 SHM	创建 SHM 布局以匹配 SIMIT 布局

5.3.8　MCD 信号服务器信息

MCD 信号服务器信息显示 MCD 信号服务器的有关信息。

单击停靠功能区"主页"下的"自动化"组中的"MCD 信号服务器信息"图标（图 5-37），弹出"服务器信息"对话框，如图 5-38 所示。

图 5-37　"MCD 信号服务器信息"入口位置

图 5-38　"服务器信息"对话框

5.3.9　外部信号配置

使用外部信号配置命令可建立 MATLAB、OPC DA、PLCSIM Adv、Profinet、SHM、TCP

及 UDP 7 种协议类型，从而可以使用外部信号运行协同仿真。其中，MATLAB 表示 MATLAB 软件；OPC DA 为 MCD 与真实 PLC 联合调试的服务器设置软件；PLCSIM Adv 为 MCD 与虚拟 PLC 联合调试的仿真软件；Profinet 为网络；SHM 为共享内存；TCP 为传输控制协议；UDP 为用户数据报协议。

要建立 MCD 与外部信号之间的通信，必须执行以下操作：

1) 使用信号适配器命令创建 MCD 信号。
2) 设置外部信号环境。
3) 使用外部信号配置命令配置接口。
4) 使用信号映射命令映射信号。

单击停靠功能区"主页"下的"自动化"组中的"外部信号配置"图标 （图 5-39），弹出"外部信号配置"对话框，如图 5-40 所示。外部信号配置参数描述见表 5-9（以 OPC DA 为例）。

图 5-39 "外部信号配置"入口位置

图 5-40 "外部信号配置"对话框

表 5-9 外部信号配置参数描述

序 号	参 数	描 述
1	服务器列表	选择一个服务器
2	服务器类型	服务器类型：局部、远程、处理中
3	服务器程序 ID 和主机名	显示在服务器 ProfID 和主机名框中，并且服务器中可用的所有标签都显示在"标签列表"表中
4	更新时间	设置 OPC 服务器的扫描速率 默认值由更新时间客户默认设置决定，也可以根据自己的需求更改

5.3.10 信号映射

信号映射可以使用 MCD 当前支持的多种通信协议与接口，最常用的是 OPC DA 协议，在来自 MCD 的信号和来自外部接口的信号之间建立通信。在 MCD 和外部接口之间交换数据，并在协同仿真过程中使用控制信号，使用 MCD 的物理模拟和 3D 可视化测试外部信号。

要使用 OPC DA 协议，必须使用信号适配器创建 MCD 信号，设置 OPC 环境，将默认 OPC 服务器设置为客户默认值，使用外部信号配置命令配置接口，然后使用信号映射命令来映射信号。

单击停靠功能区"主页"下的"自动化"组中的"信号映射"图标（图 5-41），弹出"信号映射"对话框，如图 5-42 所示。

图 5-41 "信号映射"入口位置

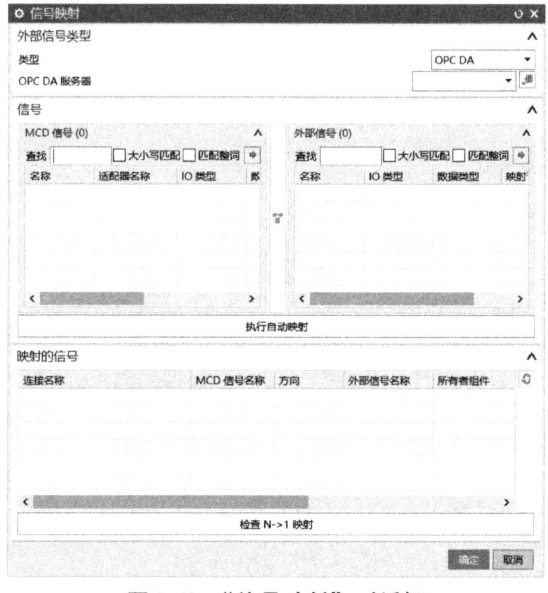

图 5-42 "信号映射"对话框

注意：如果"服务器类型"设置为"远程"，则必须先定义服务器主机名称以查看可用的 OPC 服务器。

本部分的详细举例将在第 7 章介绍。

5.3.11 断开连接

断开连接断开仿真中的所有外连接。单击停靠功能区"主页"下的"自动化"组中的"断开连接"图标 可断开连接，如图 5-43 所示。

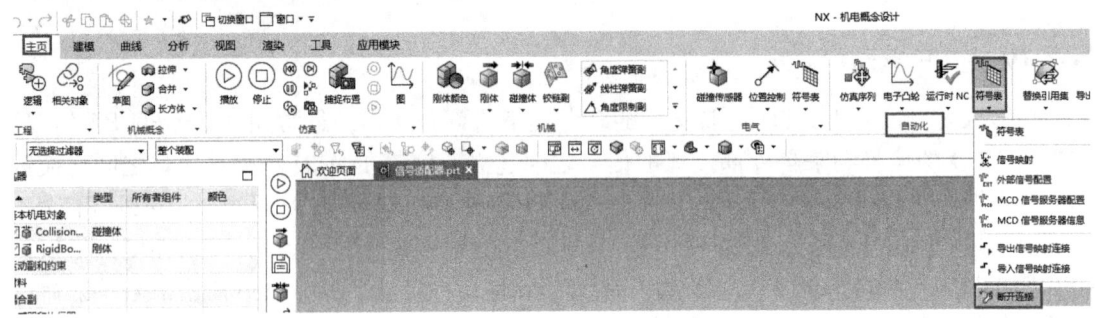

图 5-43 "断开连接"入口位置

本 章 小 结

本章主要对应用 MCD 软件自动化设计的关键内容介绍，即对机电一体化仿真过程的控制进行介绍。主要对如何利用仿真序列进行模型的复杂运动仿真，如何进行信号配置以为 MCD 和 PLC 的联合调试提供基础进行了介绍。本章还对运行时 NC 作了简单介绍。

思考与练习题

1. 对图 5-44 所示模型（第 5 章/信号练习.prt），利用刚体、碰撞体、传输面、碰撞传感器、对象源及对象收集器等元素完成以下动作：

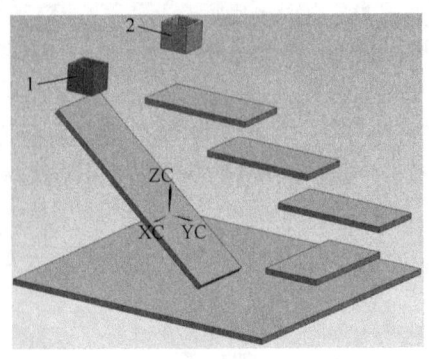

图 5-44 题 1 模型

1)正方体1沿斜面下滑运动到底板后停止运动。

2)多个正方体2分别沿3个YC方向的平面,依次平移运动,然后,沿底板上的长方体平面沿XC方向运动至底板后消失。

3)建立信号控制中MCD模型的黄色盒子2的运动。

要求:传输面速度设为400mm/s,对象源的时间间隔为4s。

2. 为图5-45所示的模型(第5章/仿真序列练习1.prt)建立符合加工工艺的MCD模型,使其完成模型第5章/仿真序列练习1_ok.prt所示的动作。

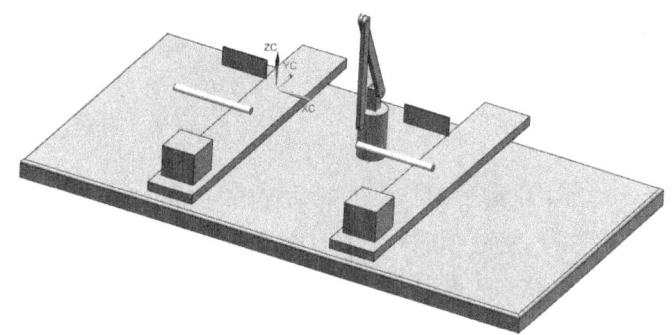

图5-45 题2装配体

3. 为图5-46所示的模型(第5章/仿真序列练习2.prt)建立符合加工工艺的MCD模型,使其完成模型第5章/仿真序列练习2_ok.prt所示的动作。

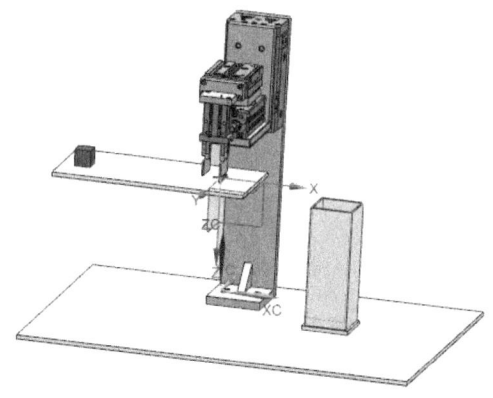

图5-46 题3装配体

第 6 章

MCD设计协同

NX MCD 的优点之一在于机械工程师、电气工程师、自动化工程师可以协同并行工作。前面几章介绍了机电基础、运动系统设计、MCD 仿真过程控制，本章从不同类别工程师协同设计的角度出发，在 MCD 软件中对 CAD 模型根据需要如何进行简单的调整、MCD 软件中 ECAD、电动机、凸轮曲线的导入与导出进行介绍。

6.1 部件操作

6.1.1 添加组件

使用"添加组件"命令可将一个或多个组件部件添加到工作部件。单击停靠功能区"主页"下的"设计协同"组中的"添加"图标 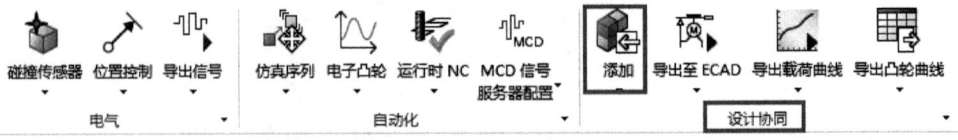（图 6-1），弹出"添加组件"对话框，如图 6-2 所示。添加组件参数描述见表 6-1。

图 6-1 "添加组件"入口位置

表 6-1 添加组件参数描述

序号	参数	描述
1	选择部件	选择要添加到工作部件的一个或多个部件
2	保持选定	在单击应用之后保持部件选择，从而可在下一个添加操作中快速添加同样的这些部件
3	数量	为添加的部件设置要创建的实例数量
4	组件锚点	列出可能的锚点。绝对是组件的绝对原点

（续）

序号	参数	描述
5	装配位置	用于选择组件锚点在装配中的初始放置位置 捕捉：根据装配方位和光标位置选择放置面 绝对-工作部件：组件锚点放置在工作部件的绝对原点处 绝对-显示部件：组件锚点放置在显示部件的绝对原点处 WCS：组件锚点放置在当前工作坐标系位置和方向上
6	循环定向	用于根据装配位置设置指定不同的组件方向 重置：重置对齐位置和方向 WCS：将组件定向至工作坐标系 注释：仅方向匹配。要重新定位到工作坐标系位置，使用工作坐标系装配位置 反向：反转组件锚点的 Z 方向 旋转：绕 Z 轴将组件从 X 轴向 Y 轴旋转 90°
7	放置	移动：用于通过点对话框或坐标系操控器指定部件的方向 约束：用于通过装配约束放置部件

图 6-2 "添加组件"对话框

6.1.2 新建

使用"新建组件"命令可建立一个新的模型。单击停靠功能区"主页"下的"设计协同"组中的"新建"图标 （图 6-3），弹出"新组件文件"对话框，如图 6-4 所示。新组件文件参数描述见表 6-2。

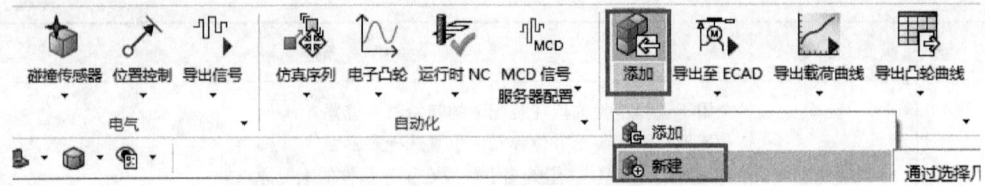

图 6-3 "新建"入口位置

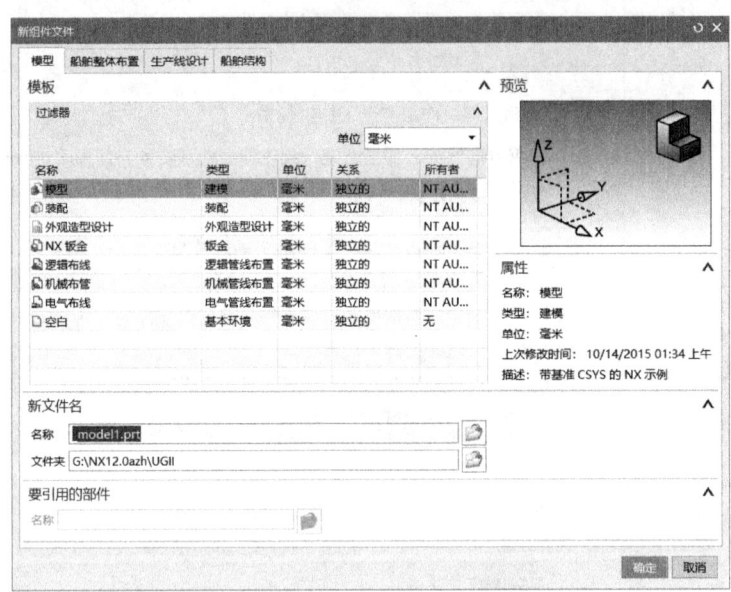

图 6-4 "新组件文件"对话框

表 6-2 新组件文件参数描述

序号	参数	描述
1	新组件文件	选择要新建的组件类型：模型、船舶整体设计、生产线设计、船舶结构
2	单位	设置新建组件的单位：毫米、英寸、全部
3	名称	定义新组件文件的名称
4	文件夹	设置该新建组件所保存的位置

6.1.3 移动组件

使用"移动组件"命令可在装配中移动并有选择地复制一个或多个组件。单击停靠功能区"主页"下的"设计协同"组中的"移动组件"图标 （图 6-5），弹出"移动组件"对话框，如图 6-6 所示。移动组件参数描述见表 6-3。"移动组件"对话框中"运动"选项及其含义见表 6-4。

第6章 MCD设计协同

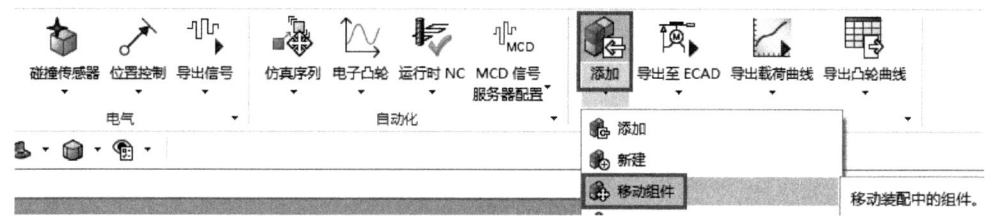

图6-5 "移动组件"入口位置

图6-6 "移动组件"对话框

表6-3 移动组件参数描述

序号	参数	描述
1	选择组件	用于选择一个或多个要移动的组件
2	运动	指定所选组件的移动方式,包括以下十种方式:距离、角度、点到点、根据三点旋转、将轴与矢量对齐、坐标系到坐标系、动态、根据约束、增量XYZ和投影距离。具体每种方式的选择见表6-4
3	模式	指定是否创建副本,如果创建,是手工创建还是自动创建 1) 不复制:在移动过程中不复制组件 2) 复制:在移动过程中自动复制组件 3) 手动复制:在移动过程中复制组件,并允许控制副本的创建时间
4	中间副本	当模式设置为复制时显示,设置副本总数

(续)

序号	参数	描述
5	仅移动选定的组件	用于移动选定的组件，但约束到所选组件的其他组件（但未选定它们）不会移动；如果移动所选组件会引起非选定组件的移动，则选定的组件可能不会移动
6	动画步骤	在图形窗口中设置组件移动的步数。例如，值1表示一步将组件移到新位置，而值8则表示将进行八次移动
7	动态定位	选中该复选框可对约束求解并移动组件，就像创建每个约束一样
8	移动曲线和管线布置对象	如果希望对对象和非关联曲线进行管线布置，使其在用于约束中时进行移动，需选中该复选框
9	动态更新管线布置实体	移动相连组件时动态更新管线布置对象
10	碰撞动作	指定在移动组件时处理碰撞的方式 无：忽略移动组件时的所有碰撞 高亮显示碰撞：高亮显示发生碰撞但并未停止移动的组件 在碰撞前停止：停止碰撞时的移动
11	检查模式	指定要检查其间隙的对象的类型，包括：小平面/实体、快速小平面两种（该属性只有当碰撞动作列表设置为高亮显示碰撞或在碰撞前停止时显示） 1）小平面/实体：碰撞检测使用小平面表示进行快速的初始碰撞检查；如果基于小平面的计算显示了一对组件之间的可能干涉，则将加载精确实体表示以确认干涉 2）快速小平面：碰撞检测始终以小平面表示为基础；这样能够在精度略低于基于精确实体表示的计算的情况下达到最佳性能
12	确认碰撞	用于确认碰撞。发生碰撞时可用，在单击"确认碰撞"后继续移动组件

表6-4 "移动组件"对话框中的"运动"选项及其含义

序号	运动选项	含义	选项设置
1	距离	定义选定组件的移动距离	矢量、距离
2	角度	沿着指定矢量按一定角度移动组件	矢量、轴点和角度
3	点到点	用于将组件从选定点移到目标点	出发点和目标点
4	根据三点旋转	允许使用三个点旋转组件：中心轴点、起点和终点	矢量、枢轴点、起点和终点
5	将轴与矢量对齐	允许使用两个指定矢量和一个中心轴点来移动组件	起始矢量、终止矢量和枢轴点
6	坐标系到坐标系	允许根据两个坐标系的关系移动组件	起始坐标系和目标坐标系
7	动态	用于通过拖动、使用图形窗口中的屏显输入框或通过点对话框来重定位组件	指定方位方法一：在屏显输入框中键入X、Y和Z值 指定方位方法二：使用手柄拖动组件，如果手柄所处位置不方便拖动组件，可以选中只移动手柄复选框，并将手柄拖动或旋转至所需位置

(续)

序号	运动选项	含义	选项设置
8	根据约束	通过添加约束移动组件，可建在同级或不同级装配之间	选择约束类型；设置要约束的几何体
9	增量 XYZ	根据 WCS 或绝对坐标系将组件移动指定的 XC、YC 和 ZC 距离	参考：指定距离是否根据 WCS 或绝对坐标系应用 XC、YC 和 ZC 用于指定距离值
10	投影距离	用于将组件沿着矢量移动，或者将组件移动一段距离，该距离是投影到运动矢量上的两个对象或点之间的投影距离	指定矢量：指定投影轴的矢量 选择起点或起始对象：用于选择测量距离的起点 选择终点或终止对象：用于选择测量距离的终点

6.1.4 替换组件

使用"替换组件"命令，可移除现有组件并替换为另一个 *.prt 文件类型的组件。

注意：在新组件处于以下状况时，将收到关于要替换的组件不是替换件修订版的警报。

1）不是从同一原始模板部件创建的。

2）如果未使用模板，则不是同一原始毛坯部件的派生部件。

单击停靠功能区"主页"下的"设计协同"组中的"替换组件"图标（图 6-7），弹出"替换组件"对话框，如图 6-8 所示。替换组件参数描述见表 6-5。

表 6-5 替换组件参数描述

序号	参数	描述
1	选择组件	选择一个或多个要替换的组件
2	选择部件	从以下任一项选择替换件： 1）图形窗口 2）装配导航器 3）已加载的部件列表 4）未加载的部件列表
3	已加载的部件	在会话中显示所有加载的组件 搜索：通过输入完整或部分部件名搜索已加载的部件列表 视图样式：指定已加载的部件是否只按名称列出，或已加载的部件显示为图块还是图标（包括部件预览缩略图）
4	未加载的部件	浏览到候选替换部件时显示
5	浏览	允许浏览到包含部件（要用作替换组件）的目录
6	保持关系	指定 NX 在替换组件后是否尝试保持关系（如装配约束和属性） 在前/后处理中，当替换装配 FEM 中的组件 FEM，并且这些组件 FEM 进行连接所用的 1D 连接通过引用组成的点、多边形边或多边形面来定义时，可以选择此选项来保持连接中的组引用。替换组件 FEM 中的组名称必须与原始组件 FEM 中的组名称相同，并且替换 FEM 必须是加载的部件

(续)

序号	参数	描述
7	替换装配中的所有事例	指定 NX 在替换组件时是否替换所有事例
8	组件属性	用于为替换组件指定部件名称、引用集和图层属性

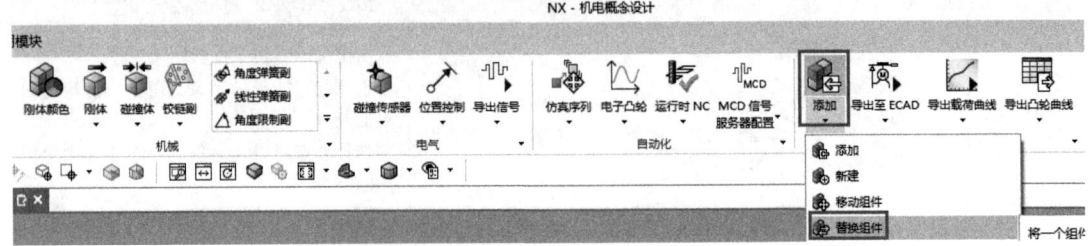

图 6-7 "替换组件"入口位置

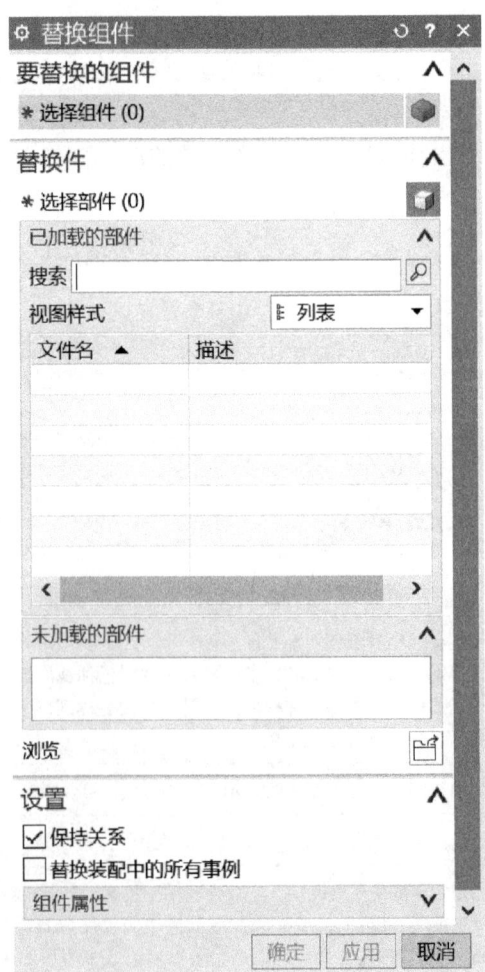

图 6-8 "替换组件"对话框

6.1.5 替换引用集

"替换引用集"使用类选择选项可基于类型、颜色或图层等特定准则选择对象。单击停靠功能区"主页"下的"设计协同"组中的"替换引用集"图标 (图 6-9),弹出"替换引用集"对话框,如图 6-10 所示。替换引用集参数描述见表 6-6。

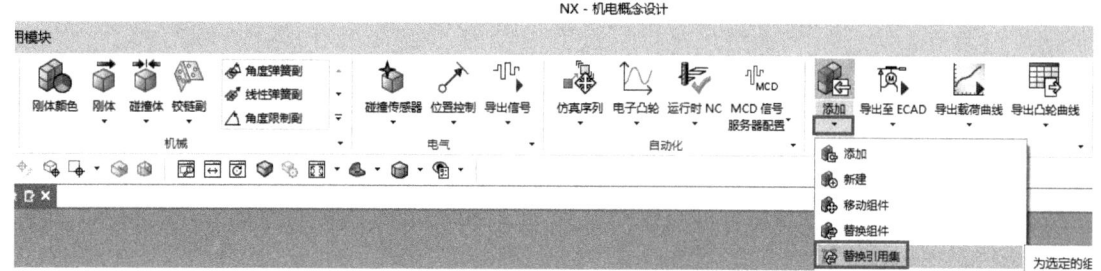

图 6-9 "替换引用集"入口位置

图 6-10 "替换引用集"对话框

表 6-6 替换引用集参数描述

序 号	参 数	描 述
1	选择对象	用于基于当前指定的过滤器、鼠标手势和选择规则来选择对象
2	全选	用于根据在过滤器组中设立的对象过滤器设置,选择工作视图中所有的可见对象
3	反选	根据过滤器组中的设置,取消选择所有当前选定的对象,并选择先前未选定的所有对象。特征不受支持。还应限制选定对象的类型
4	按名称选择	根据指派的对象名称选择单个对象或一系列对象。可以使用通配符按名称选择对象
5	选择链	选择连接的对象、线框几何体或实体边
6	向上一级	选取选择层次结构中的下一级组件或组

（续）

序号	参数	描述
7	类型过滤器	选择一个或多个要包含或排除的对象类型
8	图层过滤器	当前可选择的图层初始已选定。指定一个图层、一系列图层或一个现有类别
9	颜色过滤器	打开颜色对话框，且所有颜色初始已选定。选择或取消选择调色板中的颜色
10	属性过滤器	按属性选择对话框将显示可用属性列表
11	重置过滤器	将所有过滤器重置为原始状态

6.2 ECAD

6.2.1 导出至 ECAD

使用"导出至 ECAD"命令将逻辑模型中的对象导出为 EPLAN P8 的电气设备。单击停靠功能区"主页"下的"设计协同"组中的"导出至 ECAD"图标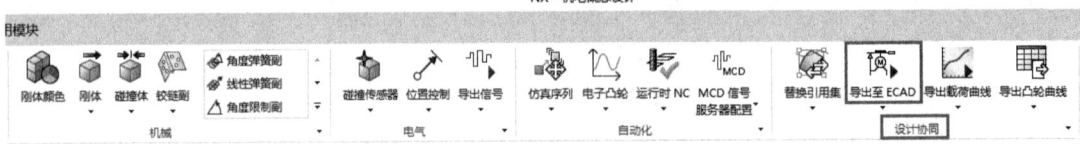（图 6-11），弹出"导出至 ECAD"对话框，如图 6-12 所示。导出至 ECAD 参数描述见表 6-7。

图 6-11 "导出到 ECAD"入口位置

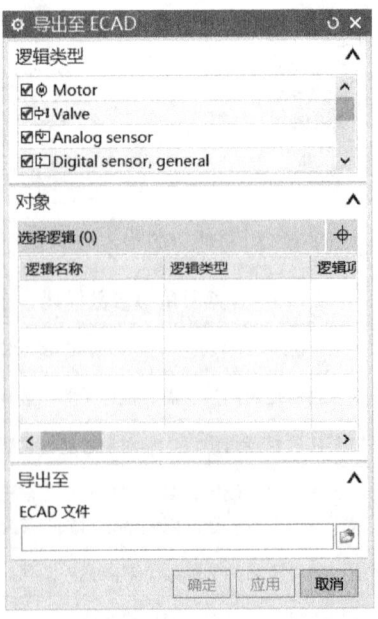

图 6-12 "导出至 ECAD"对话框

第6章　MCD设计协同

表 6-7　导出至 ECAD 参数描述

序　号	参　　数	描　　述
1	选择逻辑	选择要导出的逻辑
2	逻辑表	显示已选择的逻辑和信息
3	ECAD 文件	选择要保存文件的路径和格式。可用的格式为 .xml、.csv 和 EPLAN（.xml）

[例 6-1]　对如图 6-13 所示模型（第 6 章/导出至 ECAD.prt）应用"导出至 ECAD"命令。

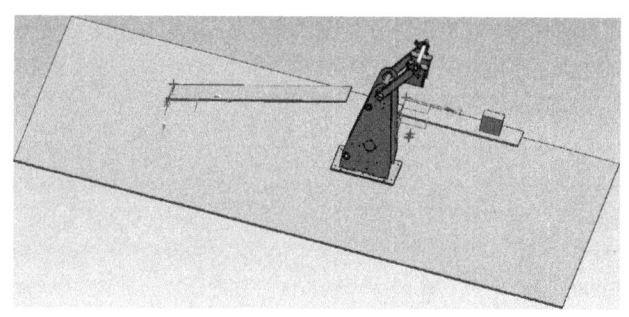

图 6-13　[例 6-1] 模型

解　步骤 1：打开"第 6 章/导出至 ECAD.prt"，进入 NX-运动环境，如图 6-14 所示。然后，单击"应用模块"并在"更多"中单击"机电概念设计"，进入 MCD 环境。

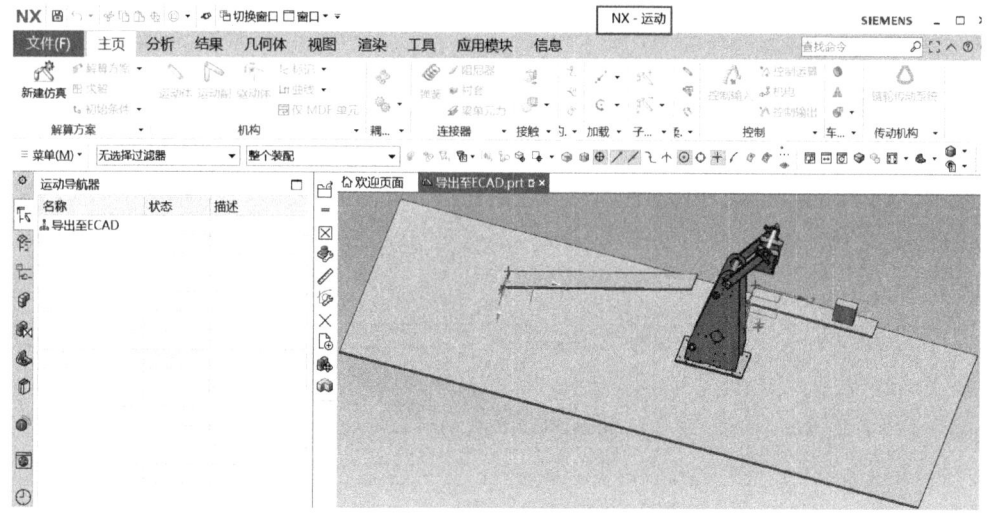

图 6-14　打开"导出至 ECAD"模型

步骤 2：首先，单击"系统导航器"图标进入系统导航器，可以看到系统中已有逻辑"Tile Packaging Line"。然后，右击"逻辑"，在弹出的菜单中单击"添加新逻辑"，如图 6-15a 所示；在弹出的"逻辑"对话框（图 6-15b）中，参考名称中"种类"选择"Assignment"，"字母代码"选择"W-Auxiliary Function"，逻辑信息中"名称"定位"Root"，并单击"确定"按钮，可以看到"逻辑"对话框设置结果如图 6-15c 所示。最后，将已有的逻辑"Tile

"Packaging Line"拉进新建的逻辑"Root"中去,结果如图6-15d所示。

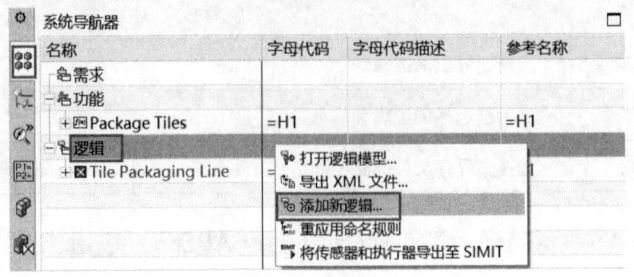

a) 打开"逻辑"命令

b) 设置"逻辑"对话框

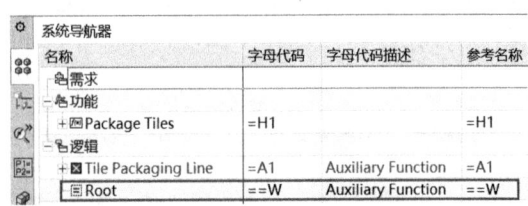

c) "逻辑"对话框设置结果

d) 将已有逻辑添加至新建逻辑

图6-15 添加新逻辑"Root"

第6章 MCD设计协同

步骤3：添加新逻辑"PageMacro"。首先，右击"Root"，在弹出的菜单中选择"添加新逻辑"，如图6-16a所示。随后，在弹出的"逻辑"对话框中，参考名称中"种类"选择"Function"，字母代码选择"A-Auxiliary Function"，逻辑类型选择"PageMacro"，名称设为"PageMacro"，如图6-16b所示。在图6-16b中，单击"参数"中的"值"，并在弹出的"选择EMP文件"对话框中选择"ET1+2_Emergency_stop.emp"，如图6-16c所示。最后，单击"OK"按钮，新逻辑添加结果如图6-16d所示。

a) 选择"添加新逻辑"

b) 设置"逻辑"对话框

图6-16 添加新逻辑"PageMacro"

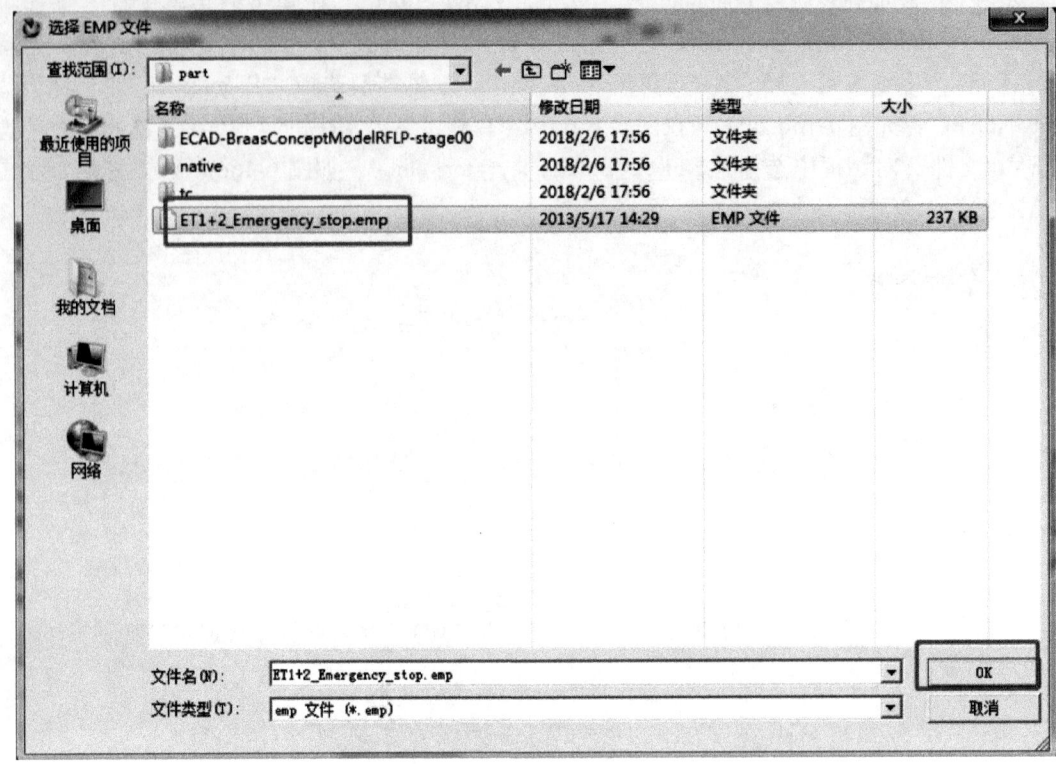

c）设置"选择EMP文件"对话框

d）新逻辑添加结果

图 6-16　添加新逻辑"PageMacro"（续）

第6章 MCD设计协同

步骤4：设置"导出至ECAD"对话框。单击停靠功能区"主页"下的"设计协同"组中的"导出至ECAD"图标，随后在弹出的"导出至ECAD"对话框中选择逻辑对象"Root"，并单击浏览ECAD文件的文件夹，如图6-17a所示。在弹出的"指定ECAD文件"对话框中，确定文件名为"Export ToEcad.xml"，如图6-17b所示。最后，在返回的"导出至ECAD"对话框中，单击"是"，如图6-17c所示。这样，将逻辑模型中的对象导出为EPLAN P8的电气设备。

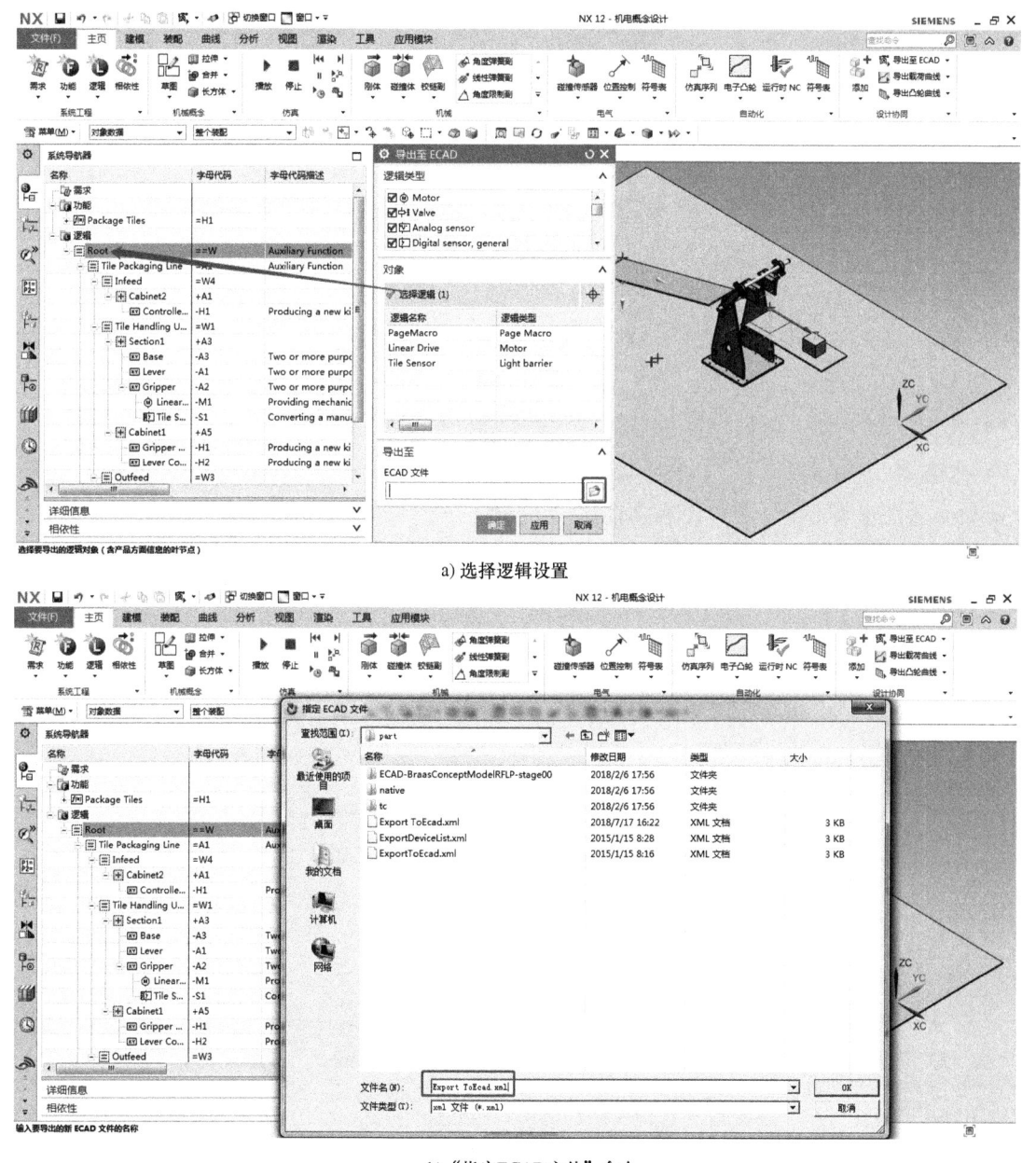

a）选择逻辑设置

b）"指定ECAD文件"命令

图6-17 设置"导出至ECAD"对话框

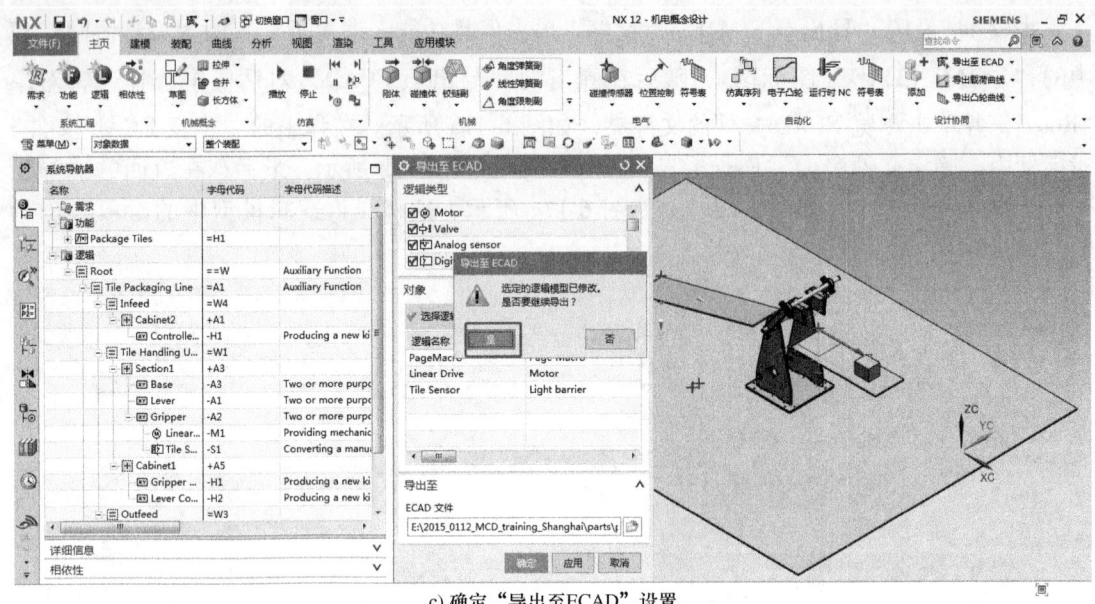

c) 确定"导出至ECAD"设置

图 6-17 设置"导出至 ECAD"对话框（续）

6.2.2 从 ECAD 导入

使用"从 ECAD 导入"命令将 EPLAN P8 中的电气设备导入机电一体化 Concept Designer 的逻辑模型中。单击停靠功能区"主页"下的"设计协同"组中的"从 ECAD 导入"图标（图 6-18），弹出"从 ECAD 导入"对话框，如图 6-19 所示。从 ECAD 导入参数描述见表 6-8。

表 6-8 从 ECAD 导入参数描述

序 号	参 数	描 述
1	ECAD File	只适用于本地 NX
2	浏览	选择要导入的文件
3	结果过滤器	按组件类型过滤结果
4	逻辑类型列表	指定逻辑组件类型
5	结果查看器	显示可导入设备的列表

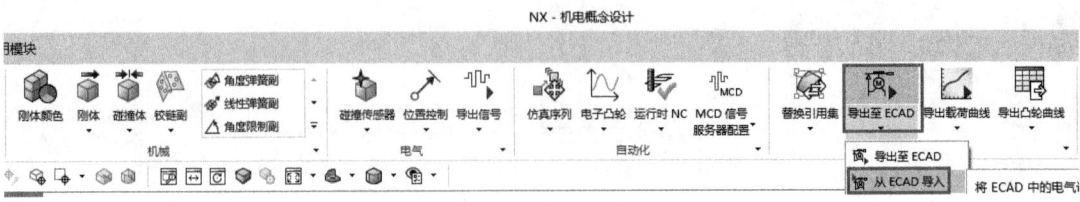

图 6-18 "从 ECAD 导入"入口位置

第6章 MCD设计协同

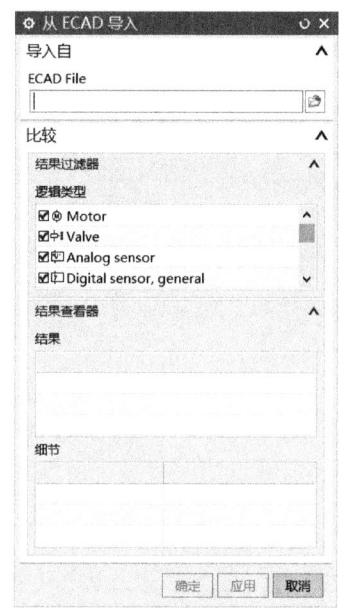

图 6-19 "从 ECAD 导入"对话框

[例 6-2] 对第 6 章/从 ECAD 导入. prt 文件的模型（图 6-13）应用"从 ECAD 导入"命令。

解 步骤 1：打开"第 6 章/从 ECAD 导入. prt"，与［例 6-1］相似的方法，进入 MCD 环境。

步骤 2：设置"从 ECAD 导入"对话框。单击停靠功能区"主页"下的"设计协同"组中的"从 ECAD 导入"图标，随后在弹出的"从 ECAD 导入"对话框中浏览 ECAD 文件夹（图 6-20a），找到并选中文件"ExportDeviceList. xml"（图 6-20b），单击添加，这时可以看到新添加的两个零件号为 LENZE. 071-31 和 LENZE. 080-33，如图 6-20c 所示。

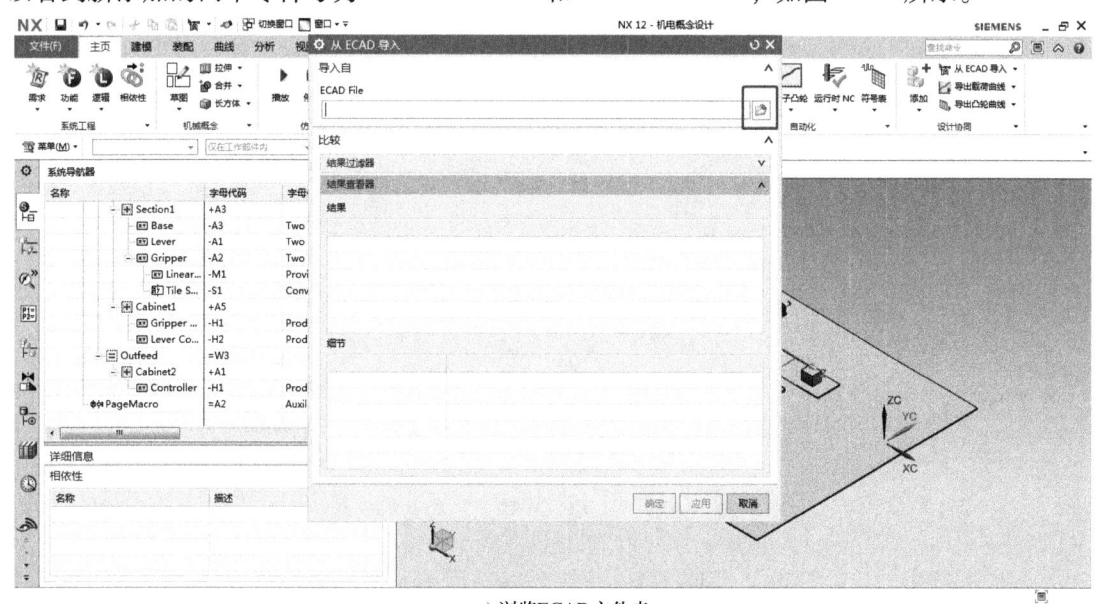

a) 浏览ECAD文件夹

图 6-20 设置"从 ECAD 导入"对话框

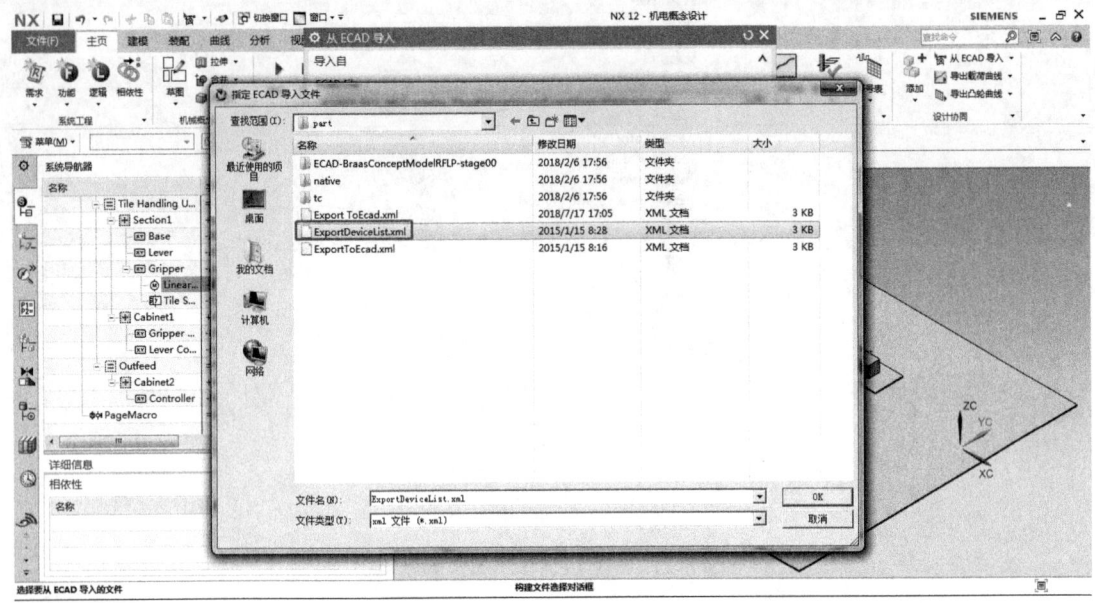

b) 指定ECAD导入文件

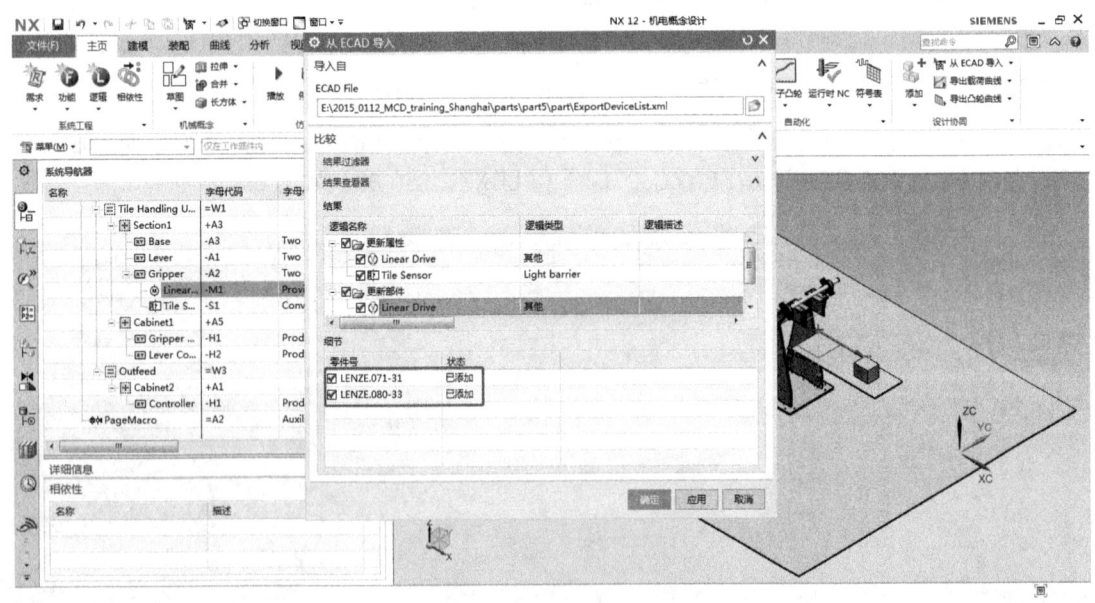

c) 确定"从ECAD导入"对话框设置

图 6-20　设置"从 ECAD 导入"对话框（续）

步骤 3：最后，可以看到"从 ECAD 导入"结果如图 6-21 所示。

第6章　MCD设计协同

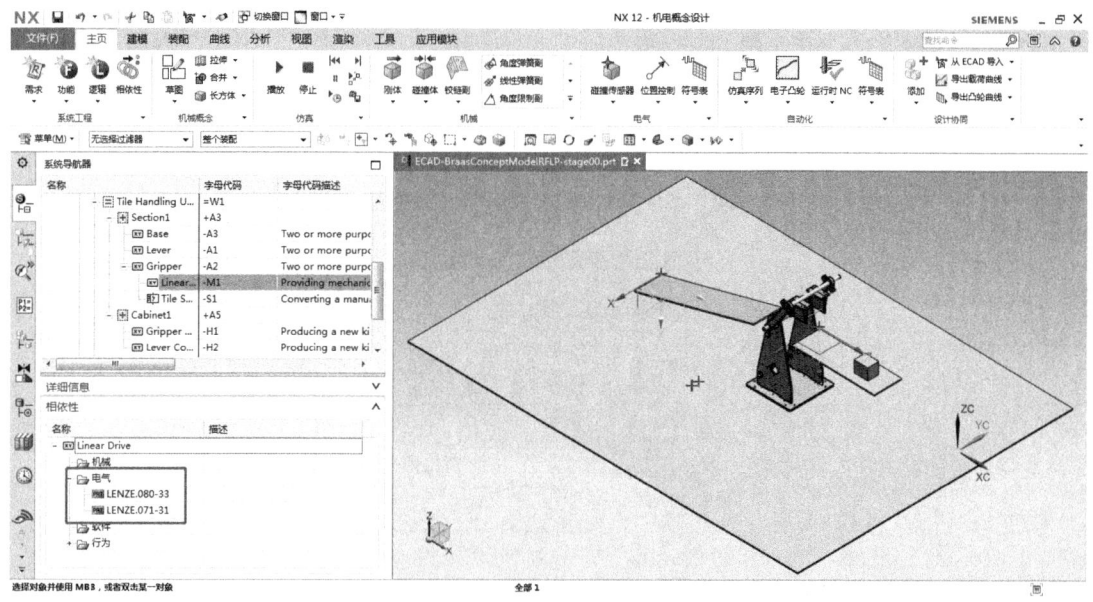

图 6-21　从 ECAD 导入结果

6.3　电动机

6.3.1　导出载荷曲线

"导出载荷曲线"命令可将线性和旋转执行器数据输出到 SIZER。单击停靠功能区"主页"下的"设计协同"组中的"导出载荷曲线"图标 ![icon]（图 6-22），弹出"导出载荷曲线"对话框，如图 6-23 所示。导出载荷曲线参数描述见表 6-9。

表 6-9　导出载荷曲线参数描述

序号	参数	描述
1	选择轴控制	选择用于导出数据的执行器
2	输出轴控制	输出轴表，显示模拟期间要监视的组件
3	控制类型	定义控制类型：时间、仿真序列
4	开始时间	设置数据检索的开始时间
5	结束时间	设置数据检索的结束时间
6	显示类型	定义显示模拟结果类型：表、图、显示快捷方式
7	文件类型	选择输出文件类型：SIZER、CSV
8	指定输出文件	选择输出文件的保存位置，并设置导出载荷曲线的名称

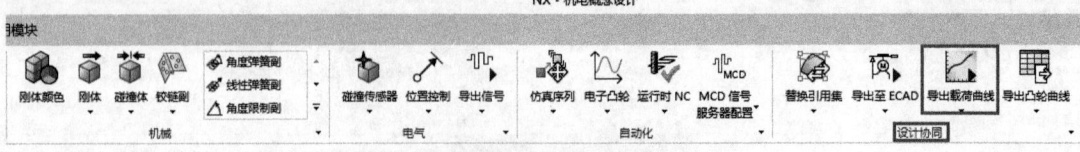

图 6-22 "导出载荷曲线"入口位置

图 6-23 "导出载荷曲线"对话框

[例 6-3] 对如图 6-24 所示的模型（第 6 章/导出载荷曲线.prt）应用"导出载荷曲线"命令。

解 步骤 1：打开"第 6 章/导出载荷曲线.prt"，进入 MCD 环境，如图 6-24 所示。

图 6-24 [例 6-3] 模型

步骤 2：设置"导出载荷曲线"对话框。单击停靠功能区"主页"下的"设计协同"组中的"导出载荷曲线"图标，弹出"导出载荷曲线"对话框。其中，"轴控制"选择"Motor1_1"速度控制，"输出轴控制"中单击添加新对象标识，"记录载荷曲线"中控制类型选择"时间"，结束时间设为"10s"，随后单击"播放仿真"图标，如图 6-25a 所示。单击"播放仿真"后，模型运动 10s 后，在"记录载荷曲线"的显示类型中选择"表"，可以看到如图 6-25b 所示的载荷信息表；在"记录载荷曲线"的显示类型中选择"图"，可以看到如图 6-25c 所示的 10s 内电动机速度与扭矩图。在"导出载荷曲线"对话框中的"输出文件"部分，文件类型按照默认 mdix（SIZER）设置，"指定输出文件"中单击图标，如图 6-25c 所示。在弹出的"导出"路径对话框中，设置保存文件的路径，并命名为"电动机载荷曲线.mdix"，单击"OK"按钮，如图 6-25d 所示。最后，在图 6-25c 中单击"确定"按钮。

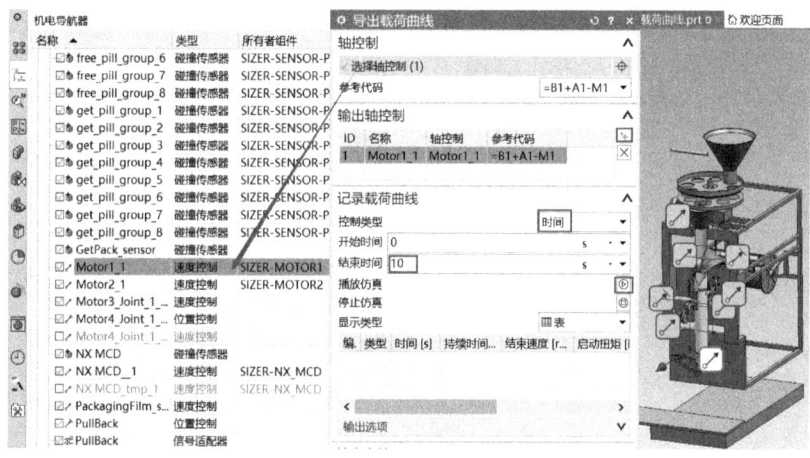

a) 设置"轴控制""输出轴控制"与"记录载荷曲线"

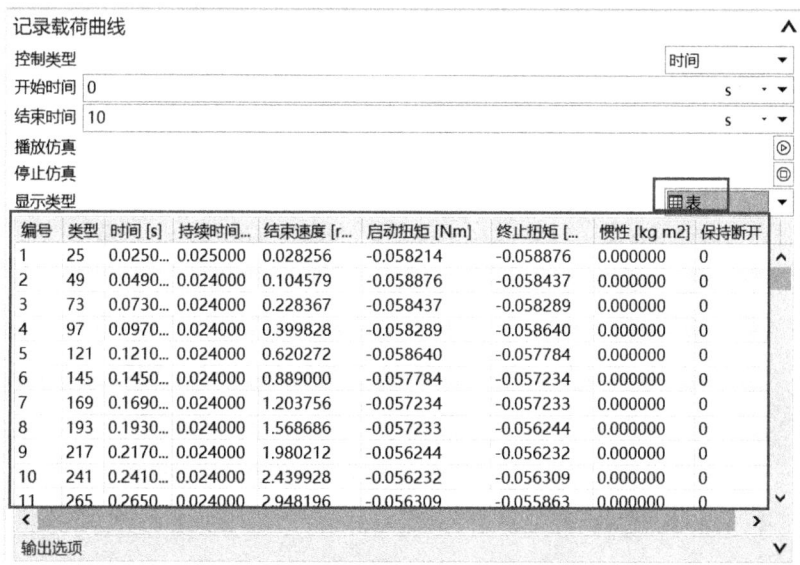

b) 设置"显示类型"

图 6-25 设置"导出载荷曲线"对话框

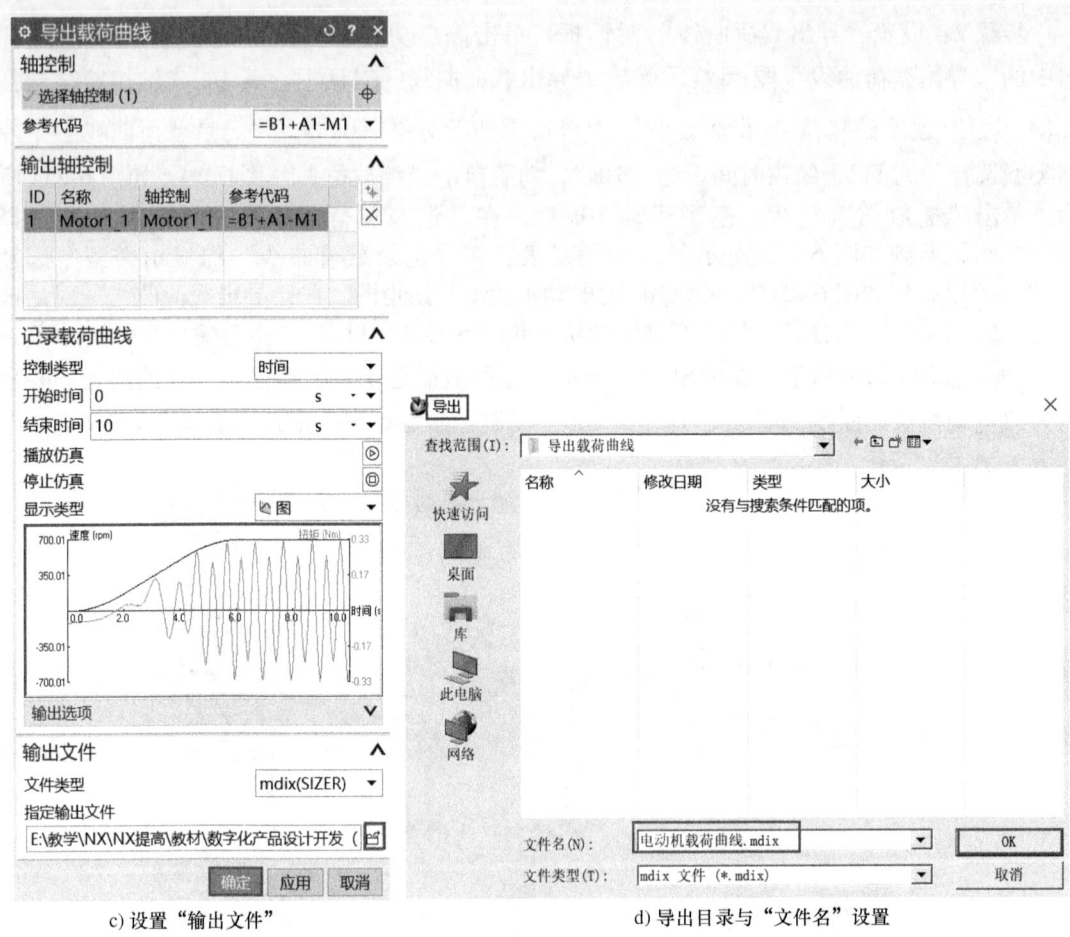

c) 设置"输出文件"   d) 导出目录与"文件名"设置

图 6-25   设置"导出载荷曲线"对话框（续）

步骤 3：可以看到设置路径下多出了"电动机载荷曲线.mdix"文件，如图 6-26 所示。

图 6-26   导出文件结果

6.3.2   导入选定的电动机

使用"导入选定的电动机"命令从 SIZER 导入一个或多个电动机选择的 3D 几何和输入参数。单击停靠功能区"主页"下的"设计协同"组中的"导入选定的电动机"图标

第6章 MCD设计协同

(图6-27),弹出"导入选定的电动机"对话框,如图6-28所示。导入选定的电动机参数描述见表6-10。

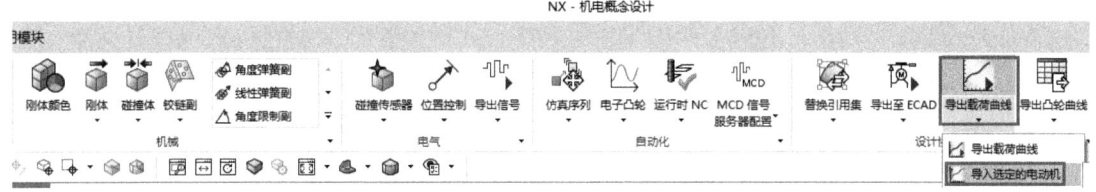

图6-27 "导入选定的电动机"入口位置

图6-28 "导入选定的电动机"对话框

表6-10 导入选定的电动机参数描述

序号	参数	描述
1	指定输入文件	指定要导入的SIZER文件
2	轴	列出可用于导入的.mdex文件中的所有轴
3	参考代码	显示所选组件的行业标准指示符
4	选择逻辑	将逻辑模型应用于SIZER模型
5	细节	显示从"选择轴"列表中选择的轴的参数
6	生成电动机	生成电动机部件的几何图形
7	替换组件复选框	用SIZER模型和物理替换模型组件
8	定位	列出可用的定位方法
9	预览复选框	在"组件预览"窗口中显示电动机组件几何图形的预览

注意:在本机NX中,几何体作为组件添加到工作部件中。在Teamcenter集成中,用户必须将几何图形导入Teamcenter。

MCD 中，在使用"导入选定的电动机"命令之前，需要先生成电动机文件，该操作在 SIZER 软件中完成，操作流程如下。

步骤 1：打开 SIZER 软件，单击"新建"命令，在弹出的"New project"对话框中，选择"Mechatronic project"，工程名取为"Project2"，并设置工程的路径与机电一体化数据输入文件为 test. mdix，如图 6-29 所示。

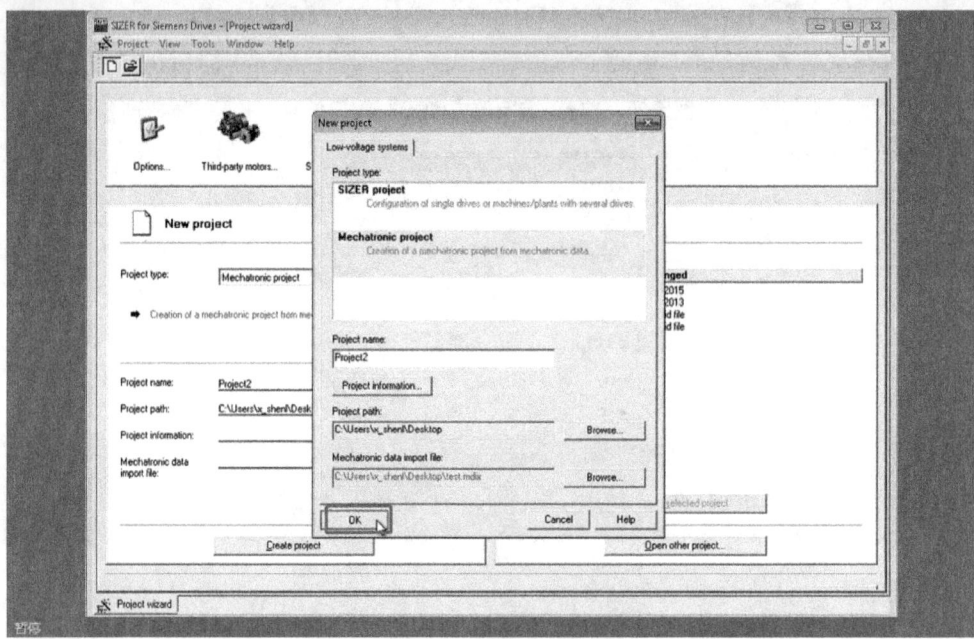

a) 设置新建SIZER工程对话框

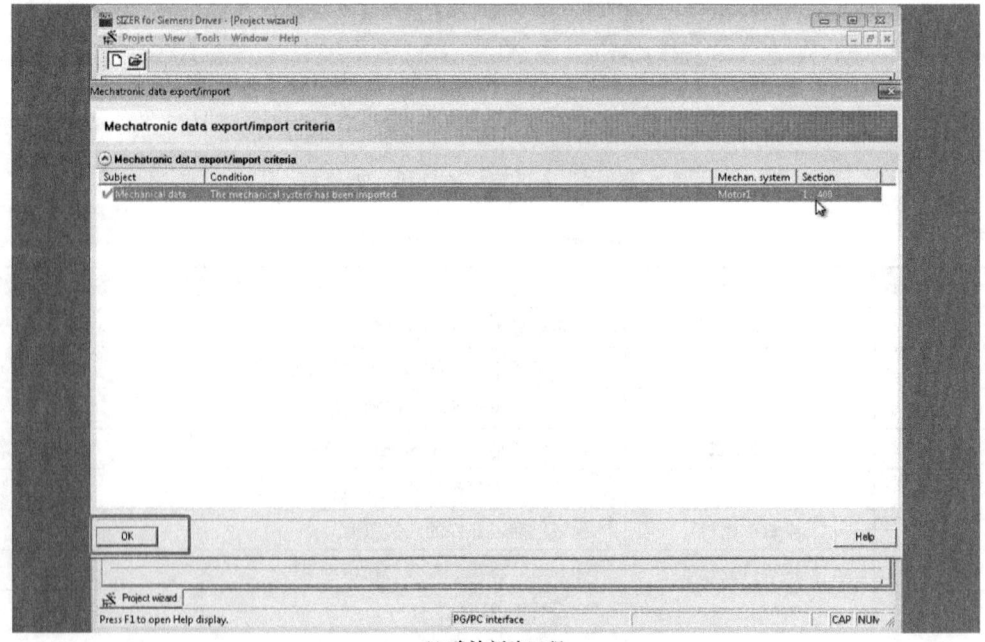

b) 确认新建工程

图 6-29　新建电动机数据模型

步骤2：按照如图6-30所示设置电动机的驱动系统。

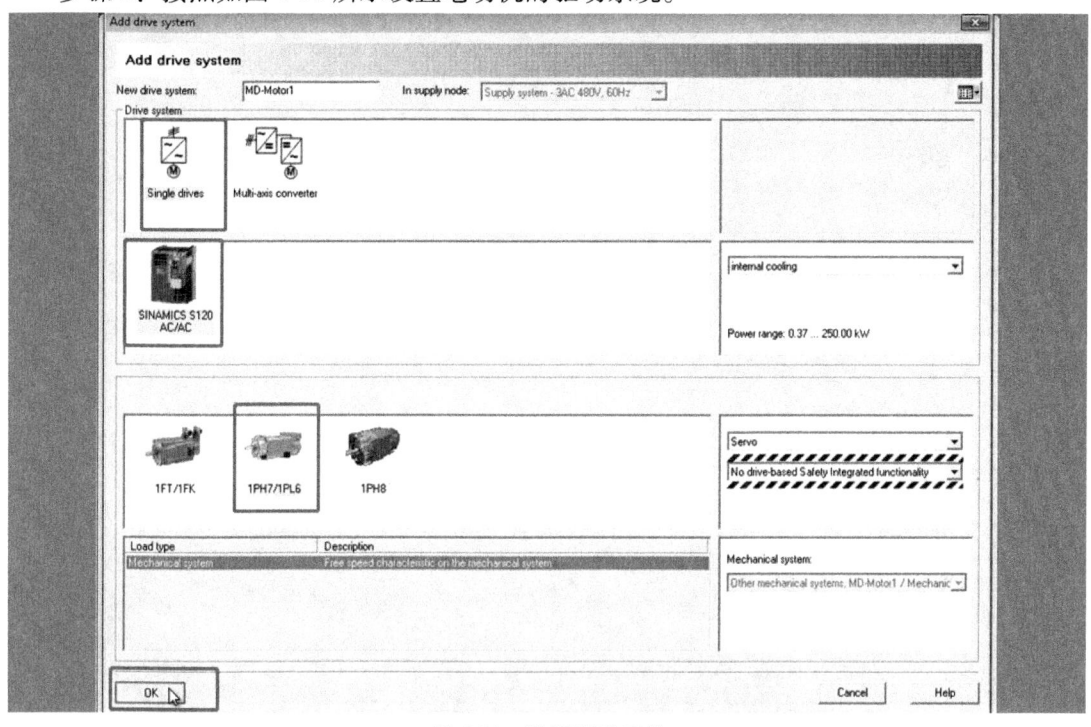

图6-30　设置驱动系统

步骤3：按照如图6-31所示选择电动机，并定义电动机具体参数。

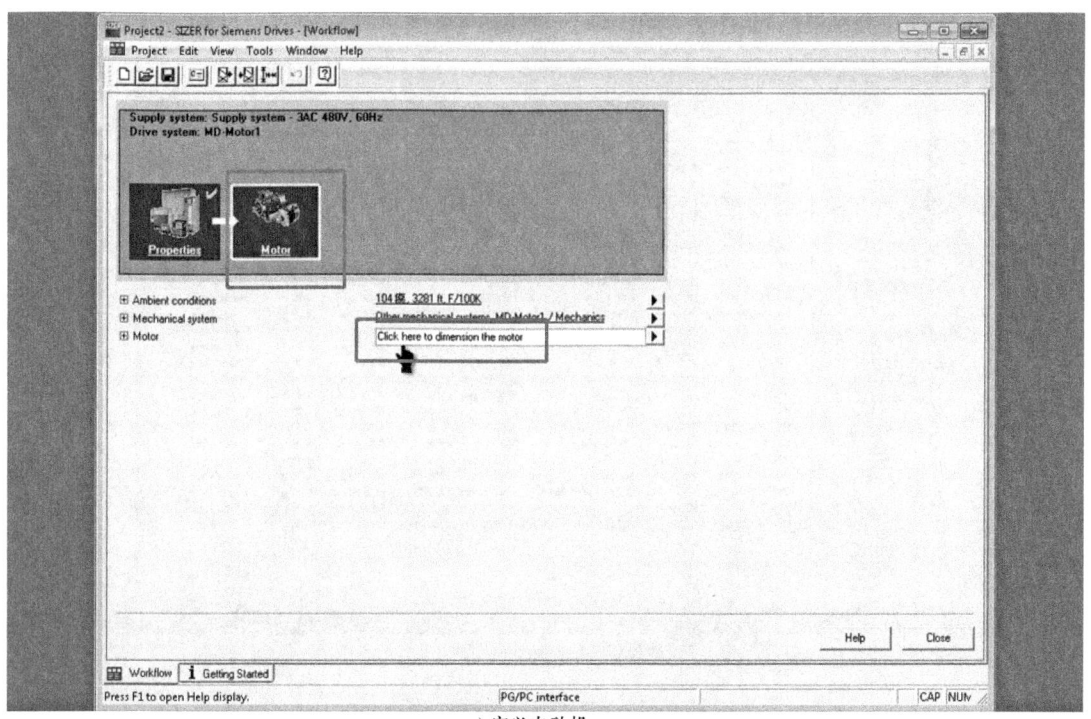

a) 定义电动机

图6-31　定义电动机参数

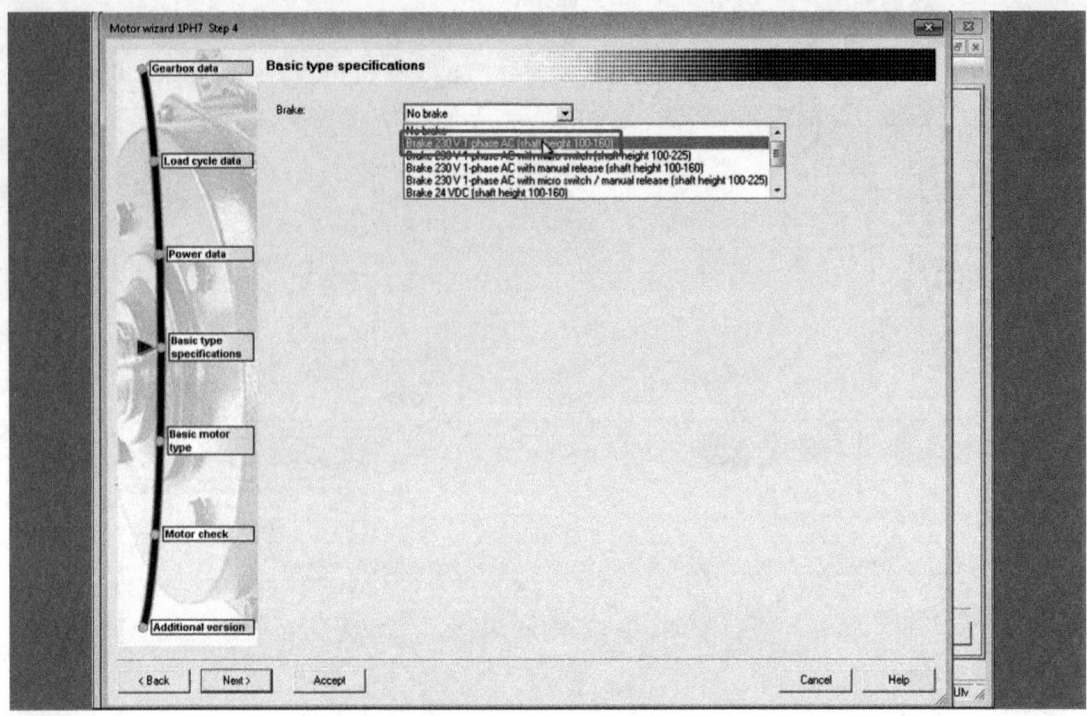

b) 设置"Basic type specifications"

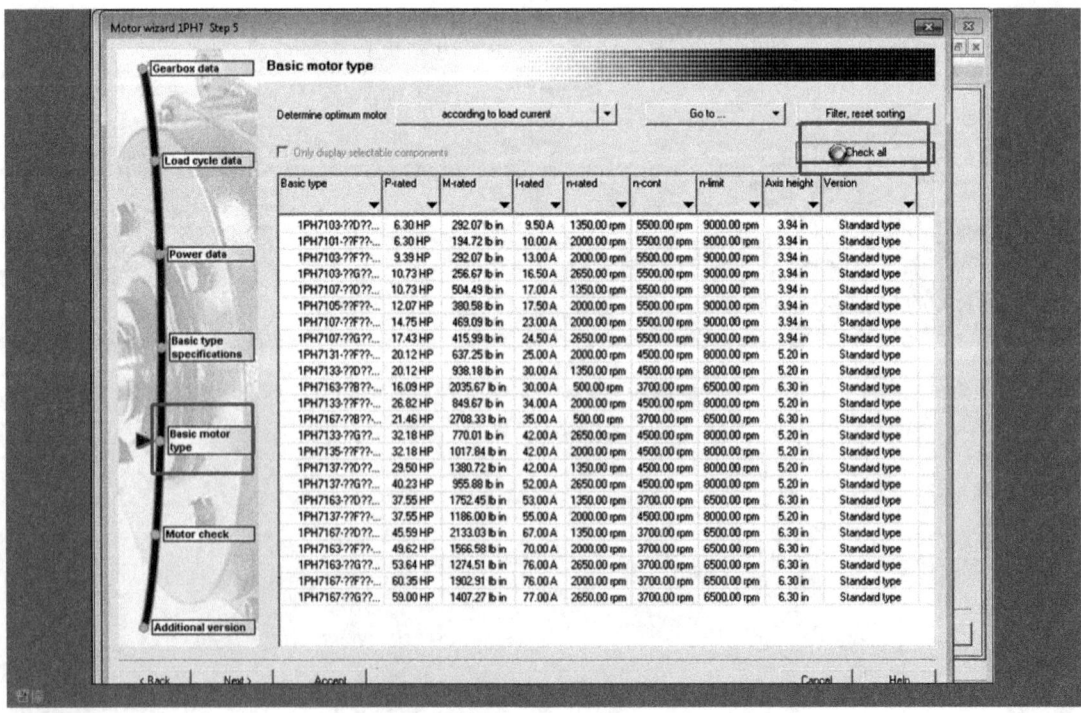

c) 设置"Basic motor type"

图 6-31 定义电动机参数（续）

第6章 MCD设计协同

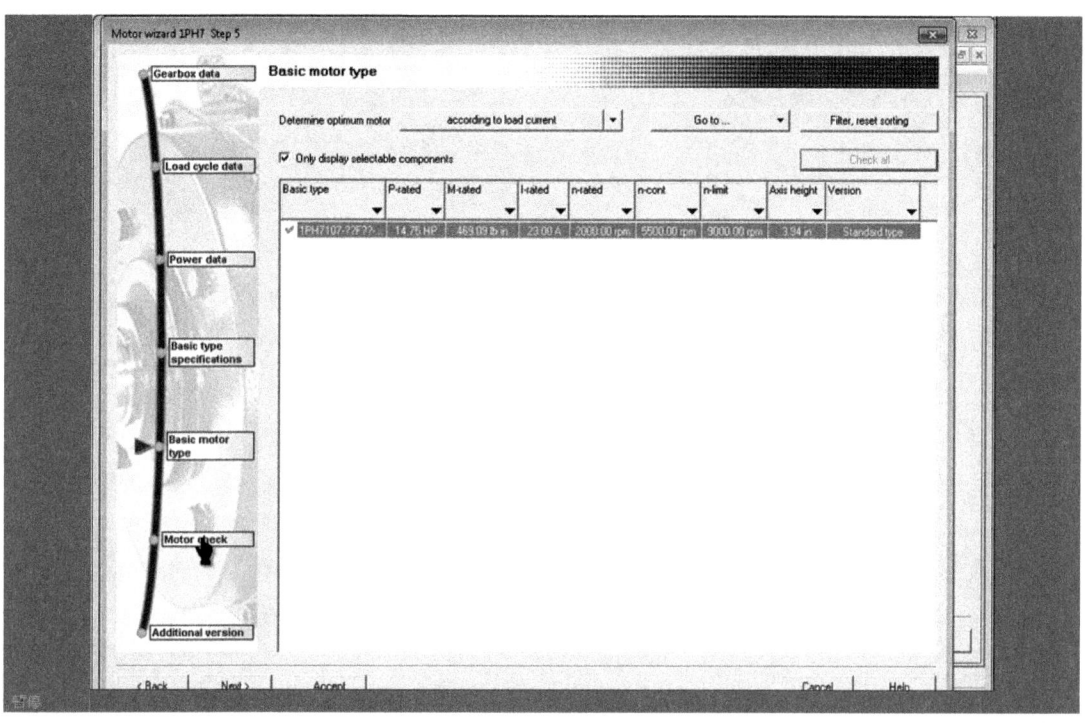

d) "Basic motor type"设置结果

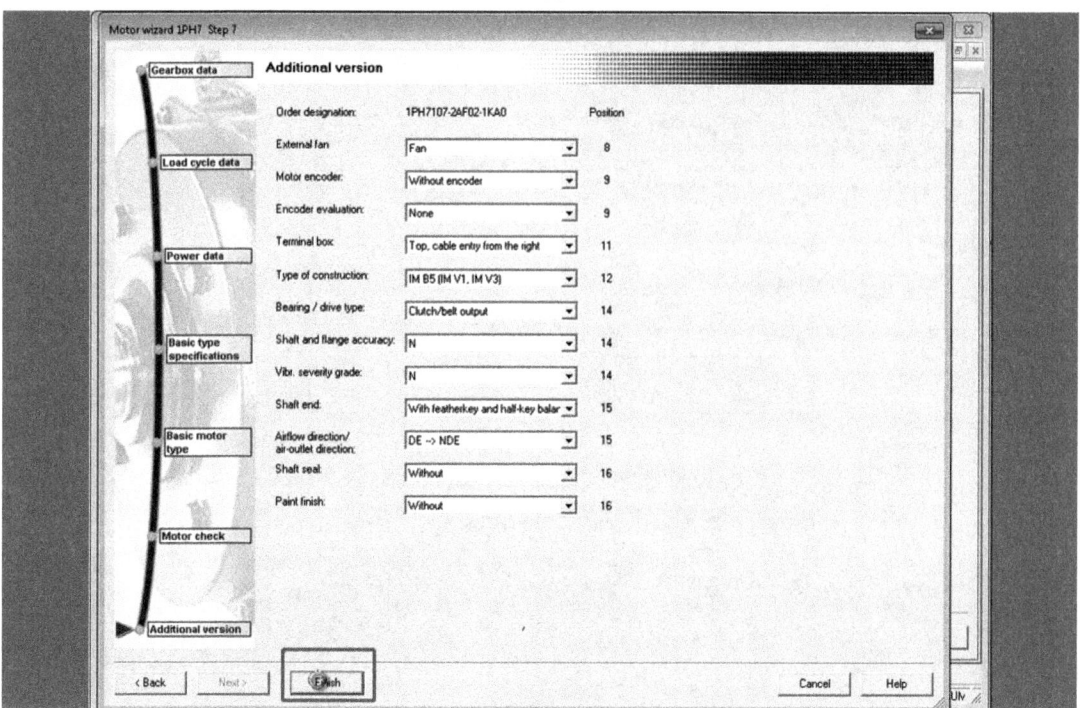

e) 确认电动机设置

图6-31 定义电动机参数（续）

步骤4：在"Project 2"的对话框中，依次单击"Project"→"Export of mechatronic

data",在弹出的"Save as"对话框中确定输出定义好的电动机数据为"export_bySIZER.mdex",如图6-32所示。

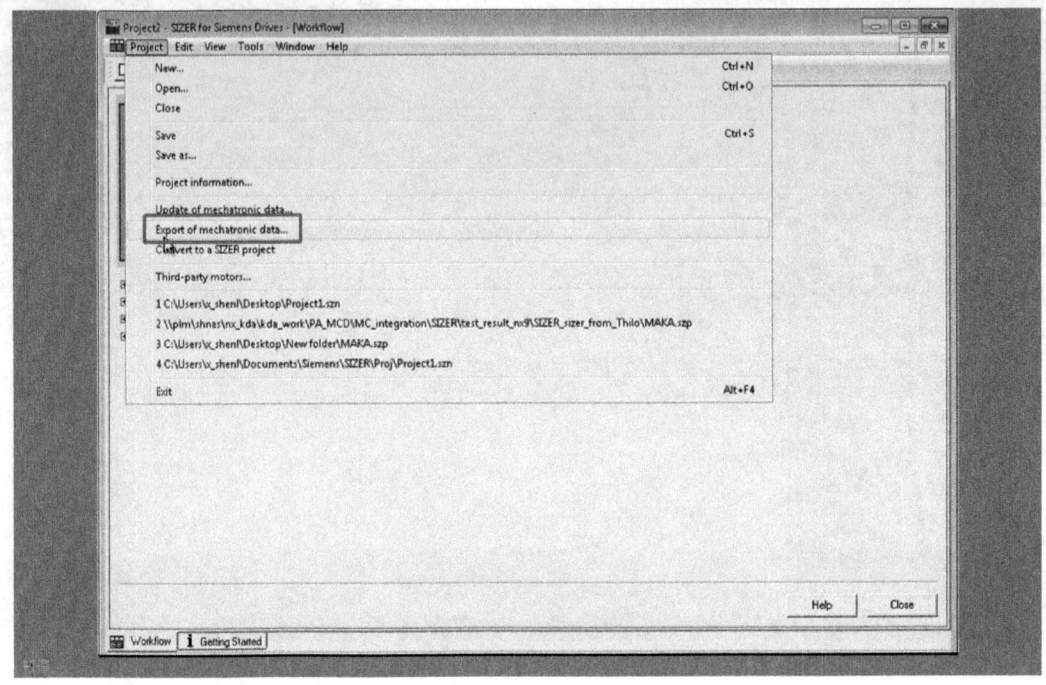

a) 单击输出数据

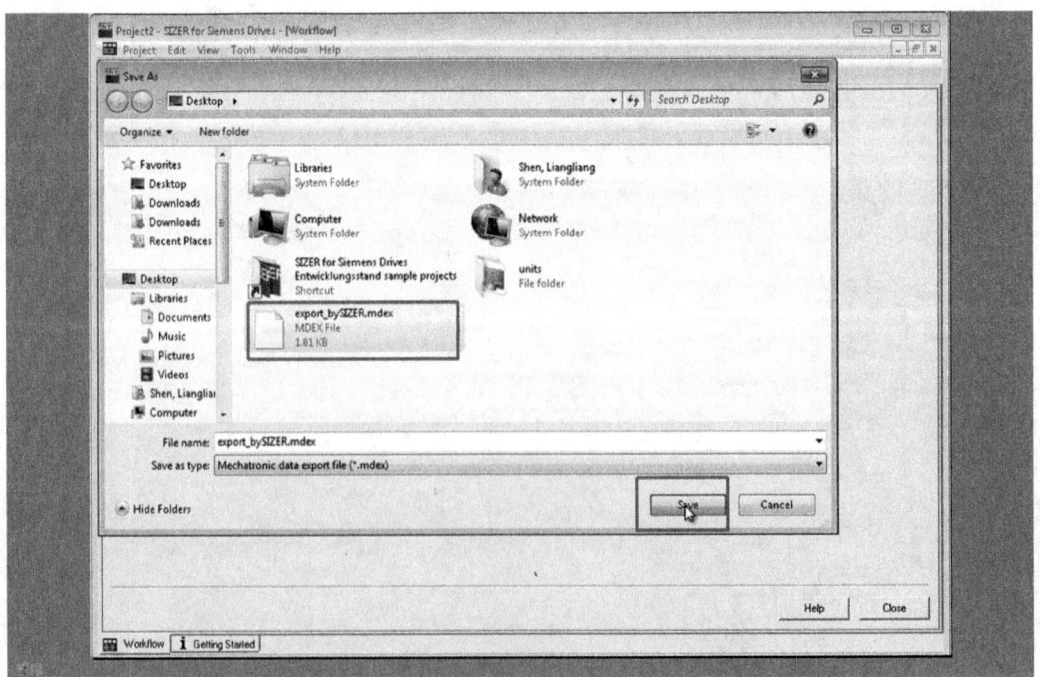

b) 设置输出数据文件名及位置

图6-32 输出电动机数据

第6章 MCD设计协同

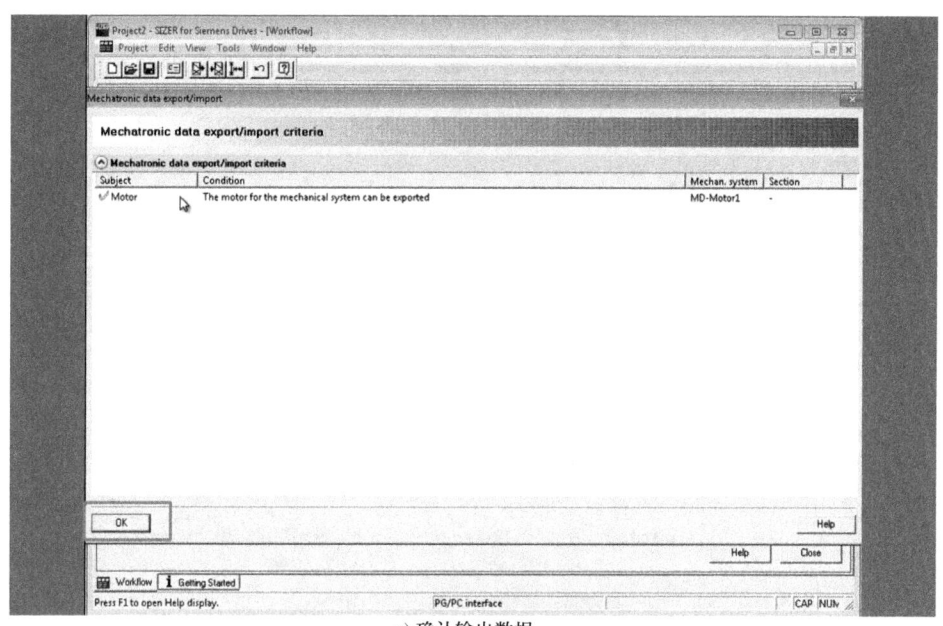

c）确认输出数据

图 6-32 输出电动机数据（续）

[例 6-4] 对第 6 章/导入选定的电动机.prt 文件模型（图 6-24，本例的模型与［例 6-3］的模型相同）应用"导入选定的电动机"命令。

解 步骤 1：打开"第 6 章/导入选定的电动机.prt"，进入 MCD 环境，如图 6-24 所示。

步骤 2：设置"导入选定的电动机"对话框。单击停靠功能区"主页"下的"设计协同"组中的"导入选定的电动机"图标。在弹出的"导入选定的电动机"对话框中，单击"指定输入文件"的文件夹图标（图 6-33a），选择在 SIZER 软件中生成的"export_bySI-ZER.mdex"文件，如图 6-33b 所示。最后，勾选"预览"前的复选框，单击"生成电动机"图标及"确定"按钮，如图 6-33c 所示。

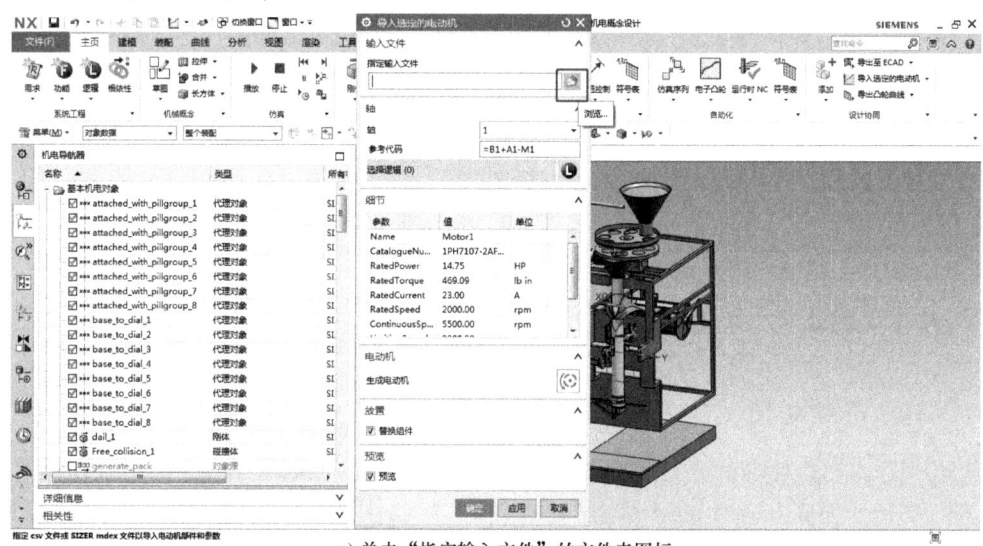

a）单击"指定输入文件"的文件夹图标

图 6-33 设置"导入选定的电动机"对话框

数字化产品设计开发（下册）

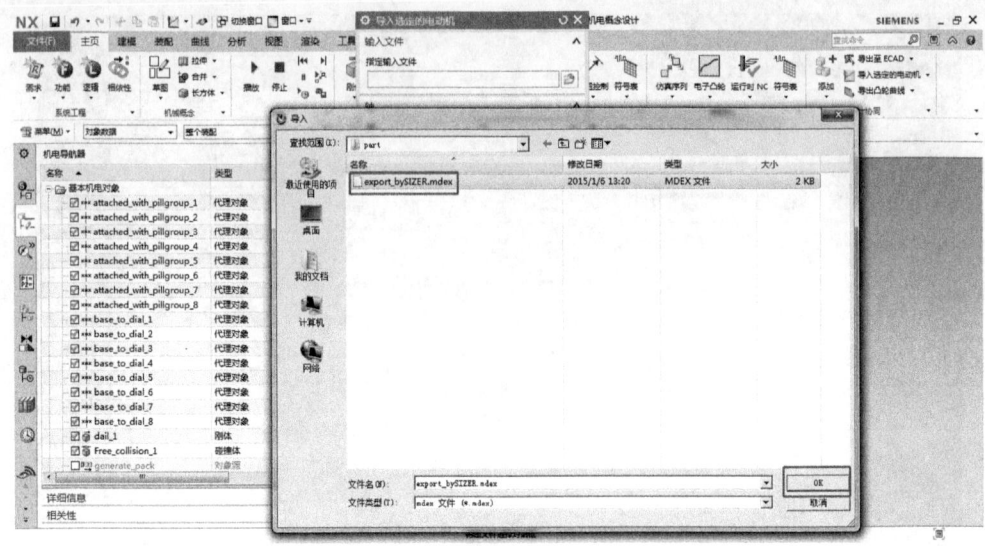

b) 选择输入文件

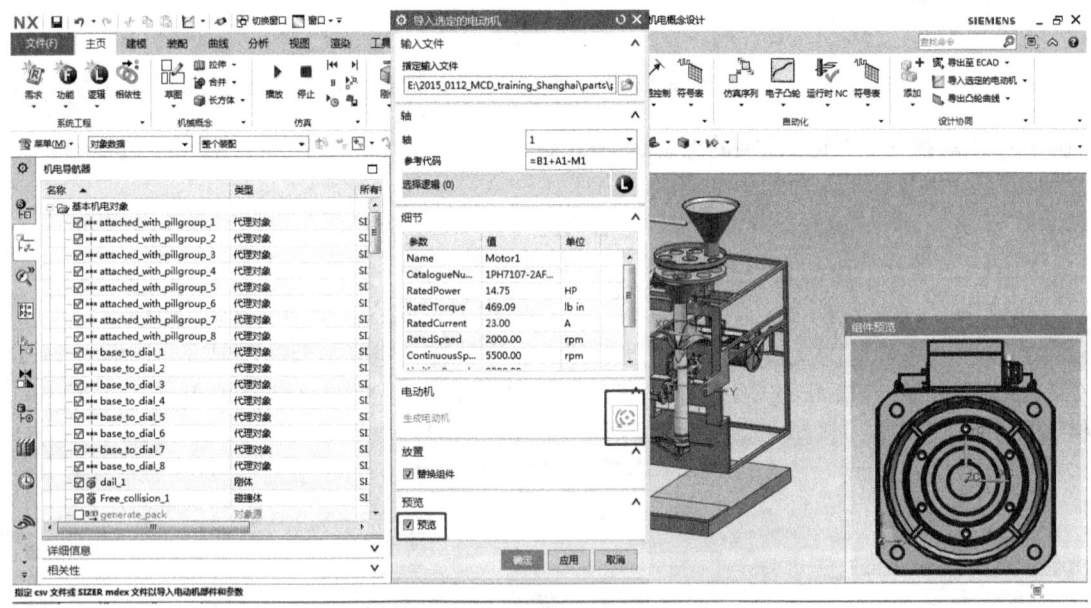

c) 确认位置

图 6-33　设置"导入选定的电动机"对话框（续）

6.4　电子凸轮

6.4.1　导出凸轮曲线

使用"导出凸轮曲线"命令将现有凸轮配置文件导出到 SCOUT。单击停靠功能区"主页"下的"设计协同"组中的"导出凸轮曲线"图标（图 6-34），弹出"导出凸轮曲线"对话框，如图 6-35 所示。导出凸轮曲线参数描述见表 6-11。注意：只有循环类型为"非循环"时，凸轮曲线才可以导出。

198

第6章 MCD设计协同

NX - 机电概念设计

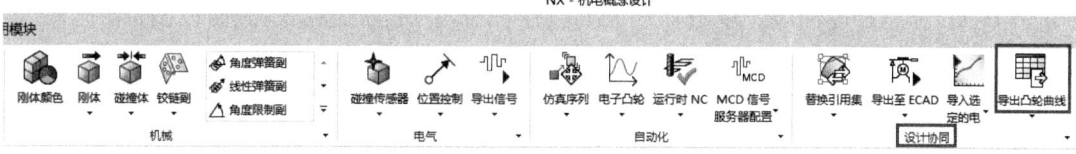

图6-34 "导出凸轮曲线"入口位置

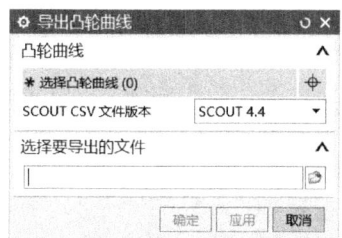

图6-35 "导出凸轮曲线"对话框

表6-11 导出凸轮曲线参数描述

序号	参数	描述
1	选择凸轮曲线	选择导出的凸轮曲线
2	SCOUT CSV 文件版本	选择 SCOUT 版本
3	选择要导出的文件	指定导出位置。以 .xml 或 .csv 格式导出凸轮配置文件,包括插值点和类型

[例6-5] 请举例导出凸轮曲线。

解 步骤1:单击"凸轮曲线"命令,弹出"凸轮曲线"对话框,将循环类型选为"非循环",可以看到凸轮曲线部分的图形视图和表格视图,如图6-36所示。

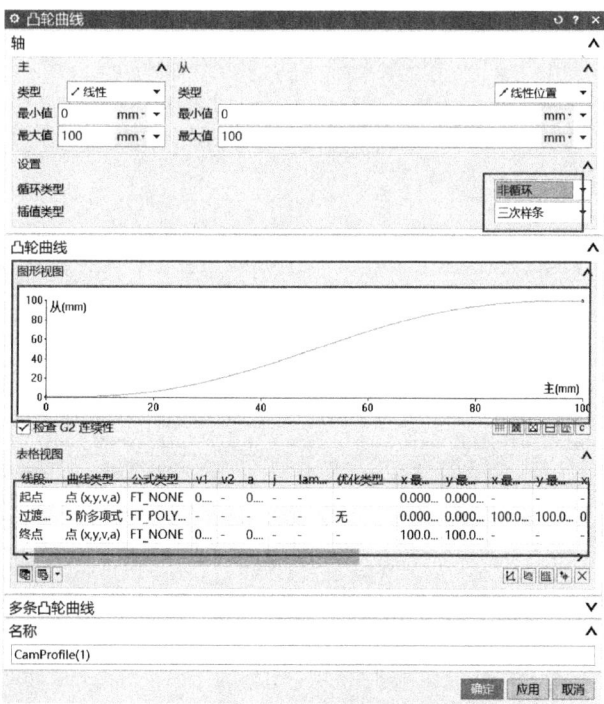

图6-36 "凸轮曲线"对话框

步骤2：丰富凸轮曲线。单击"凸轮曲线"部分右下角的添加正弦曲线图标，表格视图中会出现方框1中的视图数据，如图6-37a所示；继续单击添加正弦曲线图标，图片中会出现另外一条过渡线段，如图6-37b所示；继续单击添加直线图标，图片中会出现一条直线，如图6-37c所示。

步骤3：将凸轮曲线名称设为"凸轮曲线"，并单击"应用"或"确定"按钮，如图6-38所示。

步骤4：单击"凸轮曲线"对话框中凸轮曲线部分下面的导出至SCOUT图标，将步骤3定义的凸轮曲线导出来，如图6-39所示。

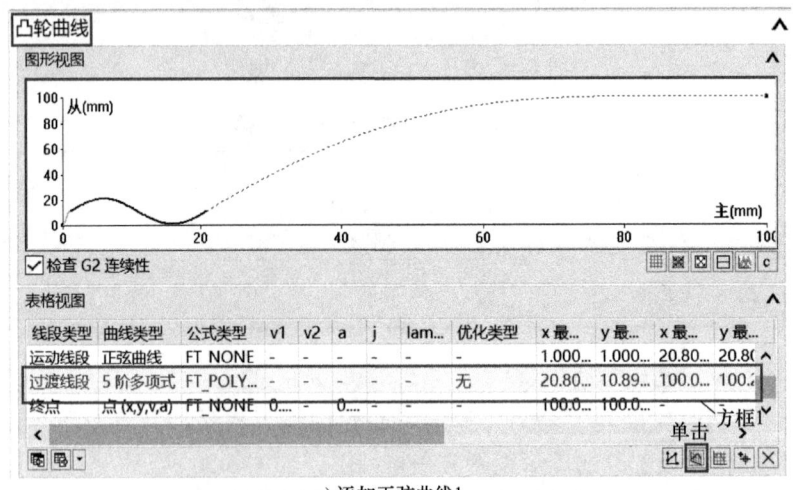

a）添加正弦曲线1

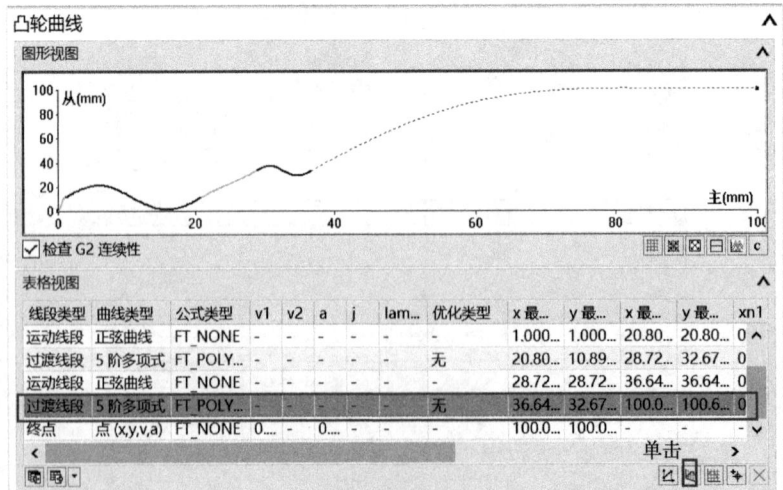

b）添加正弦曲线2

图6-37 丰富凸轮曲线

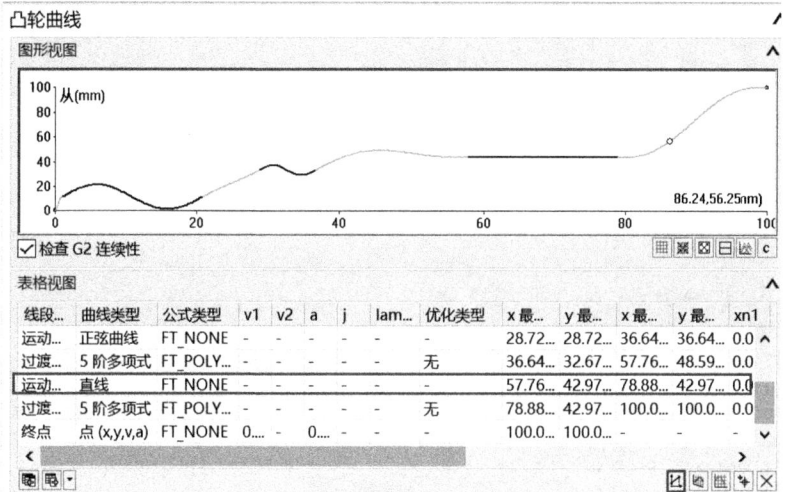

c) 添加直线

图 6-37 丰富凸轮曲线（续）

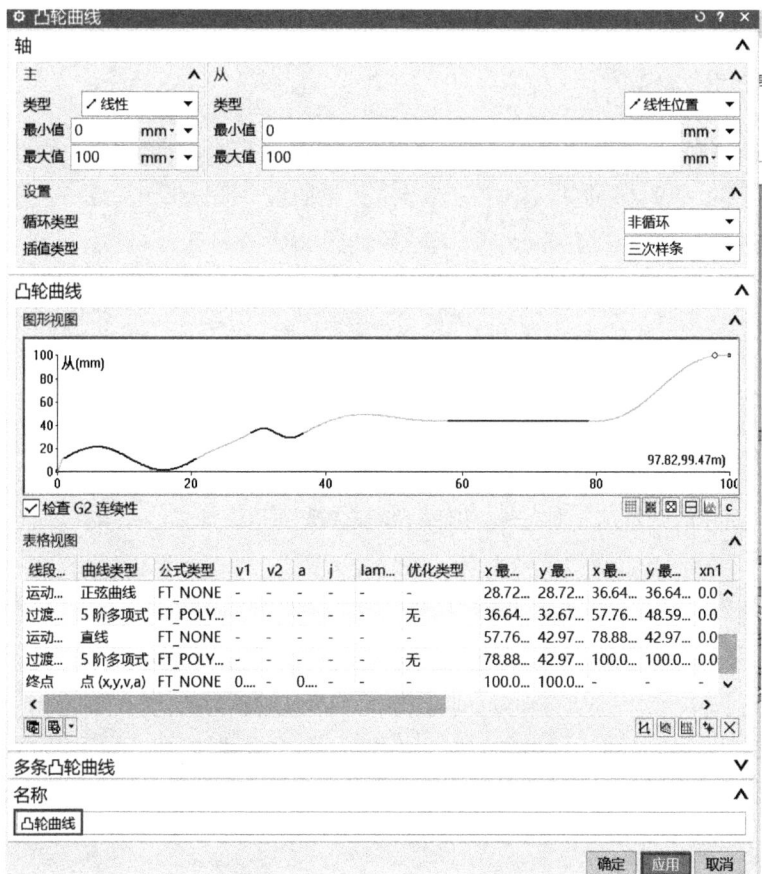

图 6-38 确定"凸轮曲线"对话框设置

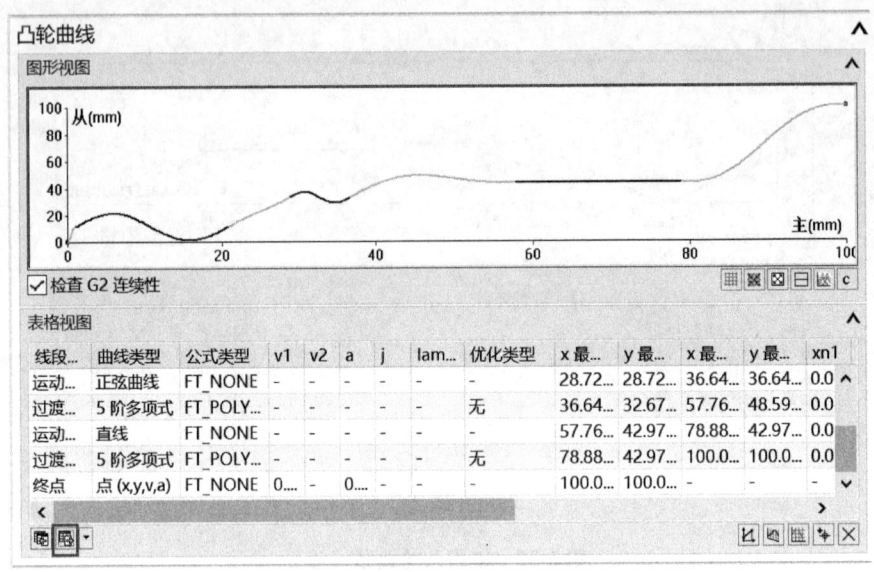

图 6-39　导出凸轮曲线至 SCOUT

6.4.2　导入凸轮曲线

"导入凸轮曲线"命令用于导入在 SCOUT 中创建或修改的凸轮配置文件。单击停靠功能区"主页"下的"设计协同"组中的"导入凸轮曲线"图标（图 6-40），弹出"导入凸轮曲线"对话框，如图 6-41 所示。导入凸轮曲线参数描述见表 6-12。

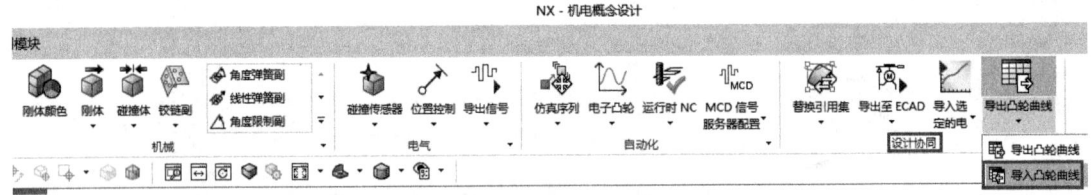

图 6-40　"导入凸轮曲线"入口位置

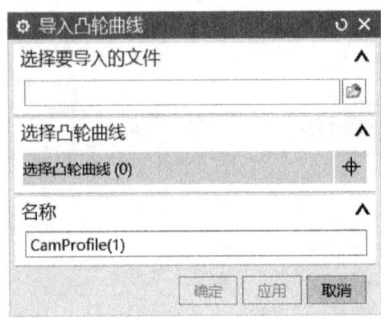

图 6-41　"导入凸轮曲线"对话框

表 6-12 导入凸轮曲线参数描述

序 号	参 数	描 述
1	选择要导入的文件	从指定文件夹选择需要导入的 SCOUT 文件
2	选择凸轮曲线	选择所需的凸轮曲线
3	名称	定义该曲线的名称

本 章 小 结

本章主要对应用 MCD 进行机械、电气、自动化联合调试时需要同时用到多个功能模块的情况进行介绍。主要内容包括：在 MCD 模型设计时需要用的 CAD 模型修改与调整命令、ECAD、电动机的载荷曲线输出、将 SIZER 定义的电动机文件导入 MCD 中，如何将 MCD 定义的凸轮曲线导出以及将已存在的凸轮曲线导入到 MCD 中。

思考与练习题

1. 简述 MCD 协同设计的过程。
2. MCD 中常用的部件操作都有哪些？
3. 简述移动组件的过程。
4. 简述导出至 ECAD 的过程。
5. 简述如何导出与导入凸轮曲线。

第 7 章

MCD与TIA软件的联合调试

前面几章的内容为机电一体化中机械对象、电气对象和自动化控制在 MCD 软件内部的设置以及与其他相关软件的数据互通，如 ECAD。本章将综合第 3~6 章的内容，从自动化工程师的角度，介绍用 PLC 控制 MCD 中模型的运动。主要内容包括调试前的 MCD 模型设计、控制程序设计、MCD 与虚拟 PLC 联合调试，以及 MCD 与真实 PLC 联合调试。本章以图 7-1 的 MCD 滑块模型（第 7 章/滑块模型 .prt）为例介绍主要内容。

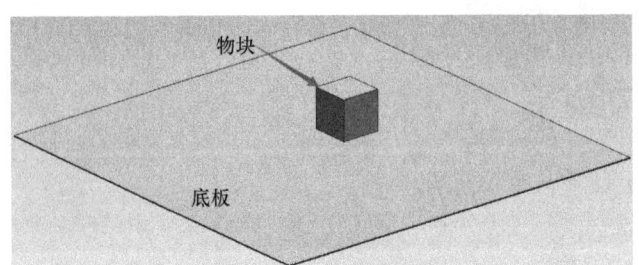

图 7-1 "第 7 章举例"模型

7.1 MCD 模型设计

在做联合调试之前的第一个准备工作为对装配体或模型进行 MCD 模型设计，即利用第 3~6 章的所学内容完成运动模型建模。

步骤 1：打开"第 7 章/滑块模型 .prt"模型或者自建如图 7-1 所示的模型，要求：物块处于底板上。然后，给物块添加刚体和碰撞体，均命名为"物块"。其中，碰撞体的碰撞形状设为"方块"，底板设置为碰撞体，命名为"底板"。

步骤 2：为物块刚体设置滑动副，连接件选择"物块"刚体，基本件悬空，指定轴矢量可设为 Y 轴，命名为"滑动副"。

步骤 3：为滑动副添加速度控制，速度可设为 100mm/s，命名为"速度控制"。

步骤 4：为速度控制添加信号适配器，如图 7-2a 所示。要求用 Signal_0 控制速度控制中的运行速度。当 Signal_0 为真时，速度为 200mm/s；当 Signal_0 为假时，速度为 -200mm/s，其余按默认设置。设置结果如图 7-2b 所示。

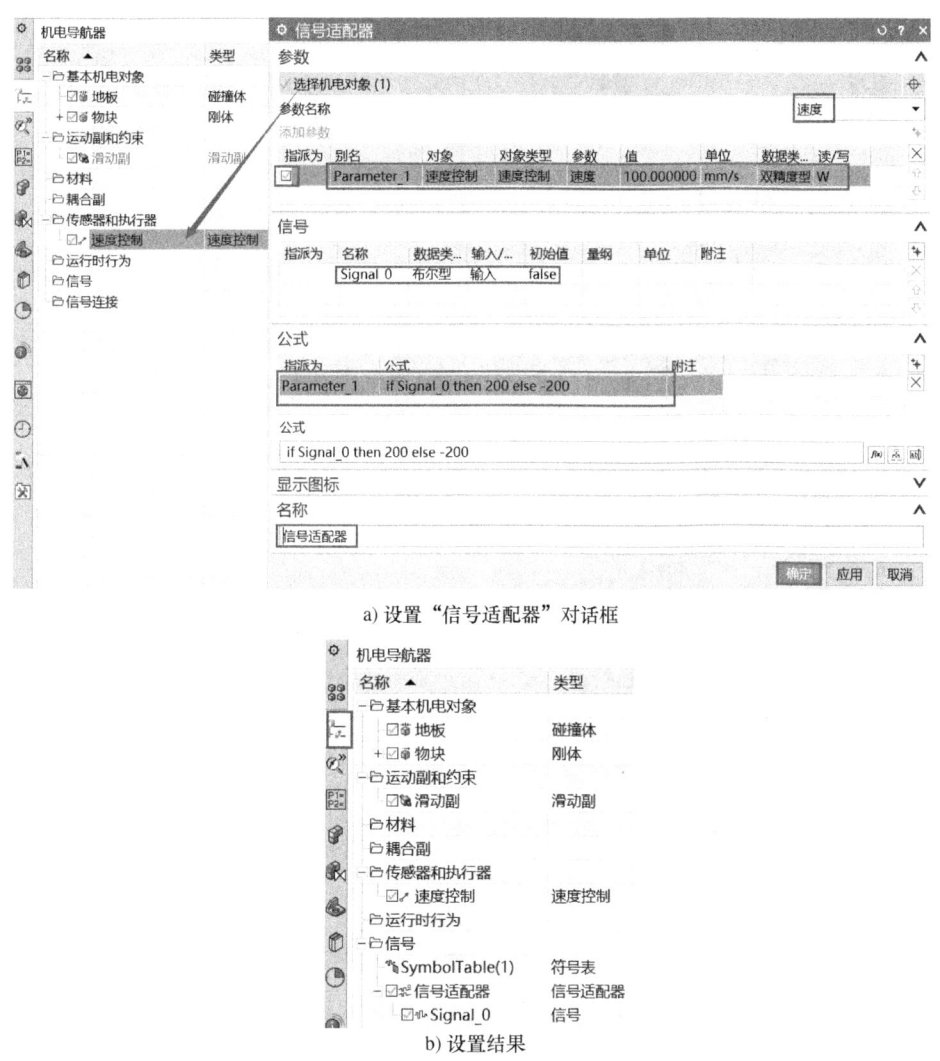

a) 设置"信号适配器"对话框

b) 设置结果

图 7-2 设置信号适配器

步骤 5：将 Signal_0 与速度控制添加至运行时察看器，单击"播放"，可以看到物块沿-Y轴方向运动，速度为-200mm/s；改变 Signal_0 的值为 1，可以看到物块向相反方向运动，速度为 200mm/s。

7.2 控制程序设计

7.2.1 博途软件

TIA 软件的全称为 TIA Portal，中文名称为博途，是西门子 PLC 的编程软件。该软件是 MCD 与虚拟 PLC 调试和真实 PLC 调试的基础。TIA V14 的图标为 ![TIA] 。

步骤 1：打开博途软件，单击"创建新项目"，在弹出的对话框中设置项目名称为"项目 1"并设置项目路径，最后单击"创建"按钮，如图 7-3a 所示；可以看到弹出"正在创建项目"对话框,如图 7-3b 所示。

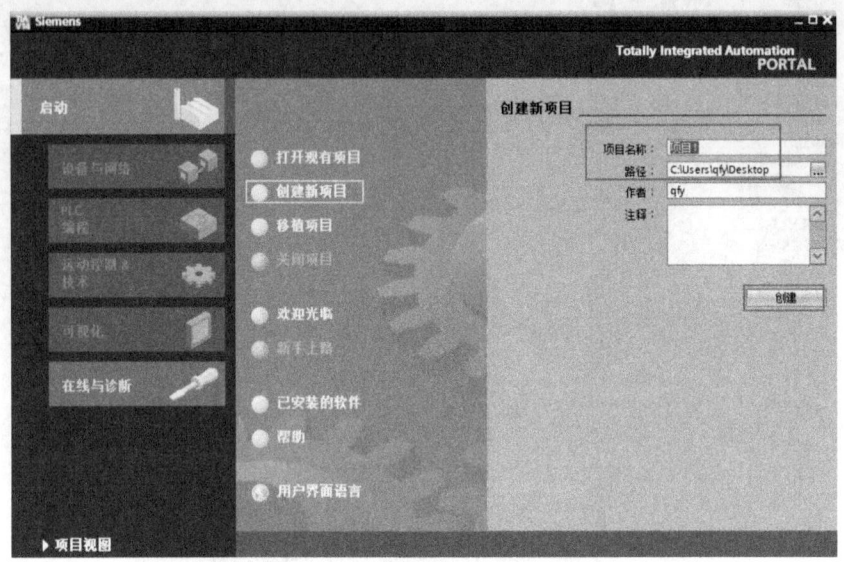

a) "创建新项目"对话框

b) "正在创建项目"对话框

图 7-3 创建新项目

步骤 2:设备组态。完成步骤 1 后,单击"设备和网络"中的"组态设备",如图 7-4a 所示;然后在新页面中,单击"添加新设备"→"控制器"→"6ES7 516-3AN00-0AB0",可以看到该 PLC 的订货号和版本,最后单击"添加"按钮,如图 7-4b 所示。需要说明的是,只有 1500 系列的 PLC 才支持虚拟调试。最后,可以看到 PLC 的添加结果如图 7-4c 所示。

如果只是需要验证 PLC 程序是否可以控制 MCD 的运动,则组态时只需要一个 PLC 即可。即虚拟调试时使用 PLCSIM,组态时只需要一个 PLC;如果使用 PLC 虚拟网络适配器来做虚拟调试,那么用户还需要进一步配置 OPC 服务器,本部分将在 7.3.3 节基于 PLCSIM Virtual Eth. Adapter 的虚拟调试中予以介绍。

7.2.2 控制程序设计

PLC 通过控制程序来控制 MCD 的运动。本小节将介绍一个简单的控制程序设计。

步骤 1:添加变量。PLC 程序中的变量分为 3 种:输入信号(操作数标识符为 I,可导入 MCD 中)、输出信号(操作数标识符为 Q,可导入 MCD 中)和中间变量(操作数标识符为 M,不可导入 MCD 中)。本例中,添加两个变量:IN 和 OUT。其中,IN 为输入变量,布尔型,在"地址"中设置,操作数标识符为 I,单击 完成设置,如图 7-5a 所示。OUT 变量设置如图 7-5b 所示。

第7章 MCD与TIA软件的联合调试

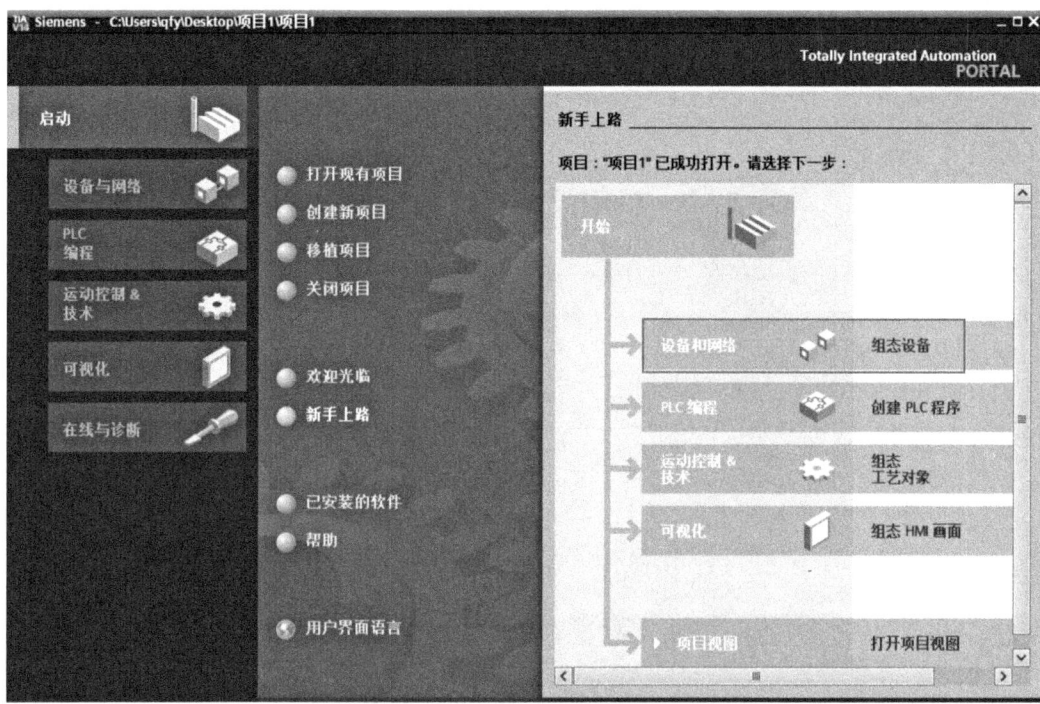

a) 单击"组态设备"

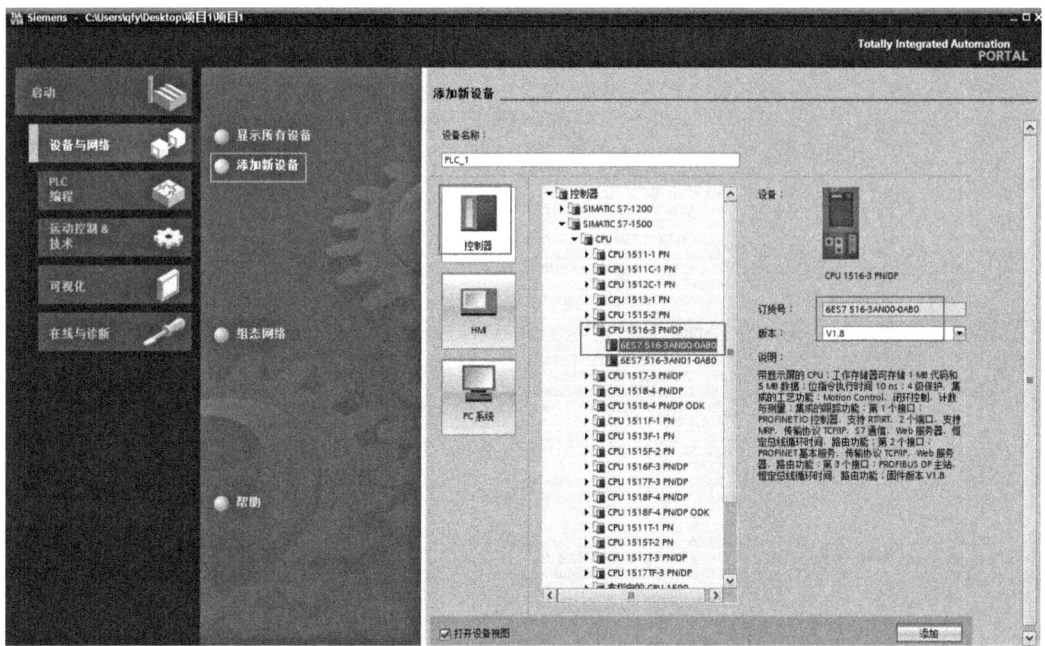

b) 选择PLC型号

图 7-4 添加 PLC

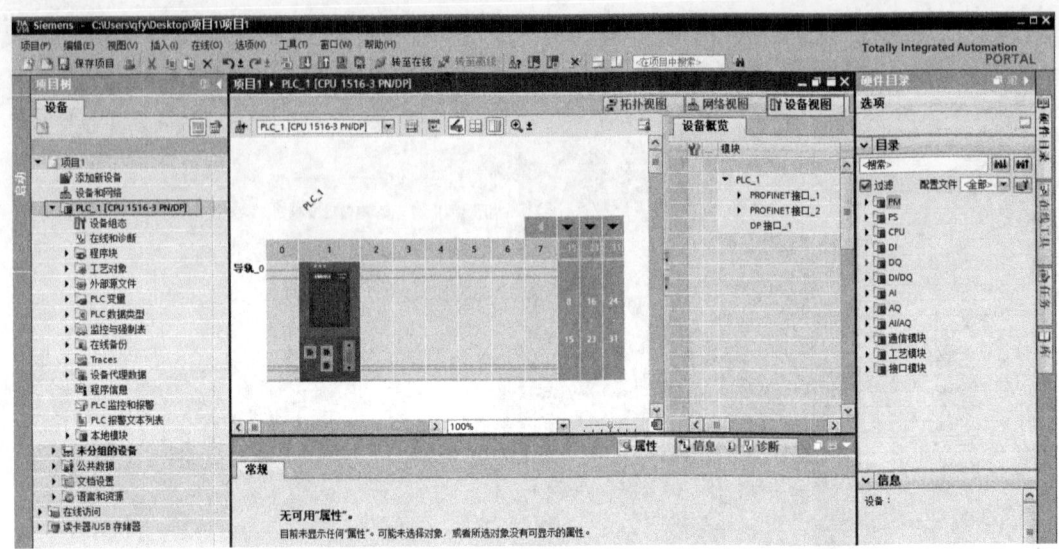

c) 添加结果

图 7-4 添加 PLC（续）

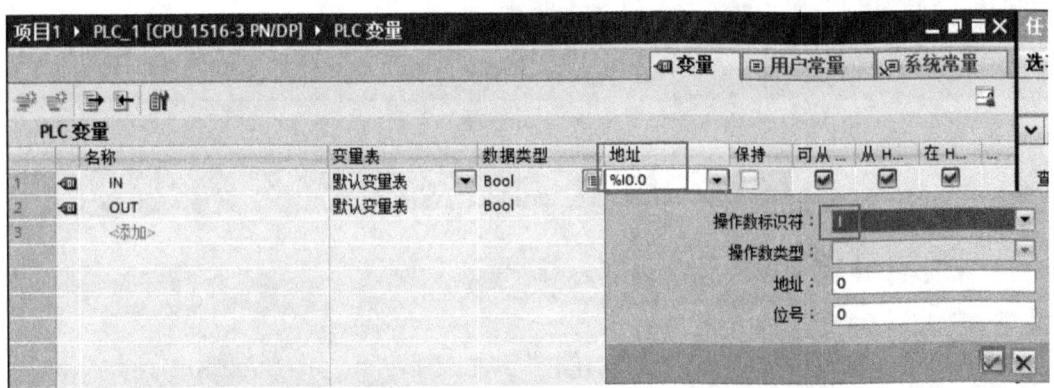

a) IN变量设置

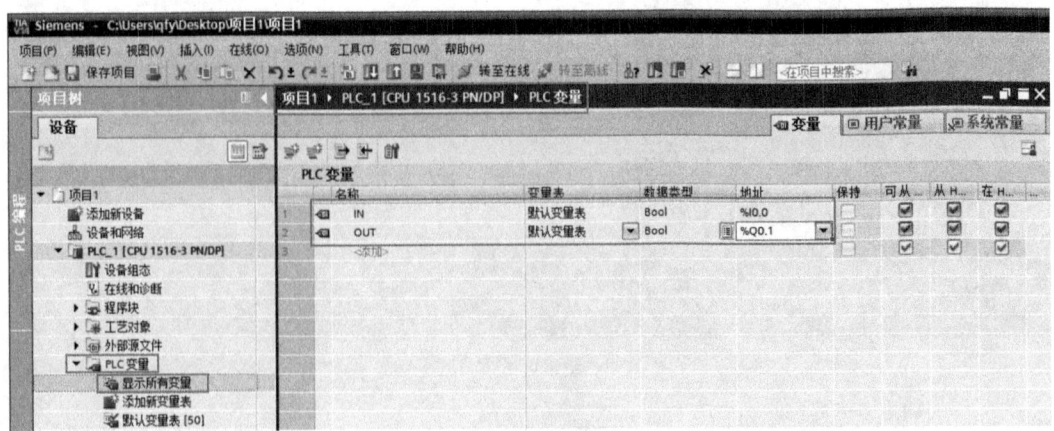

b) OUT变量设置

图 7-5 添加变量

步骤2：添加程序段。双击"程序块"中的"Main [OB1]"，在程序中添加一个常开开关和一个赋值符号，如图7-6a所示；单击图7-6a中常开开关上的变量括号，随后分别单击图7-6b中的两个方框，将IN变量赋值给常开开关的变量；最后按照图7-6c的程序进行OUT变量设置。

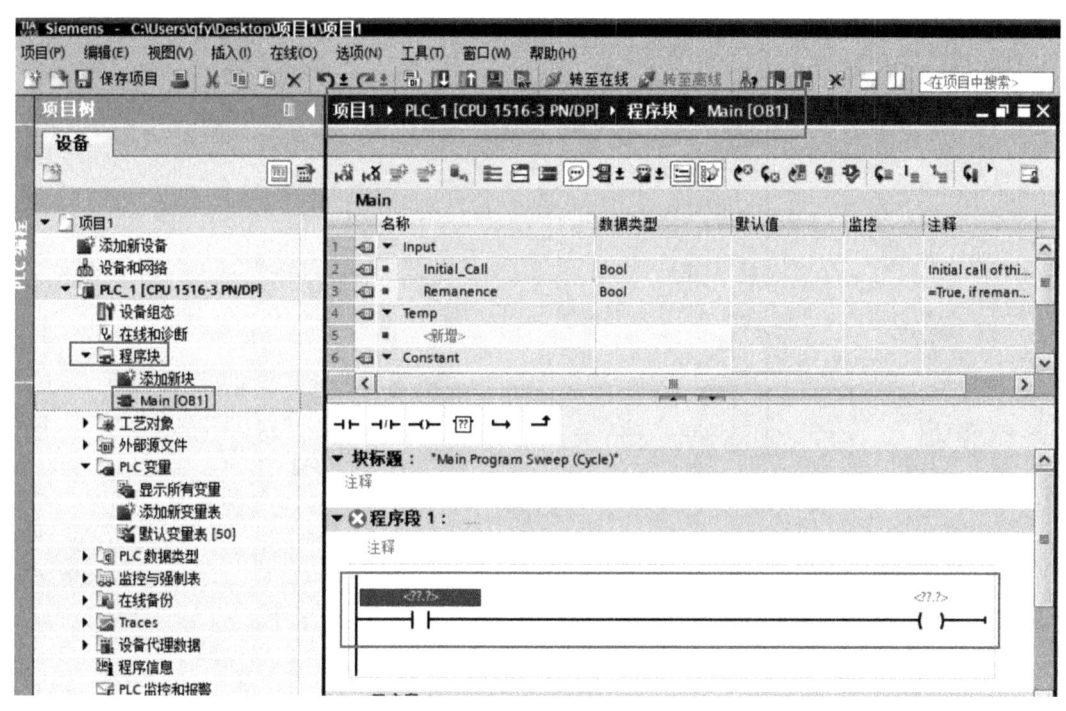

a) 添加开关

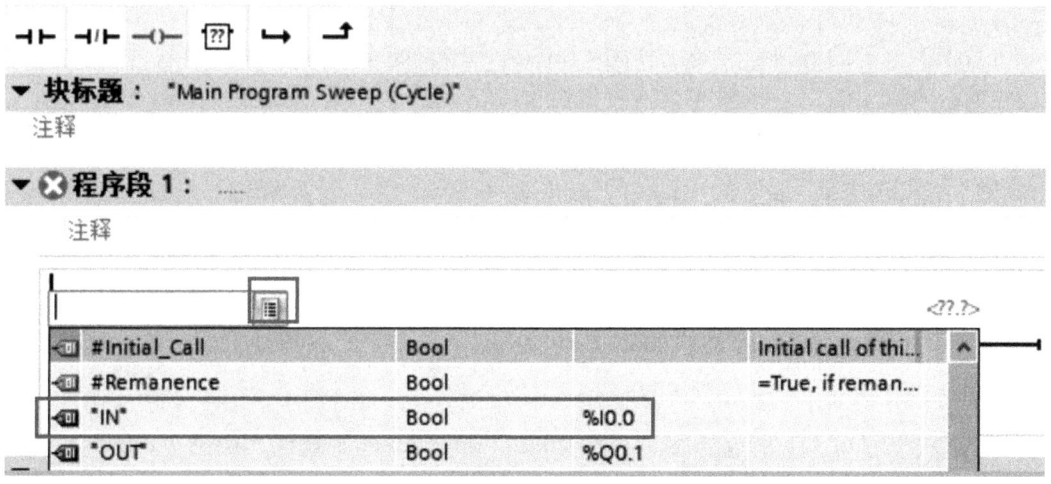

b) 设置常开开关

图7-6 添加程序段

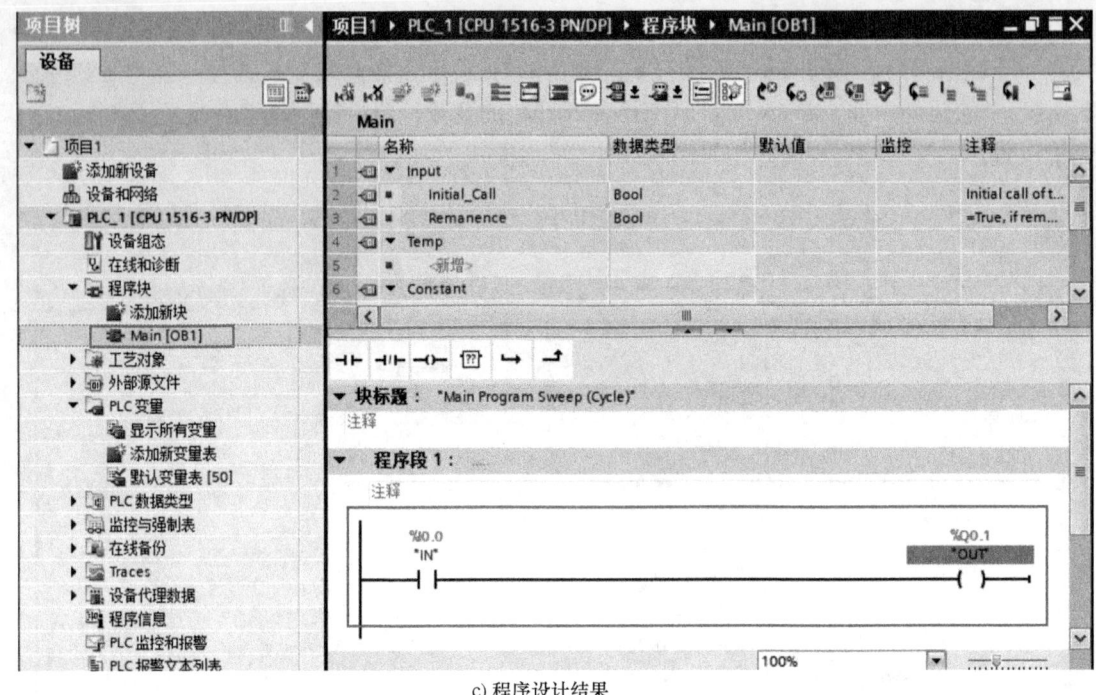

c）程序设计结果

图 7-6　添加程序段（续）

7.3　MCD 与虚拟 PLC 联合调试

7.3.1　PLCSIM Advanced 软件介绍

PLC 虚拟调试的另一个准备工作为 PLCSIM Advanced 软件的安装。该软件提供虚拟的 PLC 硬件，与真实的 PLC 硬件相对应，旨在没有真实的 PLC 硬件的条件下，通过软件仿真来测试 MCD 与 PLC 的通信功能。该软件的图标为 。该软件提供两种虚拟调试方式：PLCSIM 和 PLCSIM Virtual Eth. Adapter。双击软件图标，并在计算机右下角的隐藏图标中右击软件图标，可以看到如图 7-7 所示的 PLCSIM Advanced V2.0 界面。在当前界面中，PLCSIM 前的标号为绿色，表示当前软件处于 PLCSIM 模式。

7.3.2　基于 PLCSIM 的虚拟调试

本小节将介绍基于 PLCSIM 的虚拟调试。

步骤 1：按照 7.3.1 小节的方法，打开 PLCSIM Advanced 软件，如图 7-8 所示。其中，PLC 接入方式为 PLCSIM。

步骤 2：添加 PLC。首先，单击图 7-8 中"Start Virtual S7-1500 PLC"的图标 ；然后，在"Instance name"中输入"PLC_1"，可以看到 PLC 类型为 CPU1500 系列；最后，单击"Start"，如图 7-8a 所示。随后，可以看到如图 7-8b 所示相似的结果，不同的是，此时绿色的信号灯为黄色，表明没有程序下载到该 PLC 中。表 7-1 为 PLCSIM Advanced V2.0 的选项

第7章 MCD与TIA软件的联合调试

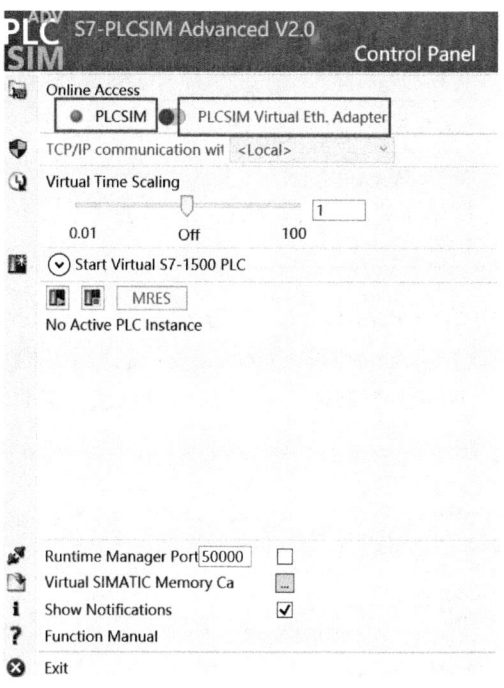

图 7-7　PLCSIM Advanced V2.0 界面

说明。从图 7-8b 中可以看到虚拟 PLC_1 已经接入，并且运行正常。

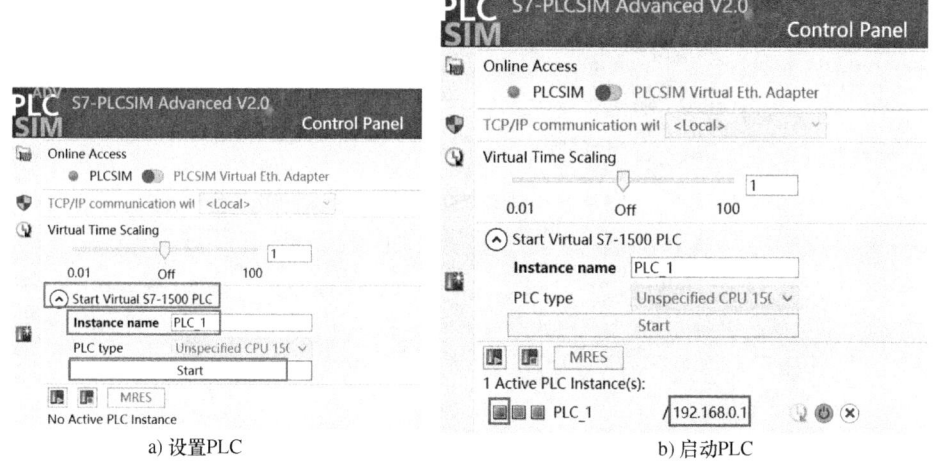

a) 设置PLC　　　　　　　　　　　　　　b) 启动PLC

图 7-8　虚拟 PLC 启动

表 7-1　PLCSIM Advanced V2.0 的选项说明

序　号	属　　性	详　细　内　容
1	Online Access	PLCSIM：提供内部访问接口 Softbus 和 local PLCSIM Virtual Eth. Adapter：提供 3 种接口，分别是 TCP/IP、local 和 distributed，可通过虚拟网卡实现 TCP/IP 通信，具备更多仿真功能。它比 PLCSIM 多了一个虚拟网卡

(续)

序 号	属 性	详 细 内 容
2	Instance name	PLC 项目的名称
3	Active PLC Instance	黄色：仿真未连接 绿色：仿真连接良好 红色：连接有错误

步骤 3：在 TIA 软件中编译 PLC 程序。右击 PLC_1，在弹出的菜单中依次选择"编译"→"硬件和软件（仅更改）"，如图 7-9a 所示。软件编译后，出现如图 7-9b 所示的编译结果。可以看出，没有错误，只有 3 个警告，表示程序设计通过编译测试。

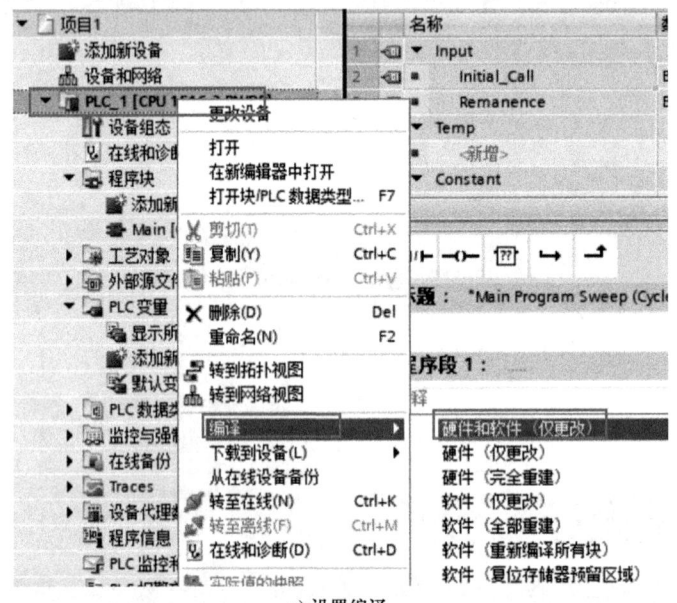

a) 设置编译

b) 编译结果

图 7-9 编译 PLC 程序

步骤4：设置项目属性。首先，右击项目名称"项目1"，在弹出的菜单中选择"属性"，如图7-10a所示；然后，在弹出的"项目1［项目］"对话框中单击"保护"，勾选"块编译时支持仿真"前的复选框，并单击"确定"按钮，如图7-10b所示。

a) 选择项目属性

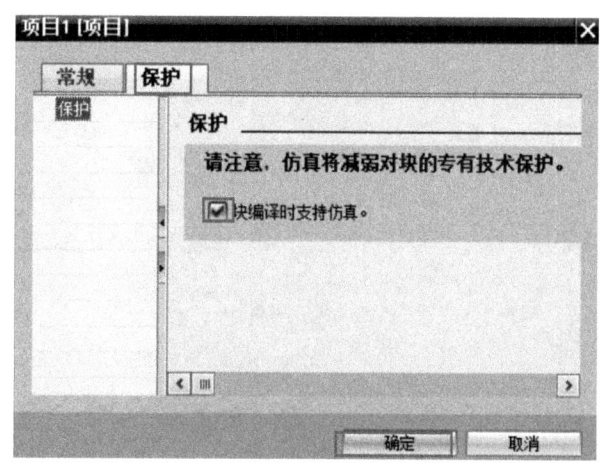

b) 设置项目属性

图 7-10　设置项目属性

步骤5：在 TIA 中，将编译后的 PLC 程序下载到虚拟 PLC 中。首先，右击 PLC_1，在弹出的下拉菜单中依次选择"下载到设备"→"硬件和软件（仅更改）"，如图7-11a所示；然后，在"扩展的下载到设备"对话框中，PG/PC 接口选择"PLCSIM"，并单击"开始搜索"按钮，如图7-11b所示；搜索结果与图7-11c相似，目标设备的 IP 地址与"组态访问节点属于*PLC_1*"中 PLC_1 的 IP 地址相同，然后单击"下载"按钮；随后，在"下载预览"对话框中，勾选"全部覆盖"前的复选框，并单击"装载"按钮，以启动 PLC 程序装载到虚拟 PLC 中，如图7-11d所示；其次，在"下载结果"对话框中，勾选"全部下载"前的复选框，并单击"完成"按钮，如图7-11e所示；最后，用户在 TIA 主界面的信息中可以看到如图7-11f所示的信息，表示下载完成，没有发生错误，后续虚拟调试可以进行。这时，打开 PLCSIM Advance 软件，可以看到新建的 PLC_1 前的灯由开始的黄色变为绿色，即如图7-11g所示，表明 PLC 程序下载成功。

步骤6：将 TIA 转至线上并进行监控。首先，单击"转至在线"命令，将已经下载好 PLC 程序的虚拟 PLC 转至在线，如图7-12a所示；随后，可以看到图7-12b中的"项目树"变为橙色，项目中使用到的 PLC 以及程序全部有绿色圆点标识，测试中 PLC_1 显示为绿色，状态为 RUN；最后，单击启用监视图标，可以看到如图7-12c所示的结果，显示程序输入为 0，因此，输出也为 0。

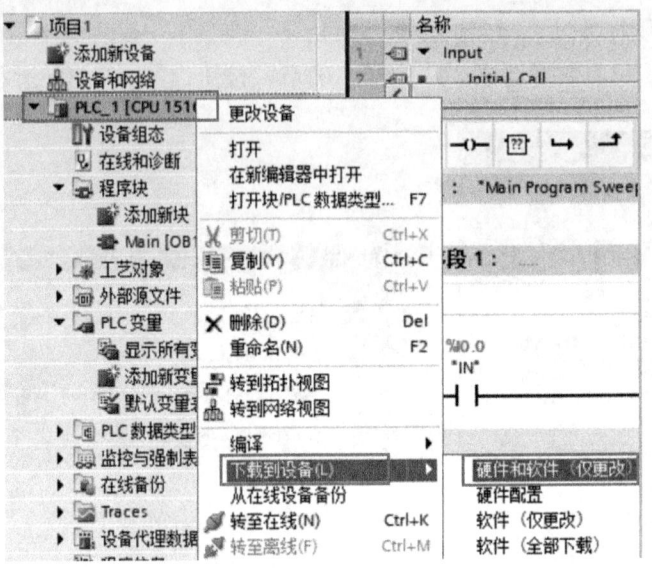

a) 打开下载程序到PLC控制器命令

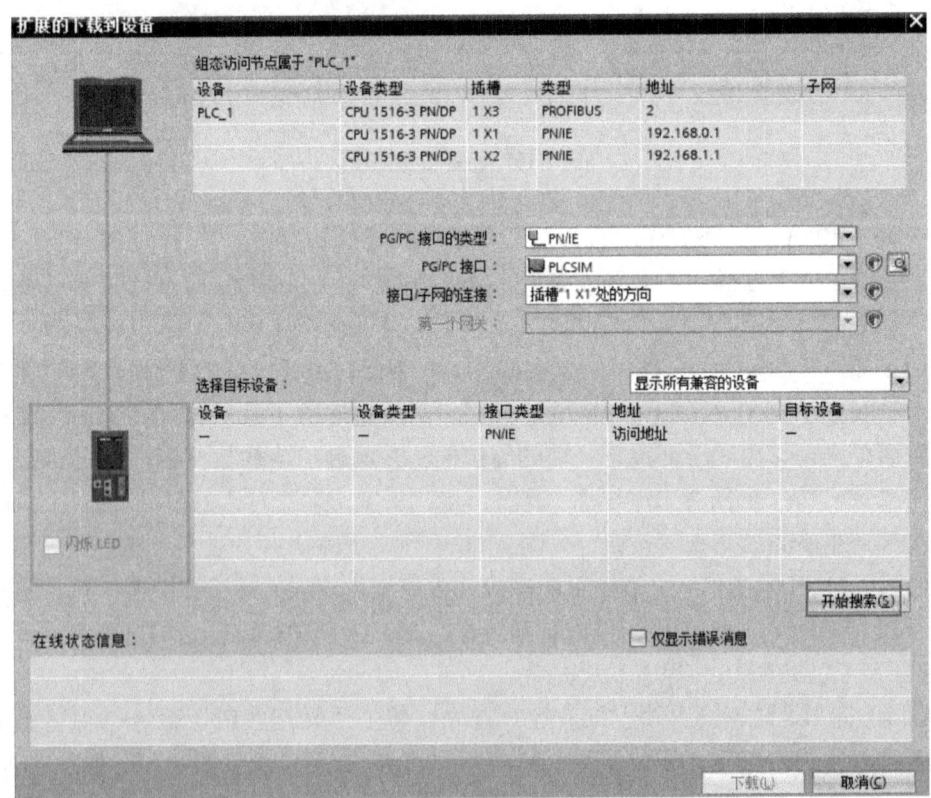

b) 设置搜索虚拟PLC

图 7-11　将 PLC 程序下载到虚拟 PLC 中

第7章　MCD与TIA软件的联合调试

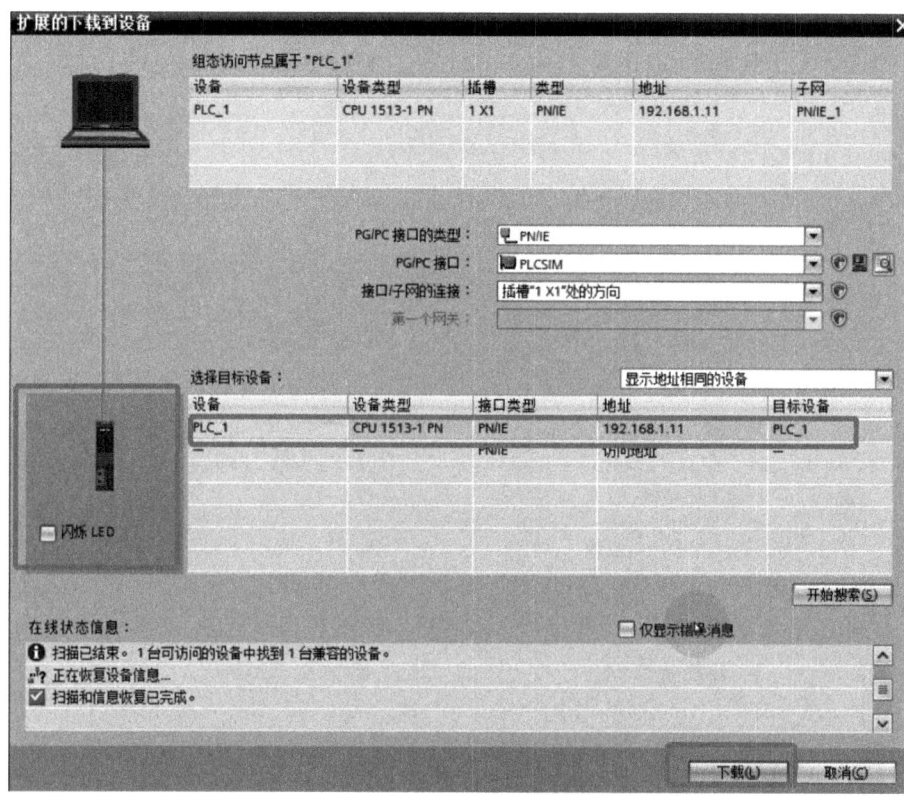

c) 设置将程序下载到搜索的PLC中

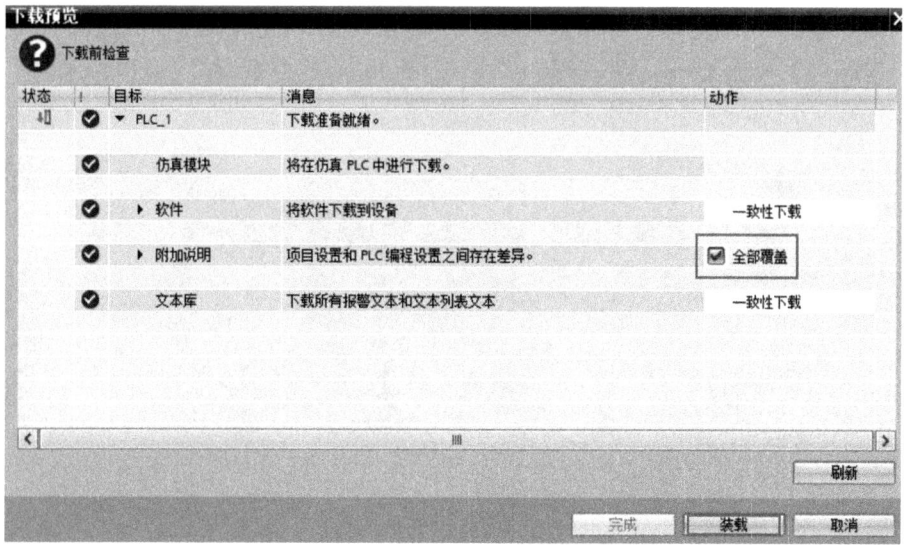

d) 给PLC装载程序设置

图 7-11　将 PLC 程序下载到虚拟 PLC 中（续）

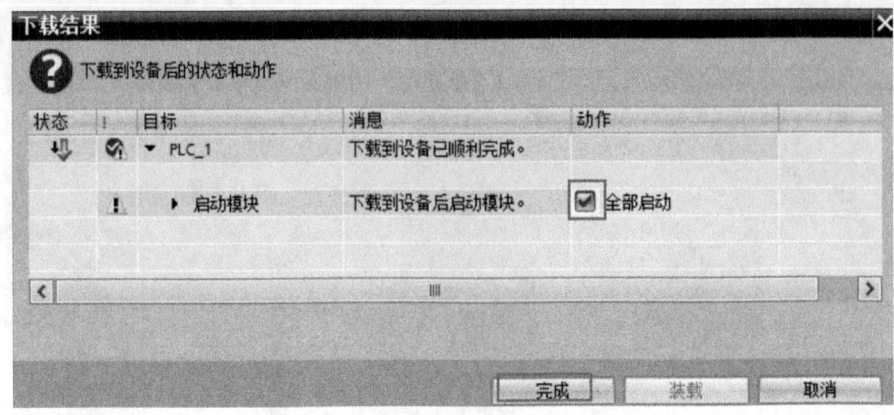

e) 确认完成下载

f) 下载完成信息

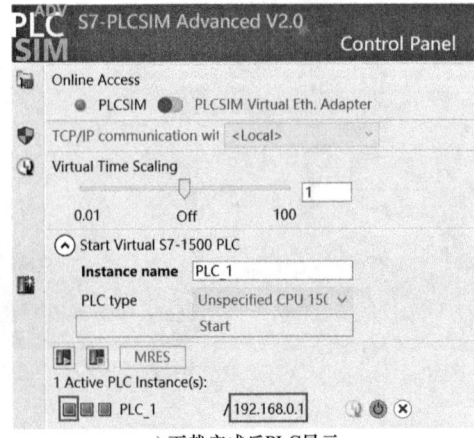

g) 下载完成后PLC显示

图 7-11　将 PLC 程序下载到虚拟 PLC 中（续）

第7章 MCD与TIA软件的联合调试

a) 单击"转至在线"命令

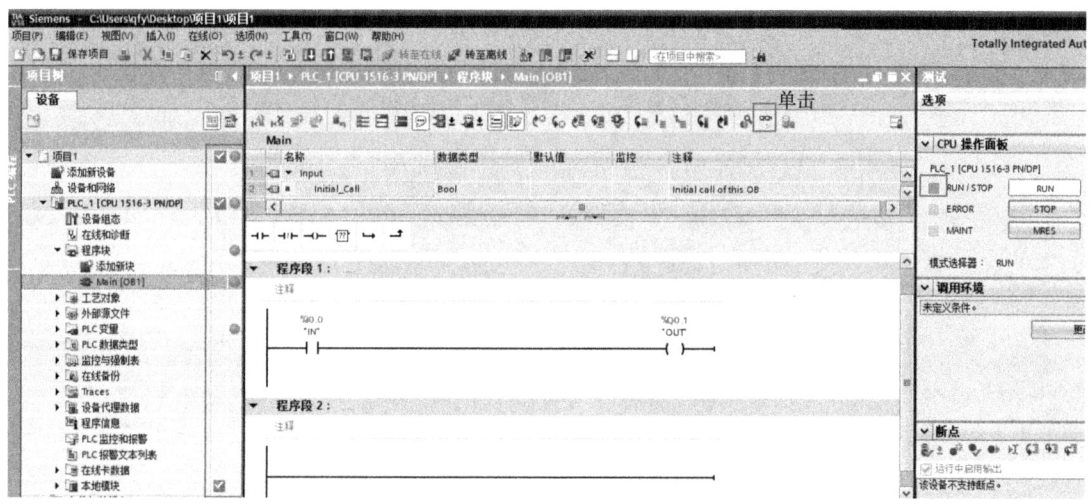

b) 转至在线结果

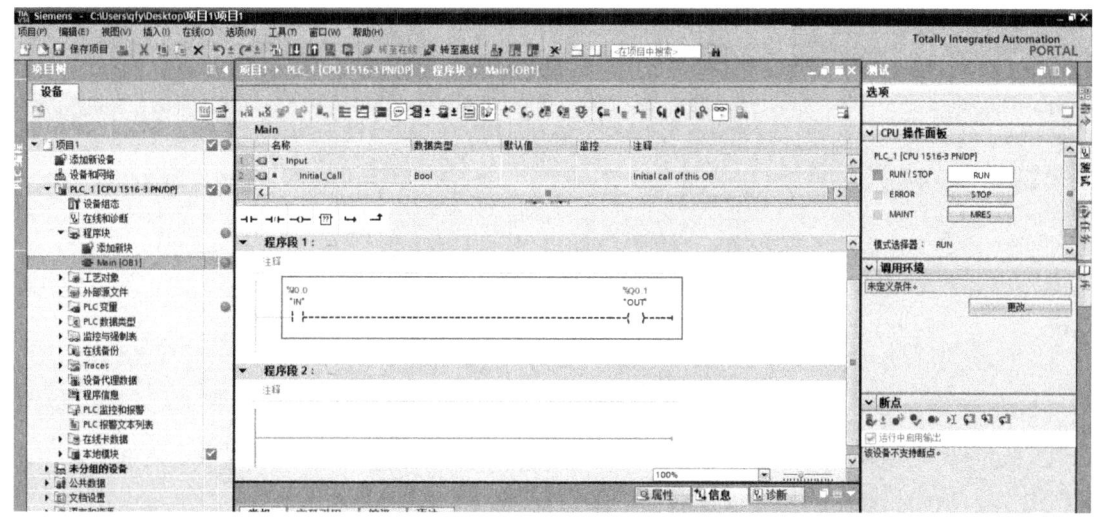

c) 监控设置结果

图 7-12 将虚拟 PLC 转至在线

步骤7：为 MCD 模型配置外部信号。打开第 7.1 节配置好的 MCD 模型，单击"外部信号配置"，如图 7-13a 所示；在其中先后单击"PLCSIM Adv"和图标，弹出"添加 PLCSIM Adv 实例"对话框，单击其中的 PLC_1 与"确定"按钮，如图 7-13b 所示；在新弹出的"外部信号配置"对话框中单击"更新标记"，如图 7-13c 所示；最后，可以看到图 7-13d 中，多出两个信号 IN 与 OUT，勾选两个信号前的复选框，并单击"确定"按钮，完成外部信号配置工作。

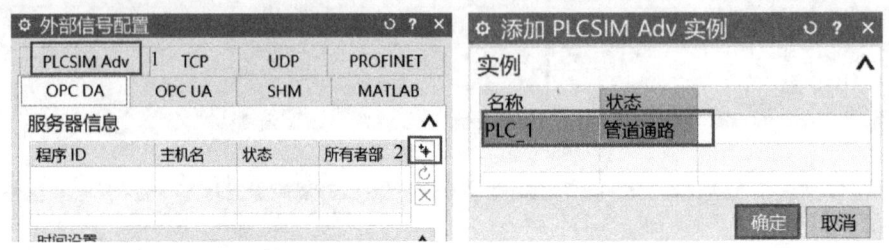

a) 设置外部信号配置服务器　　　　　　b) 添加PLCSIM Adv实例设置

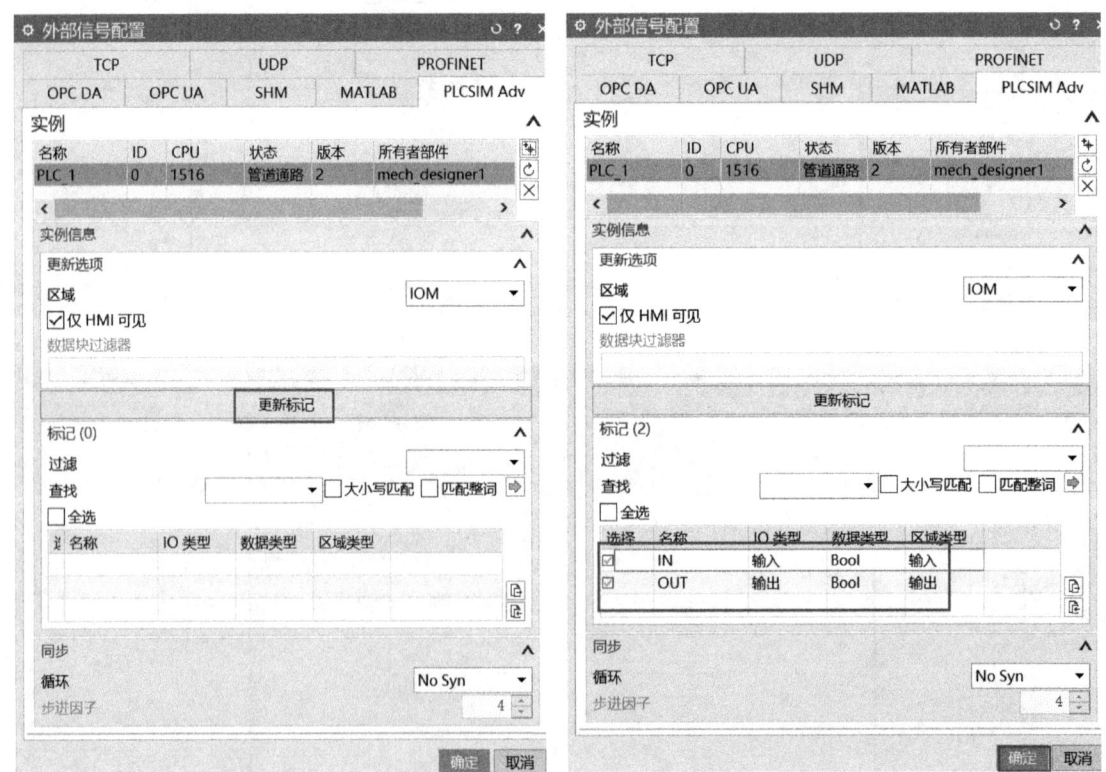

c) 更新标记　　　　　　d) 最终外部信号配置

图 7-13　为 MCD 模型配置外部信号

步骤8：对MCD信号与PLC信号进行信号映射。单击"信号映射"命令，弹出"信号映射"对话框，可以看到MCD信号中的Signal_0信号，如图7-14a所示；将外部信号类型选为"PLCSIM Adv"，可以看到PLCSIMAdv实例变为"PLC_1"，即PLCSIM软件中建立的PLC；外部信号中出现了TIA中的IN和OUT信号，单击位置1的Signal_0、位置2的OUT、位置3的执行映射图标 ，如图7-14b所示；可以从随后的图7-14c中看到映射信号部分出现了Signal_0与OUT信号的映射，最终在"信号映射"对话框单击"确定"按钮，完成MCD与PLC信号映射。此时，在"机电导航器"中，可以看到如图7-14d所示的信息。

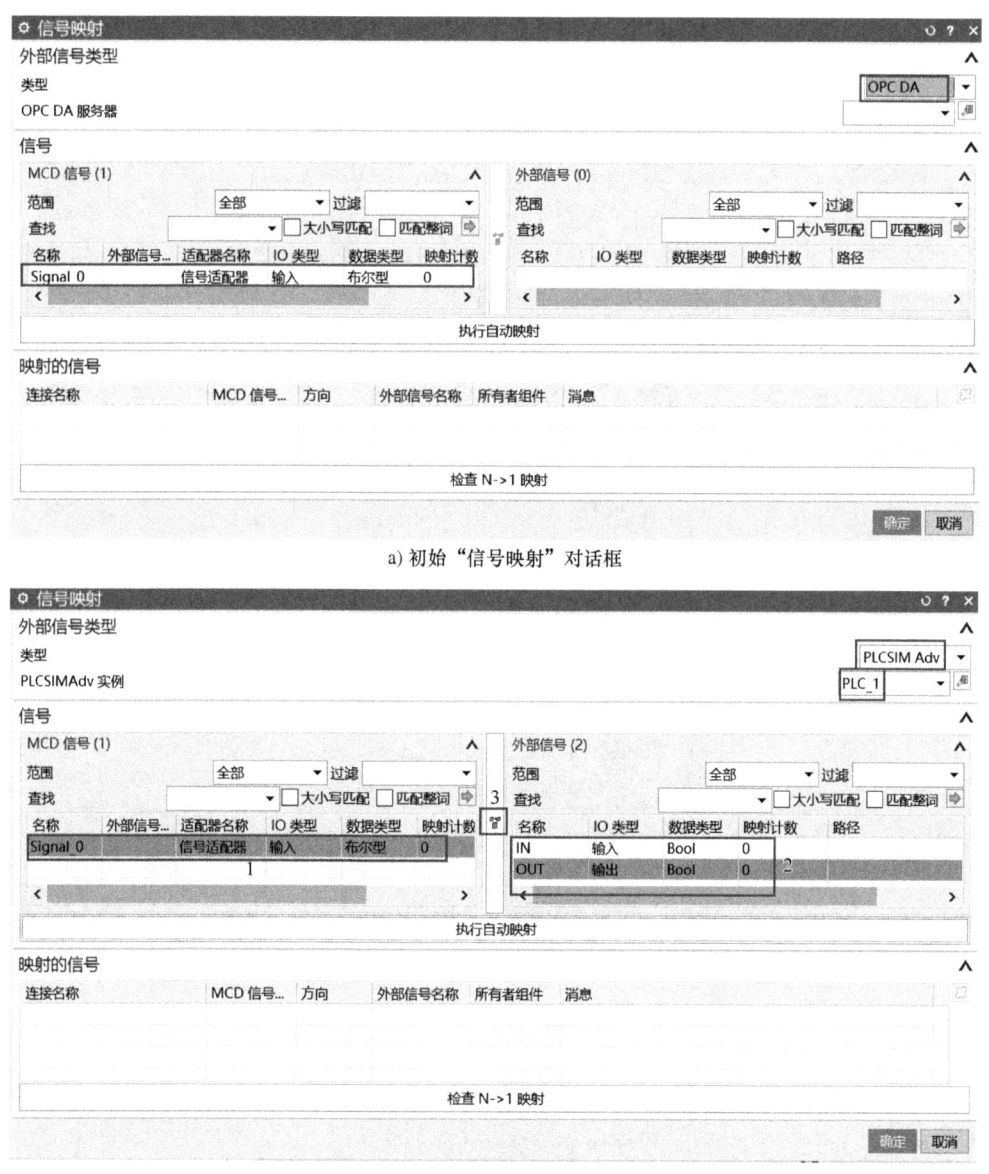

a) 初始"信号映射"对话框

b) 设置映射信号

图7-14 设置信号映射

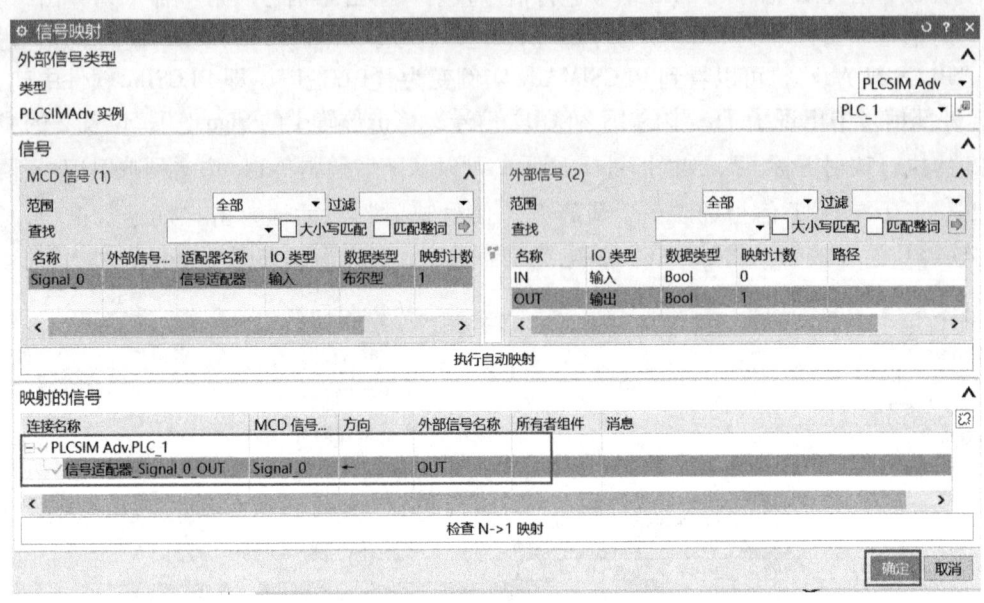

c) 确认信号映射

d) 信号映射设置结果

图7-14 设置信号映射（续）

步骤9：查看运行结果。在 MCD 中单击"播放"，可以看到物块沿 Y 轴方向以-200mm/s 的速度运行。随后，在 TIA 中右击程序段中输入变量"IN"，在弹出的菜单中依次单击"修改 (0)"与"修改为1"，如图7-15a 所示；修改 IN 的值为1后，可以看到程序段变为全绿色，表示程序导通，输出信号1，如图7-15b 所示。此时，可以看到 MCD 中物块以200mm/s 的速度沿 Y 轴方向运动，即完成了用 PLC 程序对 MCD 运动的控制。

步骤10：完成仿真后，用户可以在 TIA 中单击"转至离线"（图7-16a），可以看到 TIA 变为转至在线之前的状态，如图7-16b 所示。

第7章 MCD与TIA软件的联合调试

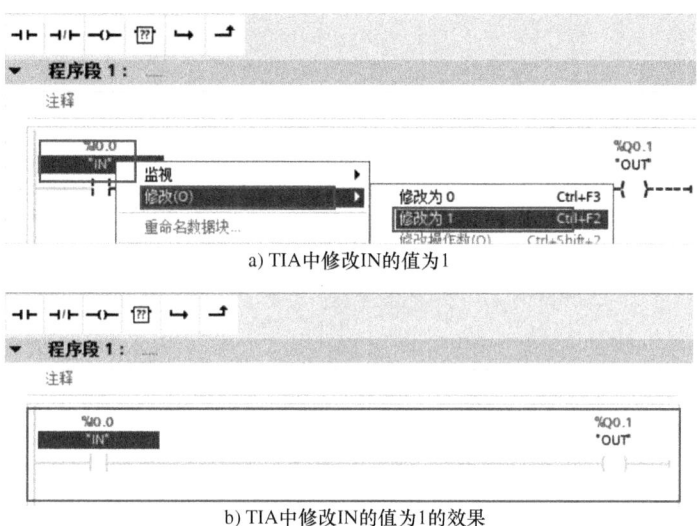

a) TIA中修改IN的值为1

b) TIA中修改IN的值为1的效果

图 7-15 查看 PLC 对 MCD 的控制效果

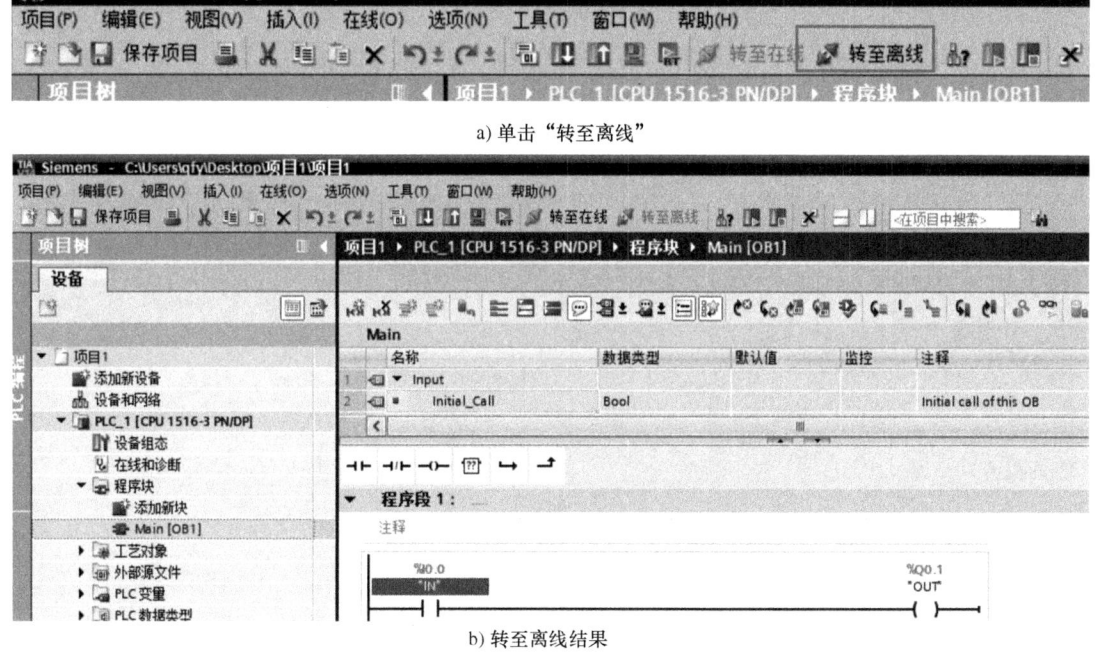

a) 单击"转至离线"

b) 转至离线结果

图 7-16 设置转至离线

7.3.3 基于 PLCSIM Virtual Eth. Adapter 的虚拟调试

本节将介绍基于 PLCSIM Virtual Eth. Adapter 的虚拟调试。

步骤1：查看 PLC 虚拟网卡 IP 地址。用户可通过个人计算机的控制面板查看虚拟网卡的 IP 地址，如图 7-17 所示。可以看到该计算机上的虚拟网卡 IP 地址为 169.254.140.157，子网掩码为 255.255.0.0。

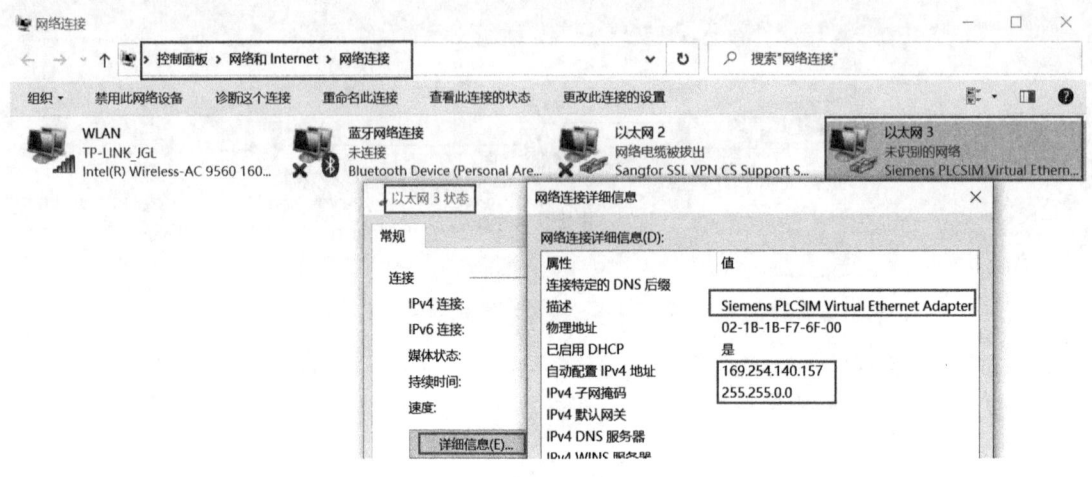

图 7-17　查看虚拟网卡 IP 地址

步骤 2：打开 PLCSIM Advanced V2.0，按如图 7-18a 所示设置软件界面。即选择 PLCSIM Virtual Eth. Adapter，TCP/IP 选为 Local，新建 PLC 并命名为"PLC_4"，IP 地址设为与虚拟网卡在同一网段内的地址，即 IP 地址的前三个数字段相同，最后一个数字段不相同，本例中为 169.254.140.1。子网掩码与虚拟网卡的子网掩码相同，随后单击"Start"打开新建 PLC。可以看到如图 7-18b 所示的启动结果，此时 PLC 的第一个信号灯是黄色，表示 PLC_4 已经建立，但是没有控制程序下载进 PLC 中。

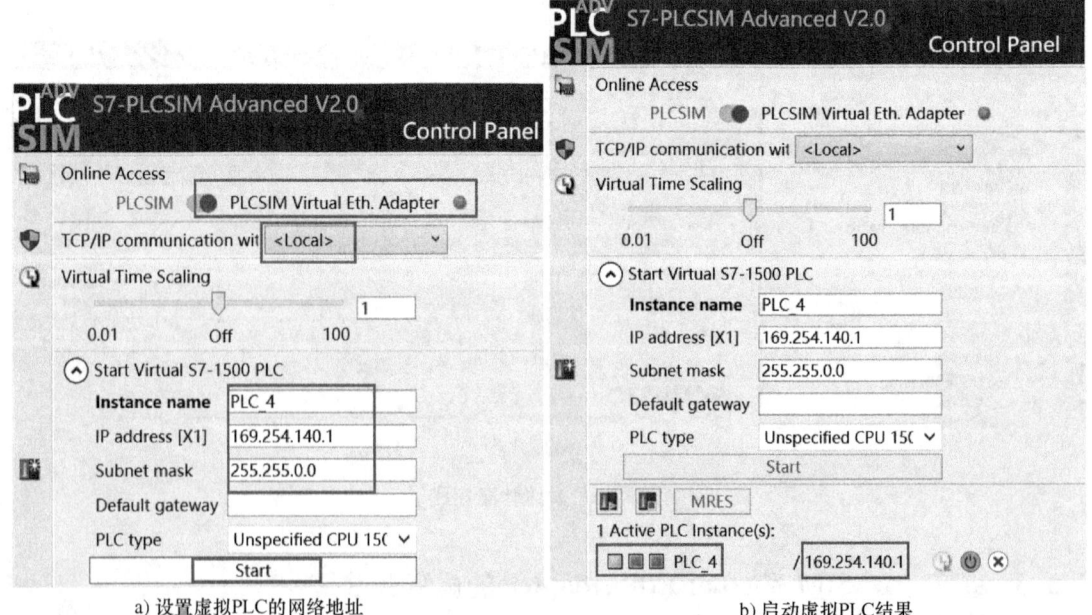

a) 设置虚拟PLC的网络地址　　　　　　b) 启动虚拟PLC结果

图 7-18　PLCSIM Advanced V2.0 界面设置

第7章 MCD与TIA软件的联合调试

步骤3:与第7.3.2节相同的方法在TIA中新建项目,添加PLC。然后,单击"PC系统"→"常规PC"→"PC station",选择PC station,如图7-19a所示。此时,在TIA的设备视图中可以看到PC station。打开"目录"中的"通信模块",单击"常规IE"与"OPC服务器"并拖动至如图7-19b所示的相应位置,可以看到新添加的IE general_1的索引为1,OPC Server_1的索引为3。

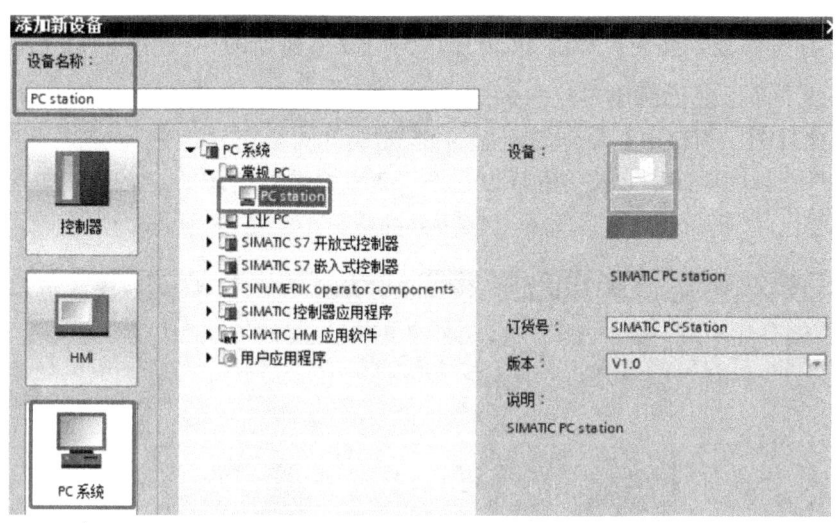

a) 选择PC station

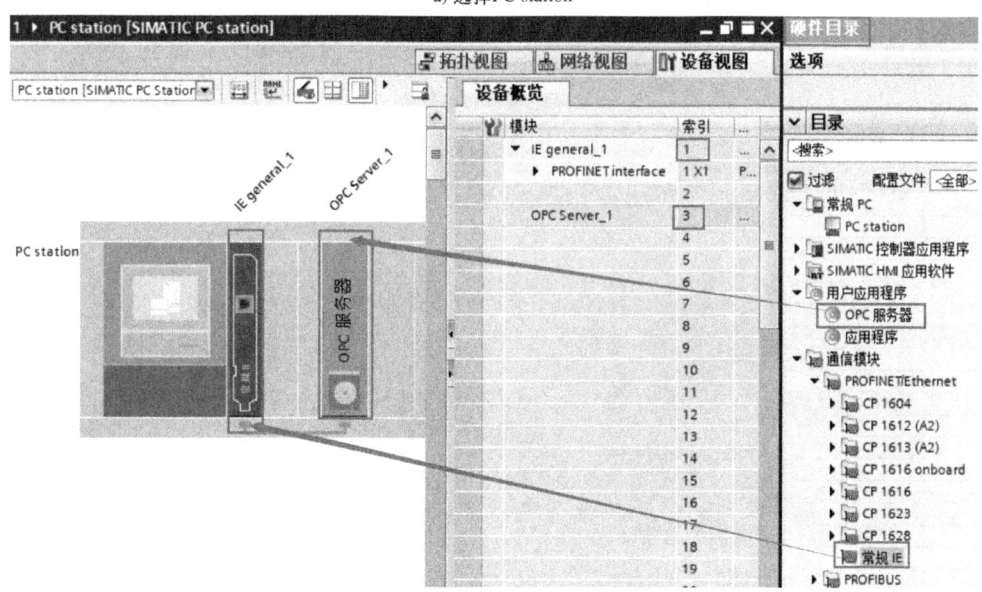

b) 为PC station添加OPC服务器与IE

图 7-19 添加 PC station

步骤4:组态。在完成步骤3后,网络视图中已添加的设备如图7-20a所示。在网络视图中,单击PC station的网口,然后在其"属性"的"常规"选项"以太网地址"中设置PC的IP地址为169.254.140.157,子网掩码为255.255.0.0,即IP地址和子网掩码与虚拟网卡相同,如图7-20b所示。用同样的方法对PLC_1的接口_2的以太网地址进行设置,其中，IP 地址为 169.254.140.1，子网掩码为 255.255.0.0，如图 7-20c 所示。随后，在网络视图中，连接图 7-20b、c 中设置以太网地址的两个端口，如图 7-20d 所示。在其后的网络视图中，首先单击 连接，然后选择连接为"S7 连接"，接着在 PLC_1 中右击鼠标，在下拉菜单中选择"添加新连接"，如图 7-20e 所示。在弹出的"创建新连接"对话框中，单击"OPC Server_1 [OPC Server]"，本地接口 PLC_1 中的"PLC_1, PROFINET 接口_2 [×2]"之前自动出现 ，随后单击"添加"按钮，如图 7-20f 所示，完成创建新的 S7 连接。此时，"创建新连接"对话框的下面出现了新建连接的详细信息，单击"关闭"按钮，如图 7-20g 所示。随后，在"网络视图"窗口可以看到新建立的 S7 连接，同时在"连接"窗口可以看到 S7 连接的详细信息，如图 7-20h 所示。也可以在图 7-20h 中看到组态的结果，即与基于 PLCSIM 的虚拟调试相比，"项目 1"中多出了"PC station [SIMATIC PC station]"信息。

a) PC station 添加结果

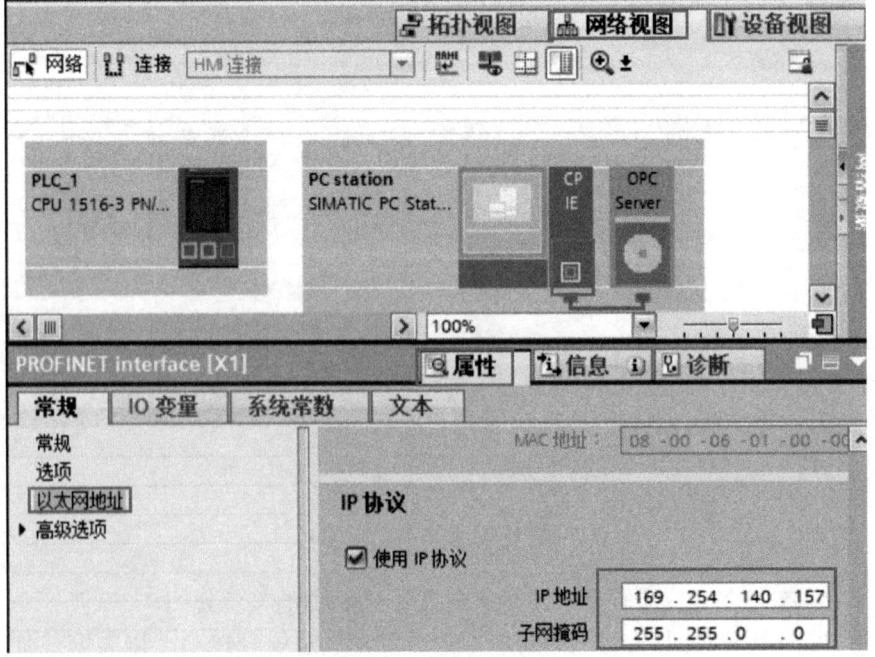

b) 设置 PC station 的以太网地址

图 7-20　组态

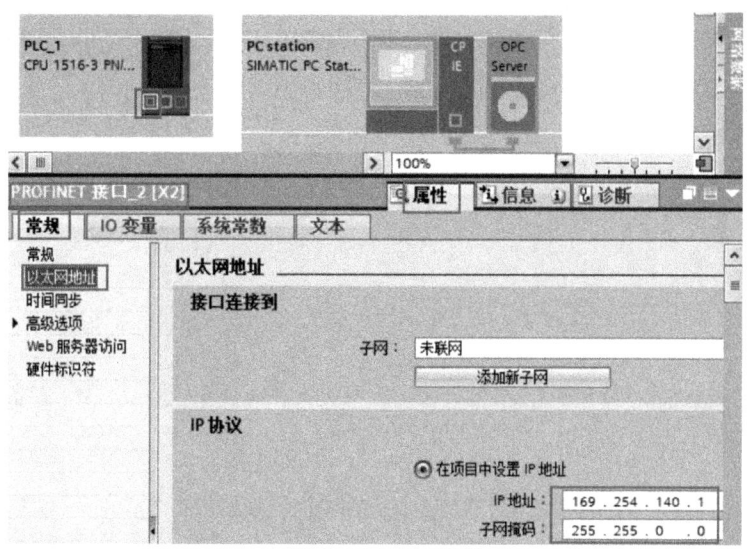

c) 设置PLC的以太网地址

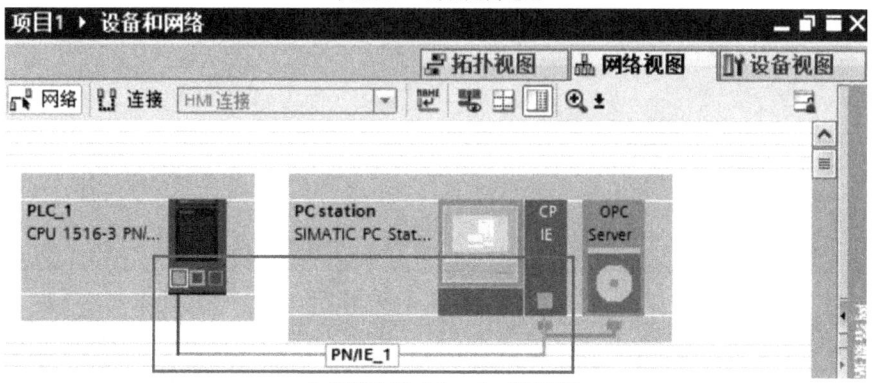

d) 连接PLC与PC station的网络端口

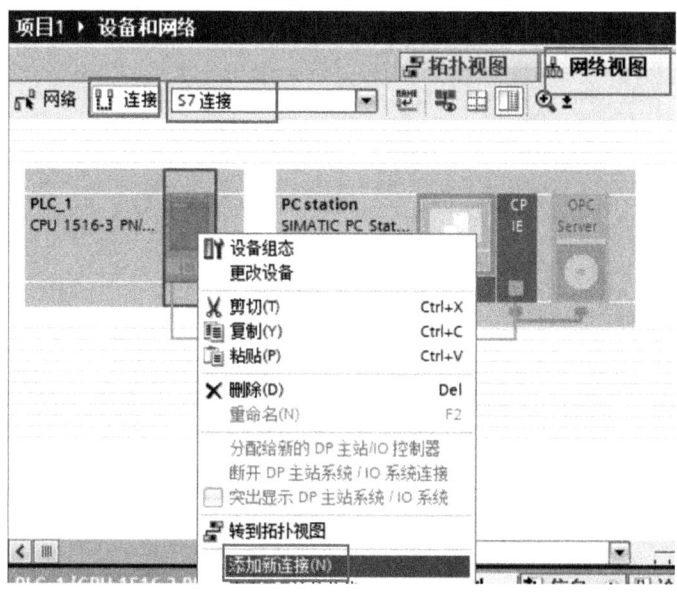

e) 设置S7新连接

图 7-20　组态（续）

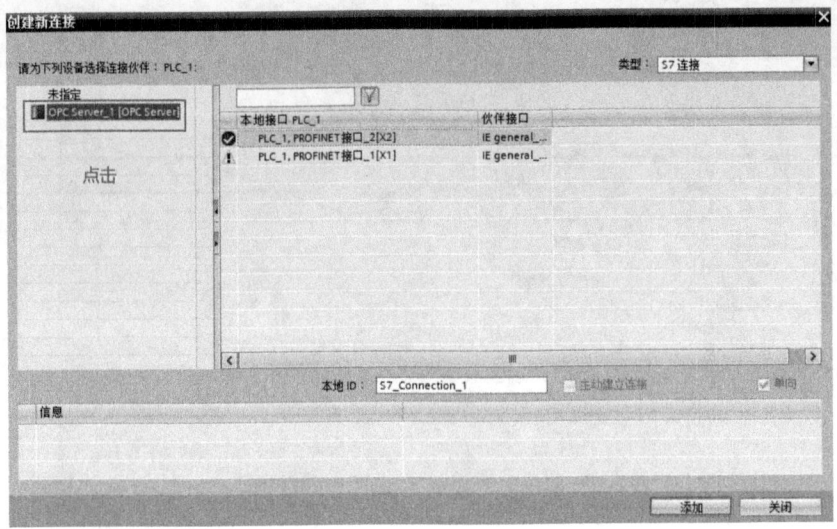

f) 设置"创建新连接"对话框

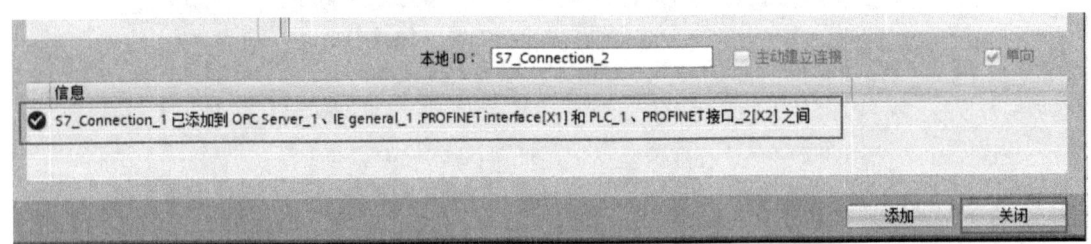

g) 创建新连接详细信息

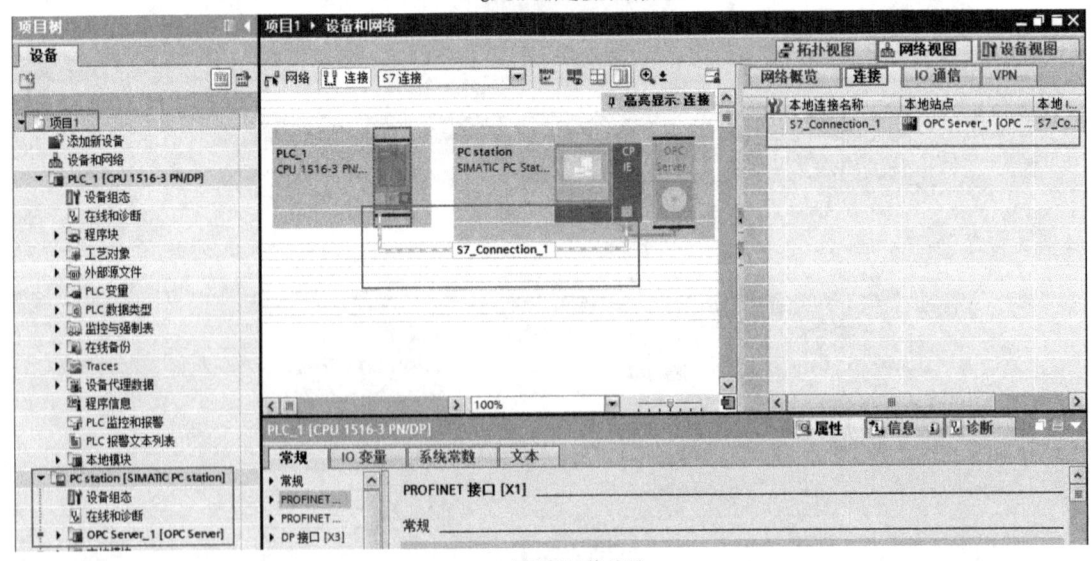

h) 创建新连接结果

图 7-20　组态（续）

步骤 5：在 TIA 软件中编译 PLC 程序。本节中采用与第 7.3.2 节相同的 MCD 模型和控制程序。右击 PLC_1，在弹出的菜单中依次选择"编译"→"硬件和软件（仅更改）"，如

图 7-21a 所示。软件编译后,出现如图 7-21b 所示的编译结果,可以看出,没有错误,只有 3 个警告,表示程序设计通过编译测试。

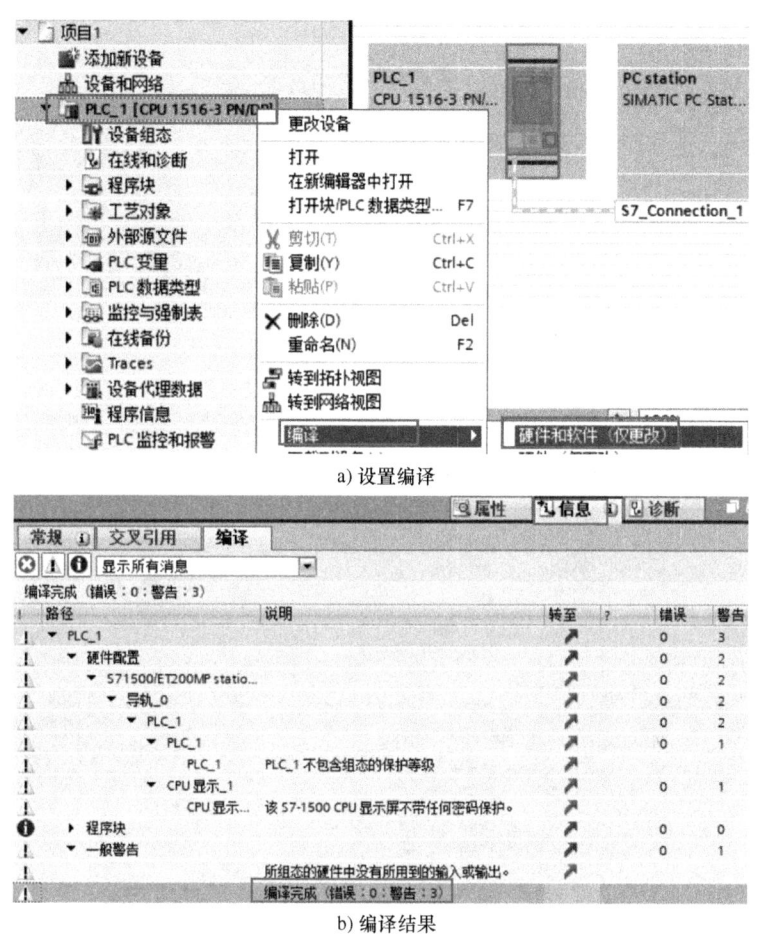

图 7-21 编译虚拟 PLC 程序

步骤 6:设置项目属性。右击项目名称"项目 1",在弹出的菜单中选择"属性",如图 7-22a 所示;然后,在弹出的"项目 1 [项目]"对话框中单击"保护",勾选"块编译时支持仿真"前的复选框,并单击"确定"按钮,如图 7-22b 所示。

步骤 7:在 TIA 中,将编译后的 PLC 程序下载到虚拟 PLC 中。首先,右击 PLC_1,在弹出的下拉菜单中依次选择"下载到设备"→"硬件和软件(仅更改)",如图 7-23a 所示;然后,在"扩展的下载到设备"对话框中,PG/PC 接口选择"Siemens PLCSIM Virtual Ethernet Adapter",接口/子网的连接选择"尝试所有接口",发现目标设备选为"显示地址相同的设备",并单击"开始搜索"按钮,如图 7-23b 所示;搜索结果如图 7-23c 所示可以看出目标设备的 IP 地址与图 7-18b 中新建的 PLC_4 的 IP 地址相同,单击"下载"按钮;其次,在"下载预览"对话框中,勾选"全部覆盖"前的复选框,并单击"装载"按钮,以启动 PLC 程序装载到虚拟 PLC 中,如图 7-23d 所示;再次,在"下载结果"对话框中,勾选"全部启动"前的复选框,并单击"完成"按钮,如图 7-23e 所示;最后,用户在 TIA 主界面的信

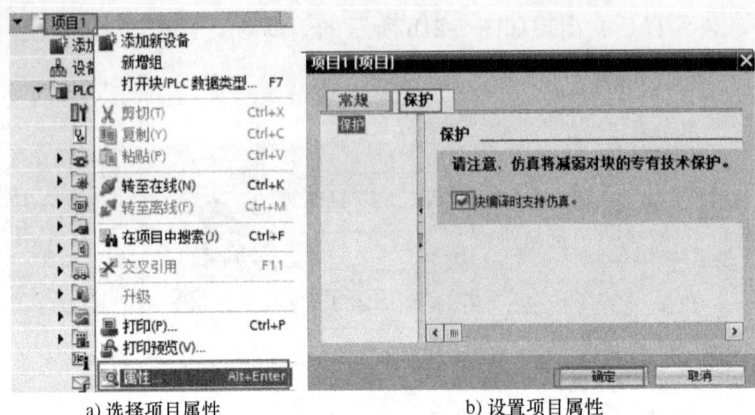

a) 选择项目属性　　　　b) 设置项目属性

图 7-22　设置项目属性

息中可以看到如图 7-23f 所示的信息，表示下载完成，没有发生错误，后续虚拟调试可以进行。这时，打开 PLCSIM Advanced 软件，可以看到新建的 PLC_4 前的灯由开始的黄色变为绿色，即如图 7-23g 所示，表明 PLC 程序下载成功。

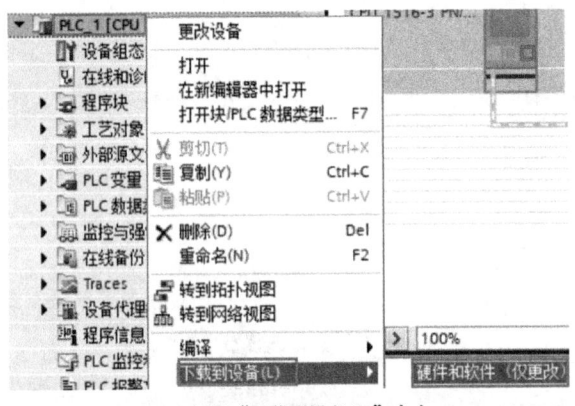

a) 打开"下载到设备(L)"命令

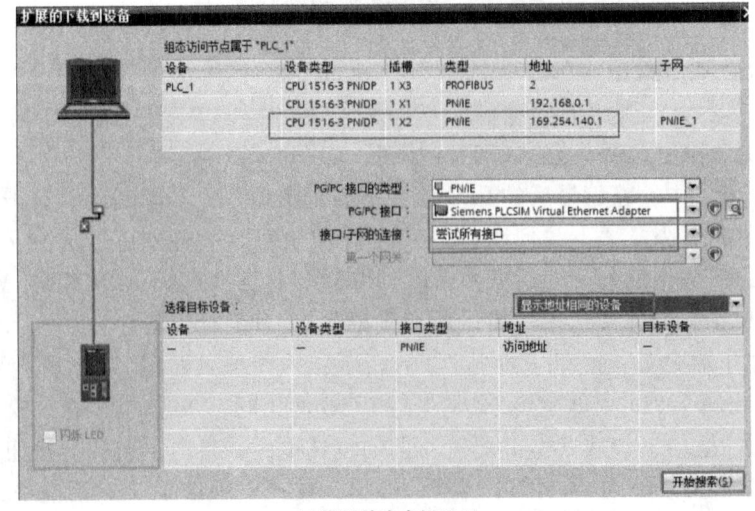

b) 设置搜索虚拟PLC

图 7-23　将 PLC 程序下载到虚拟 PLC 中

第7章 MCD与TIA软件的联合调试

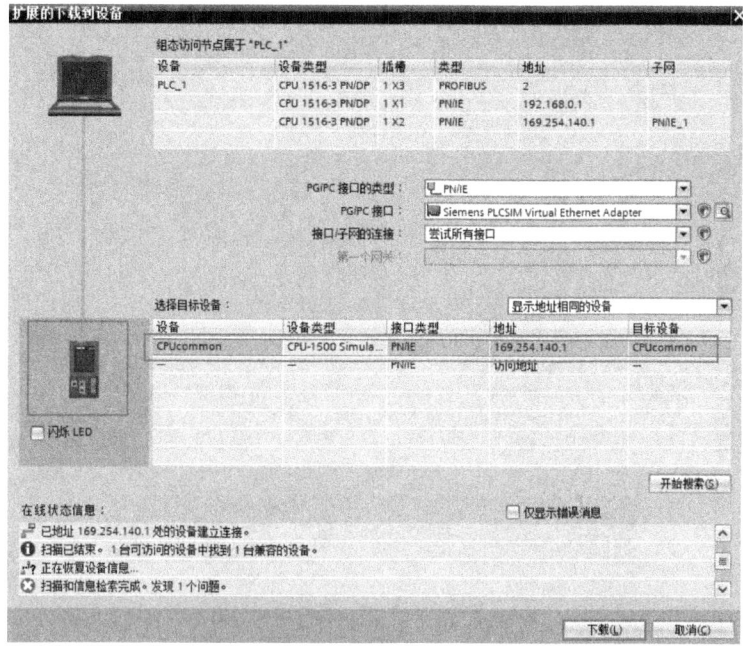

c) 设置将程序下载到搜索的PLC中

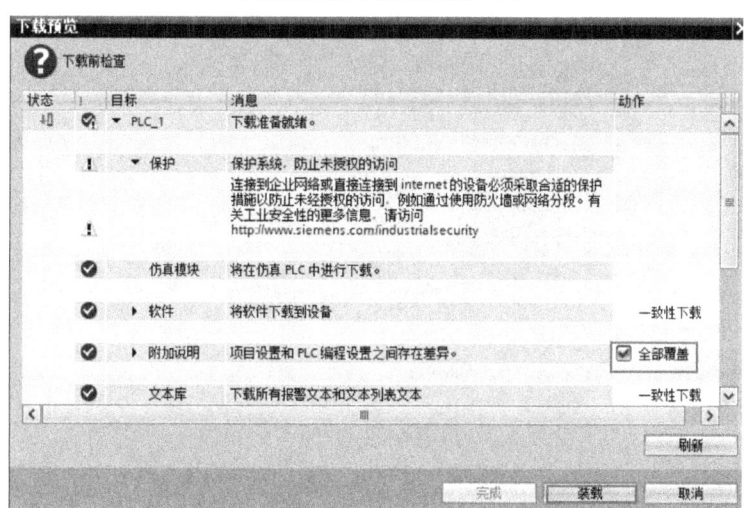

d) 给PLC装载程序设置

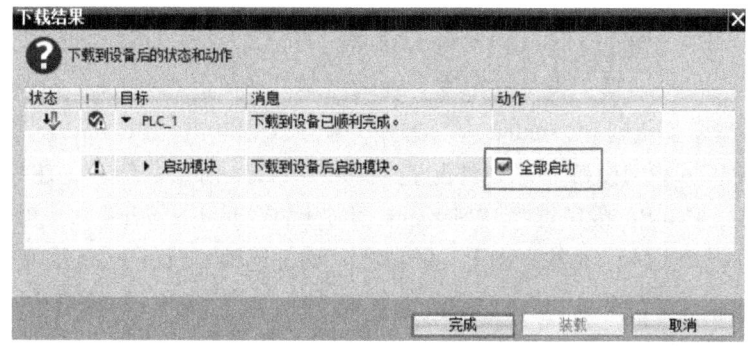

e) 确认完成下载

图 7-23 将 PLC 程序下载到虚拟 PLC 中（续）

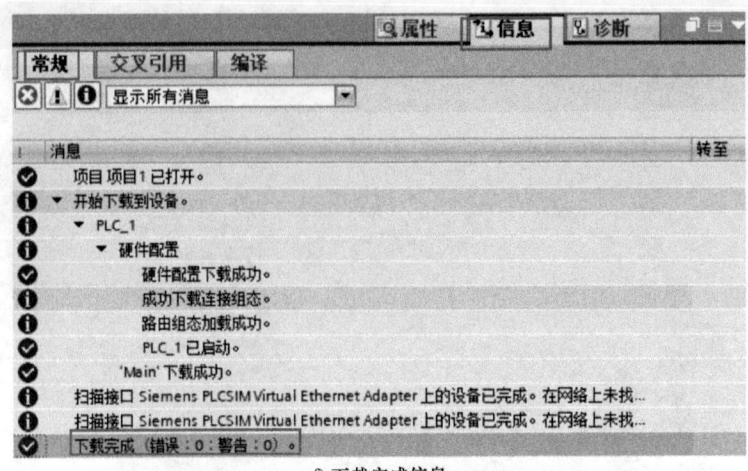

f) 下载完成信息

g) 下载完成后PLC显示

图 7-23 将 PLC 程序下载到虚拟 PLC 中（续）

步骤 8：对 PC station 进行编译。右击"PC station"，在弹出的菜单中依次选择"编译"→"硬件和软件（仅更改）"，如图 7-24a 所示；软件编译后，出现如图 7-24b 所示的编译结果，可以看出，没有错误，也没有警告，表示程序设计通过对 PC station 的编译测试。

步骤 9：将程序下载到 PC station 中。首先，在 TIA 中右击"PC station"，在弹出的下拉菜单中依次选择"下载到设备"→"硬件配置"，如图 7-25a 所示；然后，在"扩展的下载到设备"对话框中，PG/PC 接口选择"Siemens PLCSIM Virtual Ethernet Adapter"，接口/子网的连接选择"插槽'1×1'处的方向"，发现目标设备选为"显示所有兼容的设备"，随后在选择目标设备的地址中输入 PC station 的组态 IP 地址：169.254.140.157，并回车，如图 7-25b 所示；搜索结果如图 7-25c 所示，可以看到搜索的地址与 PC station 的组态 IP 地址相同，然后单击"下载"按钮；在"下载预览"对话框中看到没有错误后，单击"装载"

第7章 MCD与TIA软件的联合调试

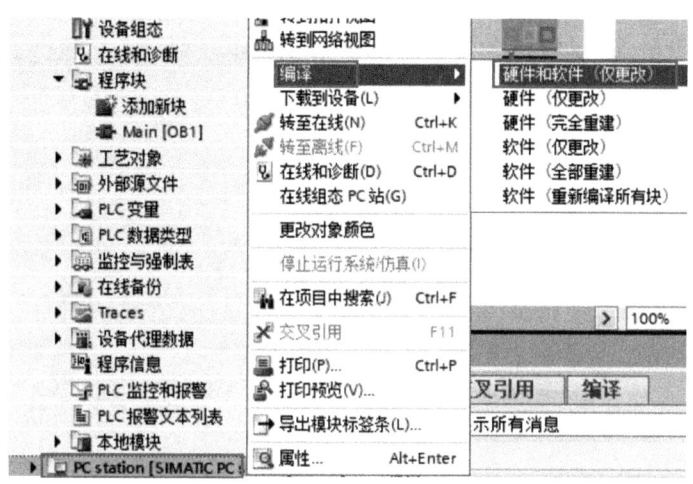

a) 设置编译

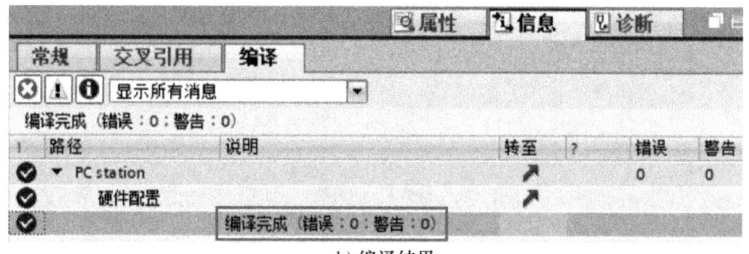

b) 编译结果

图 7-24 对 PC station 进行编译

按钮,以启动 PLC 程序装载到 PC station 中,如图 7-25d 所示;最后,用户在 TIA 主界面的信息中可以看到如图 7-25e 所示的信息,表示下载完成,没有发生错误,后续虚拟调试可以进行。

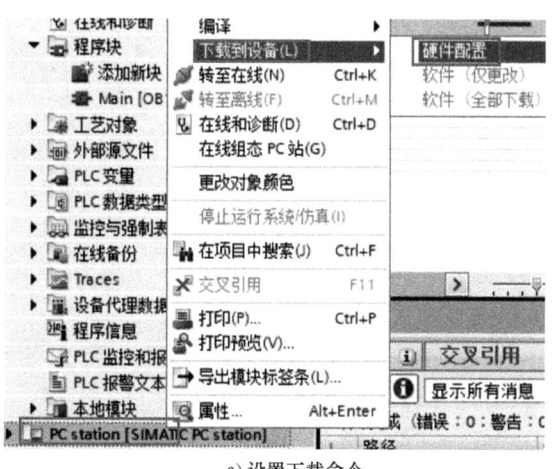

a) 设置下载命令

图 7-25 对 PC station 进行下载

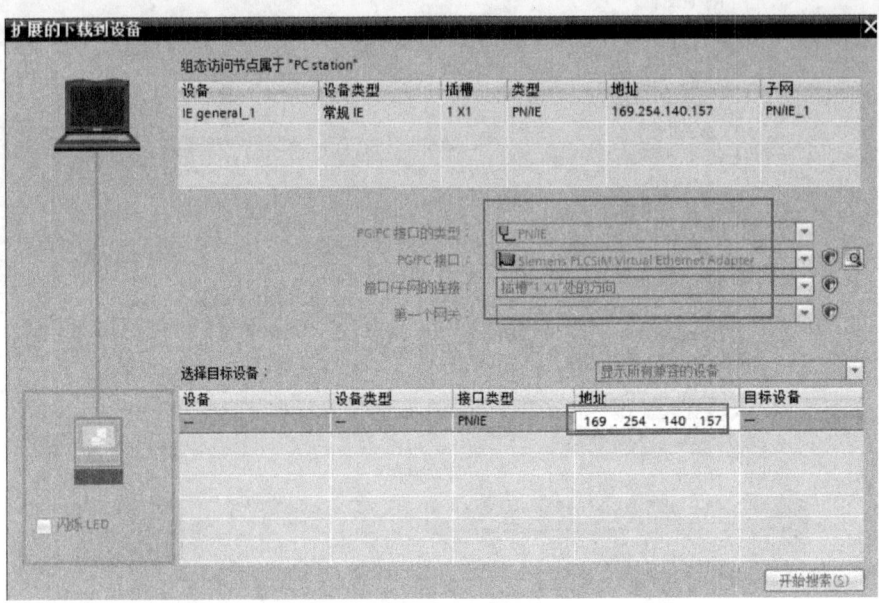

b) 设置"扩展的下载到设备"对话框

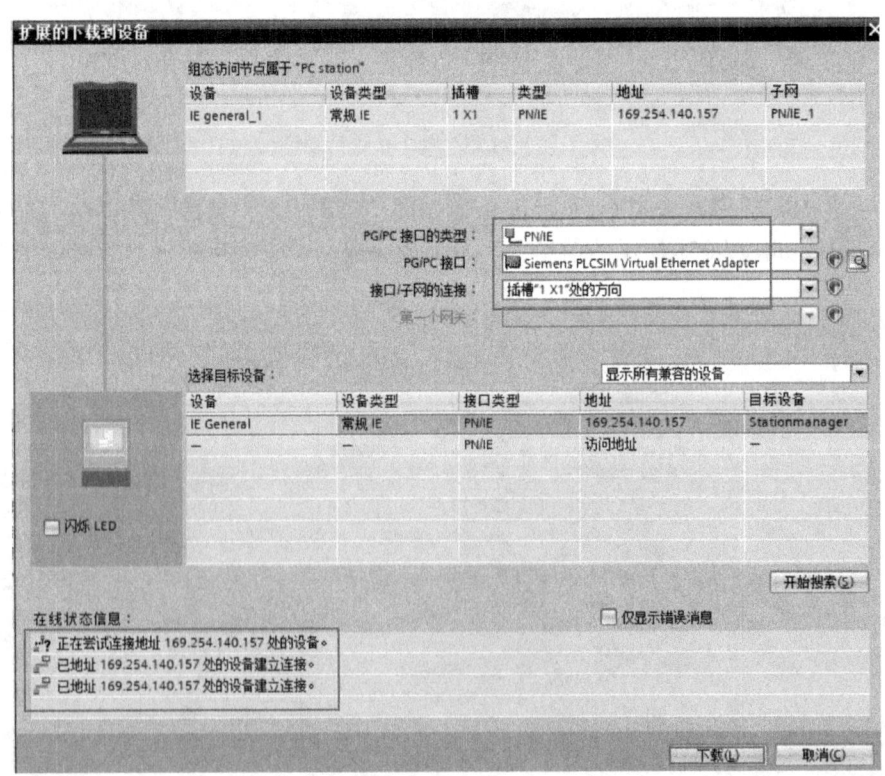

c) 启动下载命令

图 7-25 对 PC station 进行下载（续）

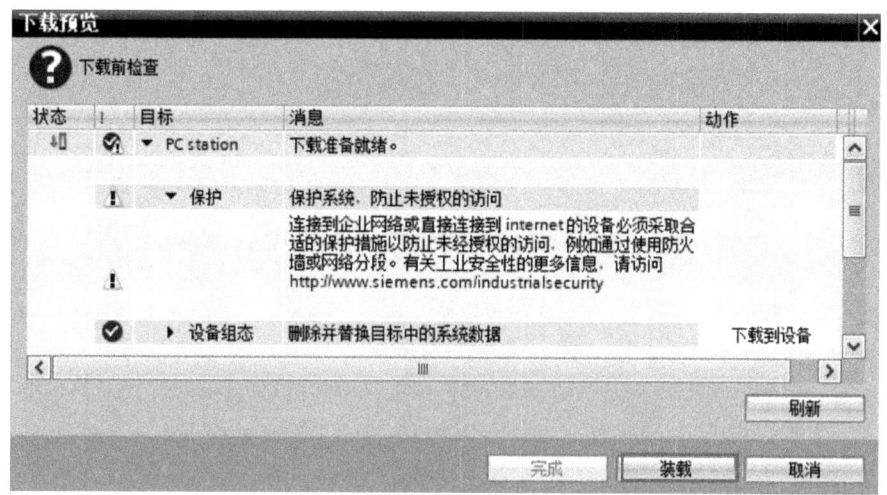

d) 设置"下载预览"对话框

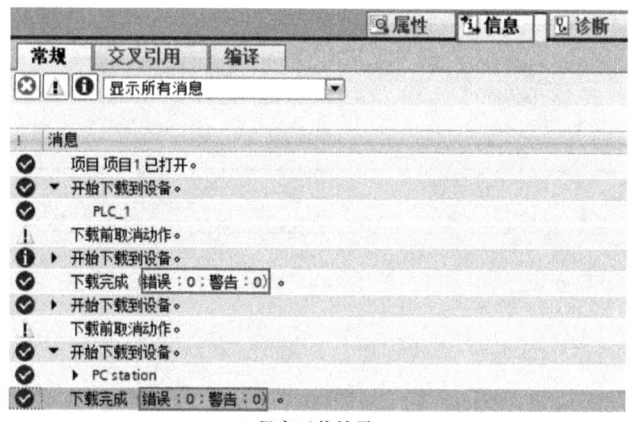

e) 程序下载结果

图 7-25 对 PC station 进行下载（续）

步骤 10：设置 OPC 服务器。打开 Station Configuration 软件，图标为 ，如图 7-26 所示。可以看到 IE general_1 和 OPC Server_1 的 Index 与图 7-19b 中的索引号相同，两者都处于运行状态，通信栏中可以看到 OPC Server_1 的状态为 ，表示 OPC 服务器通信正常，可以通过 OPC 服务器来完成 PLC 对 MCD 的控制。

步骤 11：采用与第 7.3.2 节步骤 6 相同的办法将 TIA 转至线上并进行监控。实验现象参考图 7-12。首先，在 TIA 中单击" 转至在线"命令，在弹出的"选择设备以便打开在线连接"对话框中勾选"PC station"和"PLC_1"后的复选框，并单击"转至在线"按钮，如图 7-27a 所示，将已经下载好 PLC 程序的虚拟 PLC 转至在线，可以看到"项目树"变为橙色，项目中使用到的 PLC、PC station 以及程序全部有绿色圆点标识，测试中所有设备均为绿色 状态。随后，单击启用监视图标 ，可以发现程序中除了输入段是绿色，表示上电了，其余为蓝色虚线，程序输入为 0，因此输出也为 0。

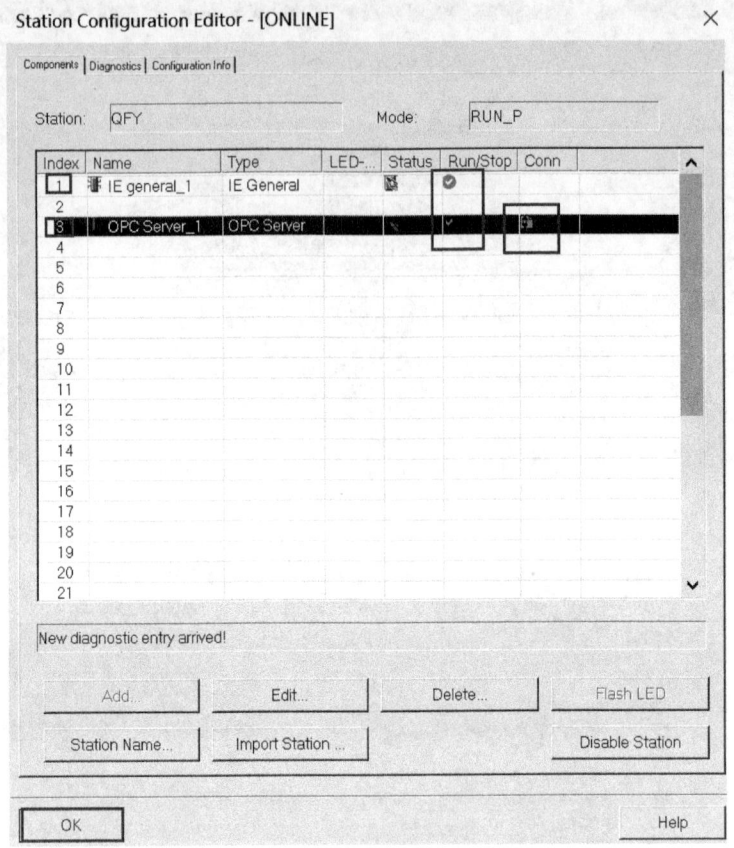

图 7-26 设置"Station Configuration Editor"对话框

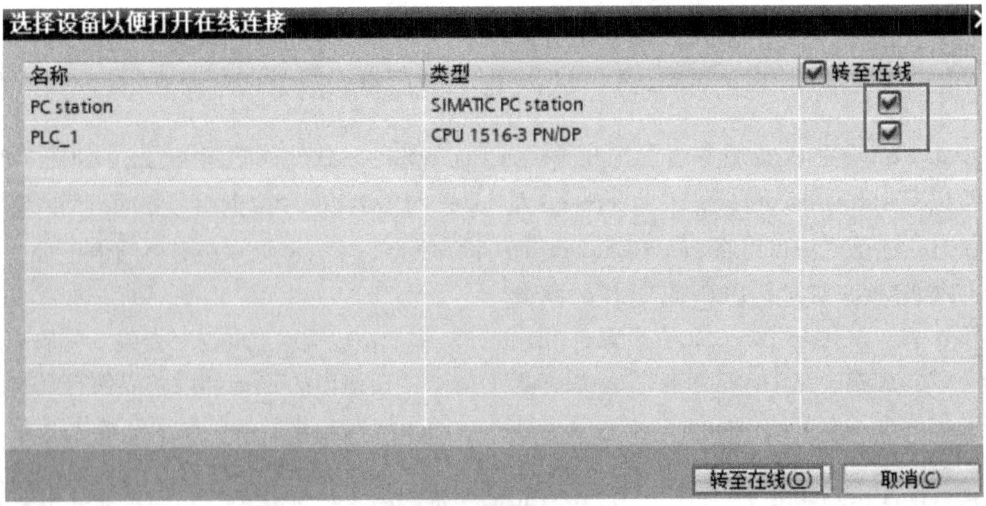

a) 单击"转至在线"命令

图 7-27 将虚拟 PLC 转至在线

第7章　MCD与TIA软件的联合调试

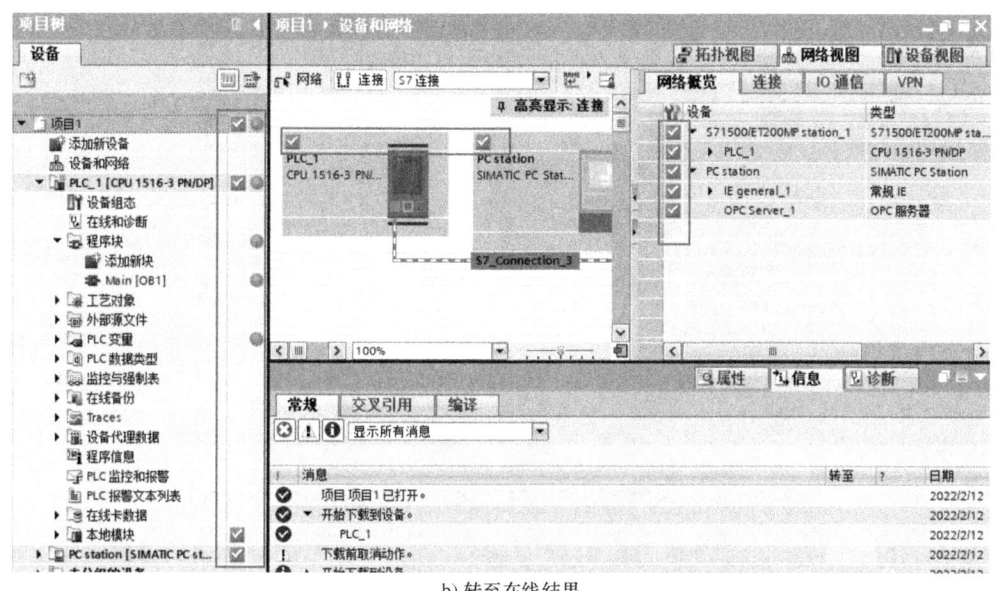

b) 转至在线结果

图 7-27　将虚拟 PLC 转至在线（续）

步骤 12：为 MCD 模型配置外部信号。打开第 7.1 节配置好的 MCD 模型，单击"外部信号配置"，如图 7-28a 所示，在其中先后单击"PLCSIM Adv"和图标 ✦，弹出"添加 PLCSIM Adv 实例"对话框，单击 PLC_4 与"确定"按钮，如图 7-28b 所示。可以看到新的"外部信号配置"对话框中出现了 PLC_4 的详细信息，单击"更新标记"，如图 7-28c 所示；随后在图 7-28d 中多出两个信号 IN 与 OUT，勾选两个信号前的复选框，并单击"确定"按钮，完成外部信号配置工作。

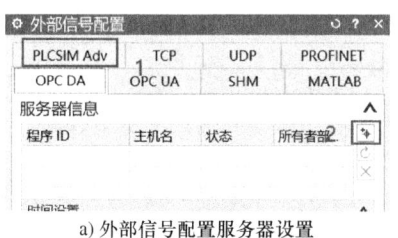

a) 外部信号配置服务器设置

b) "添加PLCSIM Adv实例"对话框设置

图 7-28　为 MCD 模型配置外部信号

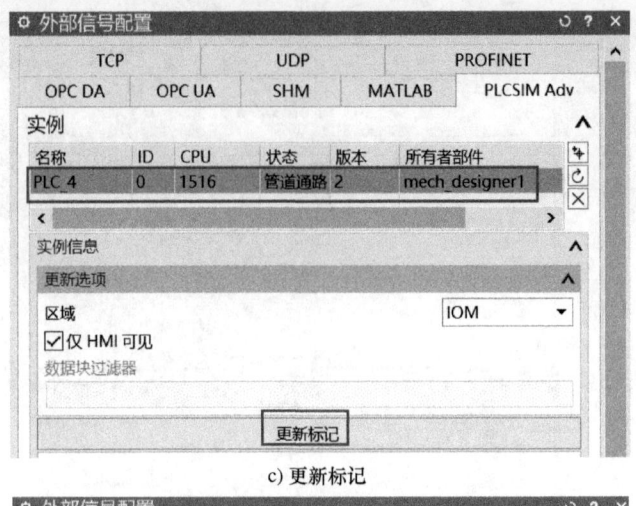

c) 更新标记

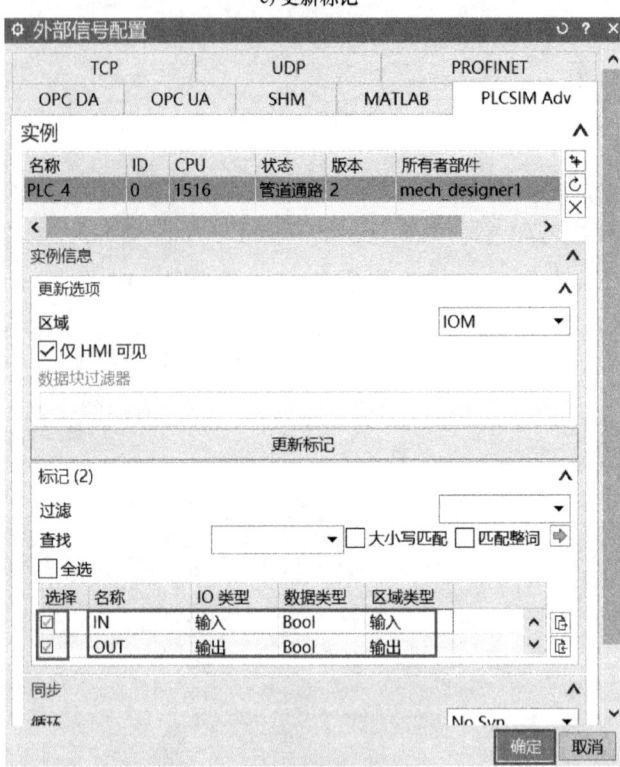

d) 最终外部信号配置

图 7-28 为 MCD 模型配置外部信号（续）

步骤 13：对 MCD 信号与 PLC 信号进行信号映射。单击"信号映射"命令，弹出"信号映射"对话框，可以看到如图 7-29a 所示信息，包括外部信号类型为"PLCSIMAdv"、PLCSIMAdv 实例为"PLC_4"、MCD 信号中的 Signal_0 信号、外部信号中的 IN 和 OUT 信号。单击位置 1 的 Signal_0、位置 2 的 OUT、位置 3 的执行映射图标，如图 7-29b 所示，可以看到映射信号部分出现了 Signal_0 与 OUT 信号的映射，最终在"信号映射"对话框中单击"确定"按钮，完成 MCD 与 PLC 信号映射。此时，在"机电导航器"中可以看到如图 7-29c 所示信息。

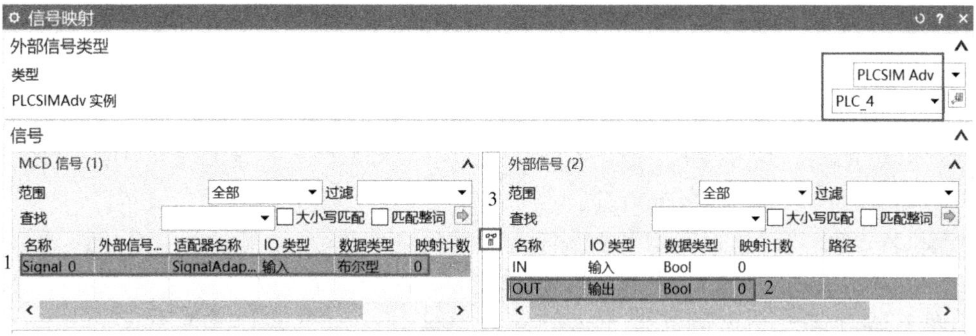

第7章 MCD与TIA软件的联合调试

a) 设置信号映射

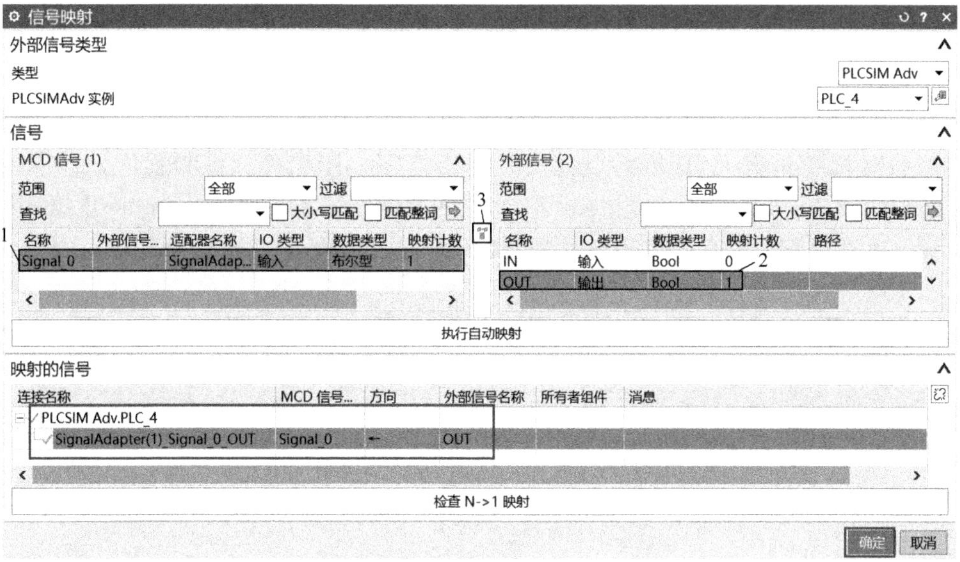

b) 确认信号映射

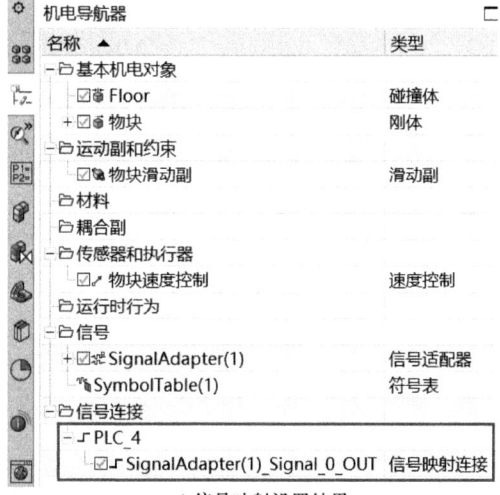

c) 信号映射设置结果

图 7-29 设置信号映射

步骤 14：查看运行结果。实验步骤与现象与第 7.3.2 节步骤 9 和图 7-15 相同。在 MCD 中单击"播放"，可以看到物块沿 Y 轴方向以-200mm/s 的速度运行。随后，在 TIA 中右击程序段中输入变量"IN"，在弹出的菜单中依次单击"修改（0）"与"修改为 1"，如图 7-15a 所示；修改 IN 的值为 1 后，可以看到程序段变为全绿色，表示程序导通，输出信号 1，如图 7-15b 所示。此时，可以看到 MCD 中物块以 200mm/s 的速度沿 Y 轴方向运动，即完成了用 PLC 程序对 MCD 运动的控制。

步骤 15：转至离线。实验步骤与现象与第 7.3.2 节步骤 10 和图 7-16 相同。完成仿真后，用户可以在 TIA 中单击"转至离线"（图 7-16a），可以看到 TIA 变为转至在线之前的状态，如图 7-16b 所示。

本 章 小 结

本章以 1 个相同的模型为例对 MCD 与虚拟 PLC 的联合调试进行介绍。首先是 CAD 模型说明，然后对模型进行 MCD 模型设计，最后从控制程序软件、控制程序设计、PLCSIM Advanced 软件、基于 PLCSIM 的虚拟调试、基于 PLCSIM Virtual Eth. Adapter 的虚拟调试进行详细介绍。本章内容为没有真实 PLC 的初学者提供了学习用 PLC 控制 MCD 模型的方法。

思考与练习题

1. 画出 MCD 与 TIA 软件进行基于 PLCSIM 的虚拟调试的流程图，并简述每个步骤的含义。

2. 画出 MCD 与 TIA 软件进行基于 PLCSIM Virtual Eth. Adapter 的虚拟调试的流程图，并简述每个步骤的含义。

参 考 文 献

[1] 谢蒂,科尔克. 机电一体化系统设计:原书第 2 版 [M]. 薛建彬,朱如鹏,译. 北京:机械工业出版社,2018.

[2] SIEMENS. Mechatronic Concept Design:Get to market faster by reducing machine development time with MCD [Z/OL]. [20220217]. https://www.plm.automation.siemens.com/global/en/products/mechanical-design/mechatronic-concept-design.html.

[3] 百度百科. 刚体 [Z/OL]. [20220217]. https://baike.baidu.com/item/%E5%88%9A%E4%BD%93/1237500?fr=aladdin.

[4] SIEMENS. TIA Portal [Z/OL]. [20220217]. https://new.siemens.com/cn/zh/products/automation/industry-software/automation-software/tia-portal.html.

[5] SIEMENS. 自动化解决方案的虚拟调试:通过 TIA Portal 实现虚拟调试 [Z/OL]. [20220217]. https://new.siemens.com/cn/zh/products/automation/industry-software/automation-software/tia-portal/virtual-commissioning.html.